Christian Foitzik

Misserfolge und Misserfolgsstorys in der Implantologie

Christian Foitzik

Misserfolge und Misserfolgsstorys in der Implantologie

Aus Fehlern lernen
oder
Wie man ahnungslos Implantatverluste verursachen kann

QUINTESSENZ VERLAG

Berlin, Chicago, Tokio, Barcelona, Istanbul, London, Mailand, Moskau, Neu-Delhi,
Paris, Peking, Prag, São Paulo, Seoul und Warschau

Bibliografische Informationen der Deutschen Bibliothek
Die Deutsche Bibliothek verzeichnet diese
Publikation in der deutschen Nationalbibliografie;
detaillierte bibliografische Daten sind im Internet über
<http://dnb.ddb.de> abrufbar.
ISBN: 987-3-938947-20-3

QUINTESSENZ VERLAG
Postfach 42 04 52; D-12064 Berlin
Komturstraße 18, D-12099 Berlin

Lektorat: Peter Rudolf, Quintessenz Verlags-GmbH, Berlin
Herstellung: Heike Rohde, Quintessenz Verlags-GmbH, Berlin
Reproduktion: Quintessenz Verlags-GmbH, Berlin
Druck: Freiburger Graphische Betriebe, Freiburg i. Br.
Printed in Germany

Inhalt

Kapitel 1 Einleitung **1**

Kapitel 2 Ursachen für Misserfolge **5**

Kapitel 3 „Die Periimplantitis ist an allem schuld" **13**

Kapitel 4 Ungewöhnliche Komplikationsverläufe und „Misserfolgsstorys" **27**

4.1 Hygienische Defizite **30**
4.1.1 Unterlassene Mundhygieneinstruktion 32
4.1.2 Ästhetische Kompromisse zugunsten der Hygiene 32
4.1.3 Rezidivierende Periimplantitis 34

4.2 Implantate und Ästhetik **40**
4.2.1 Herausnehmbar vs. festsitzend 47
4.2.2 Krone zu lang 50
4.2.3 Krone bei Schleimhautdefizit 52
4.2.4 Ästhetisches Desaster 54
4.2.5 Individuelle Ästhetik 56

4.3 Problematik des Knochenangebotes **58**
4.3.1 Ohne Plan und Zweck 62
4.3.2 Versäumte Augmentation 64
4.3.3 Fehleinschätzung des vertikalen Knochenangebotes 64
4.3.4 Fehleinschätzung des transversalen Knochenangebotes 68
4.3.5 Augmentationsdesaster 69

4.4 Wahl der Implantate **72**
4.4.1 Implantatdimension zu gering 78
4.4.2 Zu breites Implantat 80
4.4.3 Implantat zu lang 81
4.4.4 Folgenlose Zahnverletzung 84
4.4.5 Zahnverletzung durch Implantat 86

4.5 Entzündliche Probleme **90**
4.5.1 Fistelbildung nach extraoral 97
4.5.2 Perforation der Kieferhöhle 99
4.5.3 Implantat in der Kieferhöhle 102
4.5.4 Sofortimplantation und simultane Augmentation 103
4.5.5 Implantatinsertion ohne Vorbehandlung 105
4.5.6 Schienungsmaßnahmen am Implantat 108
4.5.7 Verlust von augmentiertem Knochen 110

4.6 Prothetische Misserfolge **116**
4.6.1 Festsitzend statt herausnehmbar 124
4.6.2 Kleiner Fehler – große Wirkung 128
4.6.3 Ungünstige prothetische Planung 130
4.6.4 Dentaltechnische Fehler 131
4.6.5 Konflikt nach wiederholten Misserfolgen 132
4.6.6 Implantatbruch und prothetische Kompensation 136
4.6.7 Misserfolg durch Fehlbelastung 138

Kapitel 5 Was ist bei Misserfolgen zu tun? **141**

Kapitel 6 Schlussfolgerungen **149**

Sachregister **153**

Kapitel 1

Einleitung

1 Einleitung

Enossale Zahnimplantate gehören heute zum festen Bestandteil der zahnärztlichen Therapie. Obwohl die Verwendung von Implantaten als prothetische Pfeiler aus medizinischer Sicht nur in seltenen Fällen dringend erforderlich ist und nahezu jeder Behandlungsfall auch konventionell prothetisch gelöst werden kann, wird von den betroffenen Patienten der festen prothetischen Lösung oftmals der Vorzug gegeben.

So verwundert es nicht, dass die Zahl der Implantatinsertionen von Jahr zu Jahr deutlich zunimmt. Parallel dazu haben sich auch die Möglichkeiten der Fortbildung und das Angebot an Implantatsystemen so stark vervielfacht, dass der Zahnarzt in der Praxis den Überblick verloren hat.

Nahezu im gleichen Maß, wie die Zahl der Implantationen zunimmt, wächst auch die der Komplikationen, Misserfolge und Implantatverluste und damit die Häufigkeit von rechtlichen Auseinandersetzungen mit den Patienten.

Die Kenntnis des speziellen Vorgehens mit dem angewendeten Implantatsystem sowohl bei der chirurgischen Insertion als auch bei der Herstellung der prothetischen Suprakonstruktion ist eine wichtige Voraussetzung für eine erfolgreiche Anwendung am Patienten.

Misserfolg muss dabei nicht erst der Implantatverlust sein. Schon eine Abweichung von dem geplanten und erzielbaren Ergebnis kann als Misserfolg gewertet werden. Nicht selten führen Missverständnisse, Unkenntnis von Begleitumständen oder eine ungünstige Abfolge von Ereignissen oder Versäumnissen zum Implantatverlust. In vielen Fällen stellt sich dabei die Frage, ob Misserfolge vorhersehbar und damit gegebenenfalls vermeidbar gewesen wären.

Im Folgenden werden Misserfolge und andere Behandlungsfälle aus eigener Praxis und aus der Fallsammlung des Autors in seiner Eigenschaft als Gerichtssachverständiger vorgestellt, bei denen die Komplikationen von Anfang an nicht erkannt bzw. nicht vorhergesehen wurden. Die Befunde und die Fallbeispiele wurden nach klinischen Gesichtspunkten ausgewählt und zusammengestellt, der Behandlungsverlauf mit knappen Erläuterungen kommentiert. Weitergehende Therapiekonzepte werden hier nur gestreift und können an anderer Stelle nachgearbeitet werden.

Die Auswahl der vorgestellten klinischen Fälle soll nicht nur einen Überblick über mögliche Schwierigkeiten und Probleme geben, sondern auch der Erfahrung Ausdruck verleihen, dass Fehler nicht immer vermeidbar sind.

In einigen Kapiteln werden Komplikationen und Verluste von Implantaten vorgestellt, die durchaus vermeidbar gewesen wären. Gewisse Fehlentscheidungen, Unkenntnis, fehlende Erfahrung und das Fehlen evidenzbasierter Hinweise sowie wirtschaftliche Zwänge haben in diesen Fällen dazu beigetragen, dass es zum Misserfolg gekommen ist.

Die Schilderung der Behandlungsabläufe wurde bewusst kurz und zum Teil stichwortartig gehalten. Dafür sind, soweit verfügbar, klinische, radiologische und andere Originalbefunde beigefügt. Auch wenn die Dokumentation verständlicherweise nicht lückenlos ist und die Qualität der Bilder mitunter Wünsche offenlässt, kann der Sachkundige die jeweilige Problematik der vorgestellten Fälle leicht erfassen.

Dem Anfänger im Fach soll bereits zu Beginn seiner implantologischen Tätigkeit eine gewisse Sensibilität für mögliche Gefahren und Probleme vermittelt werden. Der erfahrene Leser mag aus den beschriebenen ungünstigen Verläufen seine eigenen Schlussfolgerungen ziehen und gegebenenfalls ähnliche Fälle aus der eigenen Praxis darin wiedererkennen.

Kapitel 2

Ursachen für Misserfolge

2 Ursachen für Misserfolge

Indikationen und Kontraindikationen für den Einsatz von enossalen Zahnimplantaten sind auf der Grundlage umfangreicher Erfahrungen in den letzten drei Jahrzehnten erarbeitet worden.

Neben generellen medizinischen Gegebenheiten, die den chirurgischen Eingriff für den Patienten zu einem Risiko machen können, beispielsweise Störungen der Blutgerinnung oder Erkrankungen des Herz-Kreislauf-Systems, werden auch lokale Risiken definiert. Zu den letzteren gehören Störungen der Wundheilung, wie sie z. B. beim schlecht eingestellten Diabetes mellitus oder nach einer Strahlenbehandlung des Kieferknochens auftreten.

Aus diesem Grund sind gewisse Vorbereitungsmaßnahmen für eine Implantatinsertion unerlässlich (Tab. 2-1).

Neben den medizinischen Daten müssen auch die forensischen Risiken gesehen werden, die im Wesentlichen in der Planung, der Aufklärung des Patienten, der Dokumentation und der Organisation der Therapie begründet sein können.

Da es sich bei der implantatgetragenen Suprakonstruktion um eine Wahlleistung handelt, die nur sehr selten medizinisch notwendig ist, sind Komplikationen und Misserfolge hier eher rechtlich konfliktträchtig, als dies bei einer medizinisch notwendigen Therapie der Fall ist.

Nicht selten lösen Aussagen nachbehandelnder Kollegen oder solche von Beratern der Kostenträger den Konflikt aus, sodass es in der Folge zu einer Auseinandersetzung zwischen dem Patienten mit seinem Zahnarzt kommt.

Hinzu kommt in vielen Fällen der Umstand, dass eine unzureichende Aufklärung über die möglichen Risiken erfolgt ist und dass der Patient deshalb von einem Erfolg der Behandlung und bei Komplikationen oder nach Implantatverlust von einem Fehler seitens des Behandlers ausgeht. Häufig sucht er dann andere Fachkollegen auf und wird möglicherweise in seinem Verdacht gestützt. Nicht selten baut sich der Verdacht zu einem handfesten rechtlichen Streit auf, der erst in einer Gerichtsverhandlung entschieden wird.

Vor der Implantation

- medizinische Abklärung
- Diagnostik der lokalen Verhältnisse
- Dokumentation aller Daten
- Aufklärung und schriftliche Vereinbarung der Therapie und Kosten
- schonende OP-Technik (und kurze OP-Dauer)
- adäquate Suprakonstruktion
- Mundhygienekonzept und dessen Etablierung
- Recall

Nach der prothetischen Versorgung

- rechtzeitige Diagnostik bei Verdacht auf eine Komplikation
- adäquate Therapie
- Indikation zur Explantation
- schonende Explantation
- prothetisches Umstellungskonzept oder erneute Planung

Tab. 2-1 *Übersicht über die medizinische Abklärung und Langzeitbetreuung von Implantatpatienten.*

Die Einteilung der Misserfolge in der Implantologie erfolgt nicht einheitlich, sondern kann nach unterschiedlichen Gesichtspunkten vorgenommen werden.

In der Tabelle 2-2 sind die Möglichkeiten für einen Implantationsmisserfolg zusammengestellt.

Arten von Komplikationen und Misserfolgen am Implantat
- Frühmisserfolge (in der Einheilphase, vor der prothetischen Versorgung)
- Spätmisserfolge (nach der prothetischen Versorgung)
- Misserfolge durch Materialfehler (z. B. Implantatherstellung)
- falsche Implantatauswahl (z. B. Dimensionsprobleme, Implantatdesign)
- Misserfolge aufgrund von dentaltechnischen Fehlern (z. B. Löten)
- Misserfolge durch prothetische Fehler (z. B. Mikrospalt)
- Misserfolge wegen Hygieneunfähigkeit des Zahnersatzes
- ästhetische Misserfolge
- patientenverschuldete Misserfolge

Tab. 2-2 *Übersicht über mögliche Komplikationen und Misserfolge im Zusammenhang mit enossalen Implantaten.*

Forensische Kategorien (zahn)medizinischer Komplikationen und Fehler
- schicksalhafte Misserfolge (z. B. durch Tumorentstehung oder Unfall)
- Therapiemisserfolg durch Fehler des Behandlers (Kunstfehler)
- Patientenfehler (fehlende Compliance)
- Schnittstellenfehler (Fehler von an der Therapie beteiligten Dritten)

Tab. 2-3 *Forensische Einordnung von (zahn)medizinischen Komplikationen und Fehlern.*

In den meisten Fällen sucht der betroffene Patient nach den Gründen, die den Misserfolg herbeigeführt haben, wobei ein Implantatverlust nach mehreren Jahren Verweildauer im Kiefer eher hingenommen wird als ein Misserfolg innerhalb eines Zeitraums von 2 bis 3 Jahren nach der Implantation oder noch früher.

Die Folgen eines Implantatverlustes können weitreichend sein und neben finanziellem Schaden Schmerzen und längeren Arbeitsausfall verursachen, was weiteren materiellen Schaden nach sich ziehen kann. Nicht selten kann daraus ein (bisweilen umfangreicher) Nachbehandlungs- und Neuversorgungsaufwand entstehen, dessen Kosten der Patient nicht immer bereit ist, selbst zu tragen.

Im Falle von Dauerschäden, z. B. einer Anästhesie des N. alveolaris inferior, muss der Behandler nachweisen, dass die Nervschädigung unvermeidbar war und keine Verletzung der Sorgfaltspflicht darstellt. In jedem Fall haftet der behandelnde Zahnarzt auch für sein Team und für alle an der Komplikation beteiligten Personen und deren Mitwirkung.

Der Jurist unterscheidet bei der Analyse von Misserfolgen die in Tabelle 2-3 dargestellten kausalen Möglichkeiten, die zur forensischen Entscheidungsfindung führen:

Schicksalhafte Probleme können sich in der Implantologie beispielsweise dann ergeben, wenn es (mitunter etliche Jahre) nach einer implantologischen Versorgung zu unerwarteten Erkrankungen, z. B. einer Tumorerkrankung, und deren Behandlung kommt. In den letzten Jahren wurde in der Fachliteratur mehrfach berichtet, dass reizlos eingeheilte Implantate aufgrund einer Kieferknochennekrose im Zuge einer Bisphosphonattherapie verloren gingen. Ähnliche schicksalhafte Komplikationen sind auch nach Ausbruch anderer Erkrankungen möglich (z. B. Diabetes mellitus oder Tumor) und sicherlich nicht vorhersehbar.

Auch wenn echte *Kunstfehler* nicht häufig vorkommen, ist bei den Frühmisserfolgen ein Verschulden durch den behandelnden Zahnarzt nicht selten.

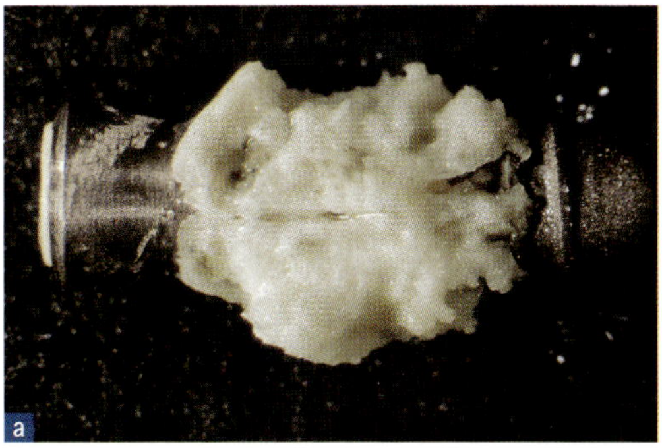

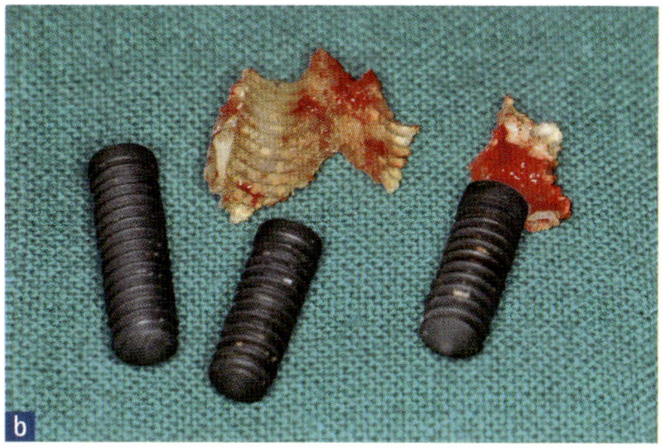

Abb. 2-1a, b *Spontaner Implantatverlust infolge von Hitzenekrose:* **a** *Verlust des Implantates mitsamt eines aufgrund der Primärstabilität anhaftenden Knochensequesters am 9. postoperativen Tag.* **b** *Verlust von drei Schraubenimplantaten und Sequesterabgang durch Knochenüberhitzung bei der Implantatinsertion.*

Bei ungünstigen Knochensituationen, beispielsweise bei einer stark ausgeprägten Kompaktalamelle oder nach Knochenaufbaumaßnahmen, kann es aufgrund von bei der Implantatbettpräparation verursachten Hitzenekrosen des Knochens zu Frühkomplikationen oder Frühmisserfolgen kommen (Abb. 2-1). Eine Knochenüberhitzung bei der Implantatinsertion lässt sich auch zu einem späteren Zeitpunkt noch mit hoher Wahrscheinlichkeit aus den Angaben des betroffenen Patienten vermuten. In solchen Fällen sind in den ersten 8 bis 14 Tagen praktisch immer heftige Schmerzen zu beobachten. Die Schmerzen, die mit starken Analgetika bekämpft werden müssen, lassen etwa 2 Wochen nach dem operativen Eingriff nach und werden von einer beginnenden Lockerung des Implantates abgelöst. Nicht selten kommt es dann zum Spontanverlust des Implantates und einer Abstoßung von Knochensequestern. Der Patient ist danach zwar im Allgemeinen beschwerdefrei, doch hinterlassen solche Implantatverluste oft erhebliche Knochendefekte am Kieferkamm.

Spätmisserfolge können verschiedene Ursachen haben und deshalb nicht immer sicher eingeordnet werden. Bei rechtlichen Auseinandersetzungen wird in der überwiegenden Mehrzahl der Fälle erst in einem Gerichtsverfahren anhand eines Sachverständigengutachtens ein Urteil gefunden.

Die *Mitarbeit des Patienten* ist für den Erfolg der Implantatversorgung unabdingbar und wird seitens des Zahnarztes erwartet.

In jedem Fall wird der Behandler als für die Behandlungsmaßnahme verantwortliche und haftende Person bei Implantatverlusten und anderen Schäden an erster Stelle angesprochen. Da die Gesamtrehabilitation der Patienten im Rahmen einer implantatchirurgischen und implantatprothetischen Therapie aber auch Dienste, Produkte und Leistungen anderer beansprucht, können sich daraus weitere Ursachen für Probleme und Misserfolge ergeben. Man spricht in diesem Zusammenhang von einer *Schnittstellenproblematik* (Abb. 2-2). Der Behandler haftet in großem Umfang für die Durchführung der Behandlung. Hierzu zählen jedoch nicht nur die von ihm selbst zu erbringenden ärztlichen Vorbereitungs- und Behandlungsleistungen sowie eine rechtswirksame Aufklärung und die Dokumentation aller relevanten Daten, sondern er ist zusätzlich für mögliche Fehlleistungen an den sogenannten „Schnittstellen" verantwortlich.

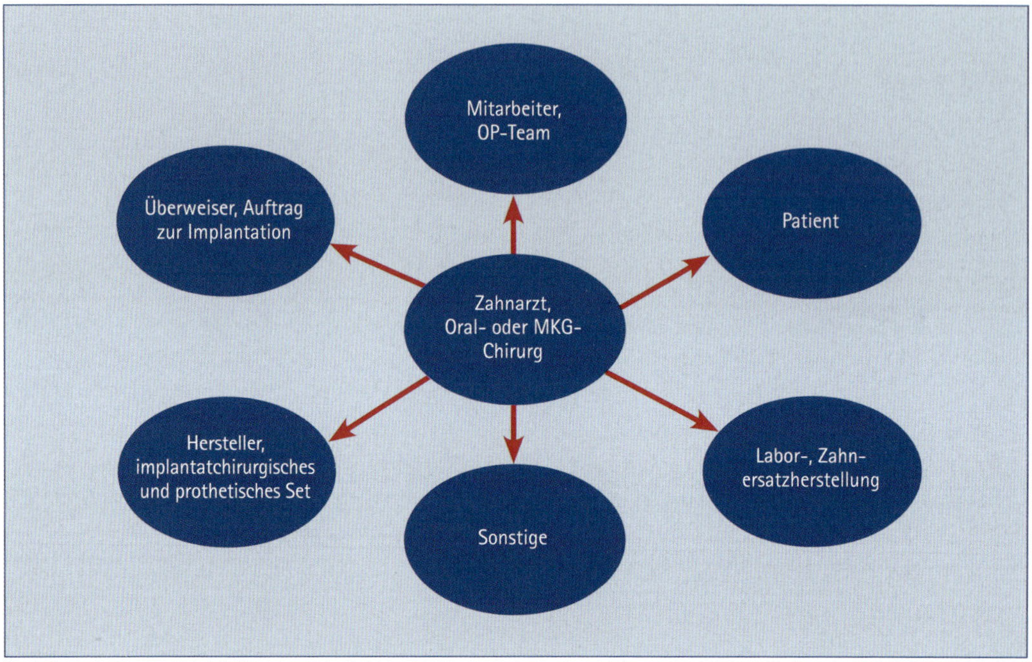

Abb. 2-2 *Schnittstellen im Rahmen einer implantologischen Behandlung.*

Im Mittelpunkt der Bemühungen steht der Patient mit seinen Wünschen und Vorstellungen, die der Zahnarzt in seiner Planung berücksichtigen muss. Überzogene Vorstellungen seitens des Patienten sollten möglichst vor Beginn der Behandlung korrigiert und an die tatsächlich gegebenen Möglichkeiten angepasst werden.

Im Rahmen der Behandlungsaufklärung sollten aus diesem Grund alle Details der Behandlung, sämtliche möglichen Risiken sowie das zu erwartende Ergebnis besprochen und schriftlich dokumentiert werden.

Der Behandler sollte selbstverständlich seine eigenen Möglichkeiten und seine implantologische Kompetenz im Rahmen der durchzuführenden Behandlung realistisch einschätzen und bei sich abzeichnenden Defiziten dem Patienten eine kompetente Stelle zur Weiterbehandlung empfehlen.

Bei einem Überweisungsauftrag, der sowohl chirurgisch als auch prothetisch erfolgen kann, sollte eine konkrete interdisziplinäre Gesamtplanung durchgeführt werden, um alle Probleme und Besonderheiten des Falles zu erfassen. Hierzu gehört auch die Klärung der Zuständigkeiten und der Verantwortung für die jeweiligen Kompetenzbereiche der Behandler.

Ebenso wichtig für den Erfolg der Behandlung ist ein eingespieltes Praxisteam, das sich durch spezifisches verfahrenstechnisches Know-how und reibungslose Abläufe auszeichnet. Der behandelnde Zahnarzt trägt für die Kompetenz seines Teams uneingeschränkt die Verantwortung und haftet für dessen Fehlleistungen.

Eine weitere Schnittstelle stellt diejenige zum Dentallabor dar, in dem die Herstellung des Zahnersatzes erfolgt. Hier wird eine Referenzorientierung zwischen dem Behandler und dem Zahntechniker vorausgesetzt, die eine fehlerfreie Ausführung der Anweisungen für den Zahnersatz garantiert. Generell wird große Kooperationsbereitschaft zur Umsetzung von besonderen Herausforderungen vom Dentallabor bzw. von den beteiligten Zahntechnikern erwartet.

Nicht selten wird der Patient von seiner Umgebung (in erster Linie Arbeitskollegen oder Familienangehörige) auf Defizite seines implantatgetragenen Zahnersatzes aufmerksam gemacht.

Auch die Industrie ist Partner des implantologisch tätigen Zahnarztes. Insbesondere die hohe Qualität der Produkte sollte uneingeschränkt gewährleistet sein. Im Zeitalter eines zügellosen Managements, das auch in die zahnärztliche Implantologie Eingang gefunden hat, musste leider festgestellt werden, dass von Firmen, die Plagiate von Markenprodukten herstellen, aber auch von marktführenden Anbietern zum Teil unwahre und unseriöse Informationen verbreitet und als große Errungenschaften der Implantologie gepriesen werden. Die unreflektierte Umsetzung derartiger Informationen führte vielfach zu Komplikationen am Patienten und zu schmerzhaften Erfahrungen. Heute ist jeder Kollege gut beraten, wenn er die Angebote der Industrie kritisch prüft und gegebenenfalls hinterfragt.

Im Rahmen einer fairen Partnerschaft zu den Herstellern sollte die ausreichende klinische Erprobung der angebotenen Produkte zur Anwendung am Patienten, eine CE-Kennzeichnung sowie ein faires Preis-Leistungs-Verhältnis vorausgesetzt werden dürfen.

Kapitel 3

„Die Periimplantitis ist an allem schuld“

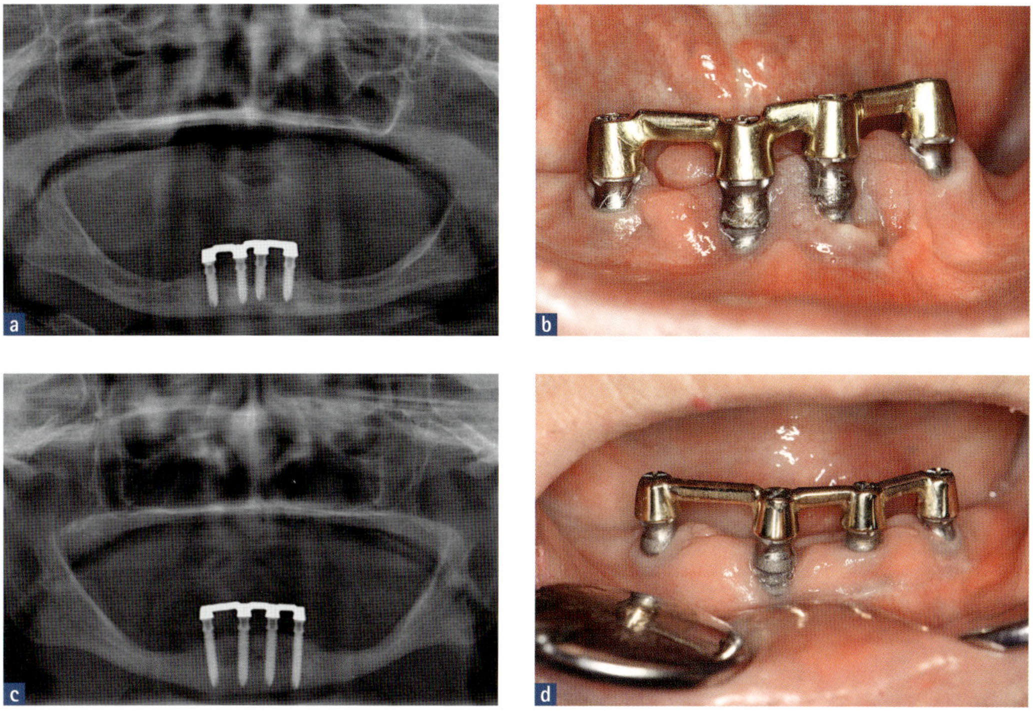

Abb. 3-1a–d *Marginaler Knochenverlust nach jahrzehntelanger Tragedauer und funktioneller Belastung von Implantaten:* a, b *Tragezeit 26 Jahre;* c, d *Tragezeit 28 Jahre.*

3 „Die Periimplantitis ist an allem schuld"

Entzündliche Vorgänge am Implantat sollten am besten durch die Etablierung einer adäquaten Mundhygiene vermieden werden. Treten sie einmal auf, sollten sie mit allen zur Verfügung stehenden therapeutischen Mitteln und Möglichkeiten konsequent und dauerhaft eliminiert werden, damit es zu keiner Beteiligung der tiefer gelegenen periimplantären Gewebe kommt.

Die Periimplantitisprophylaxe sollte bereits in der Phase der Behandlungsplanung beginnen, wobei die Art des Zahnersatzes unter dem Aspekt der Hygiene kritisch geprüft werden kann. Auch wenn die Patienten einen festsitzenden Zahnersatz bevorzugen und fordern, sollte das hygienische Konzept über allen anderen Interessen stehen, damit auf lange Sicht entzündliche Komplikationen am Implantat vermieden werden.

Wir wissen, dass es im Laufe der Jahre zu einem stetigen marginalen Knochenverlust am Implantat kommt, der nur wenige Bruchteile eines Millimeters beträgt. Nach einer langen Implantattragedauer sind die Zeichen der Osseodesintegration dann klinisch sichtbar (Abb. 3-1). Bei günstiger Hygiene bedürfen sie jedoch keiner Therapie.

Eine zuverlässige Therapie gibt es nicht, weshalb man bei jedem Implantatpatienten im Recall die Mundhygiene überprüfen muss und bei Bedarf

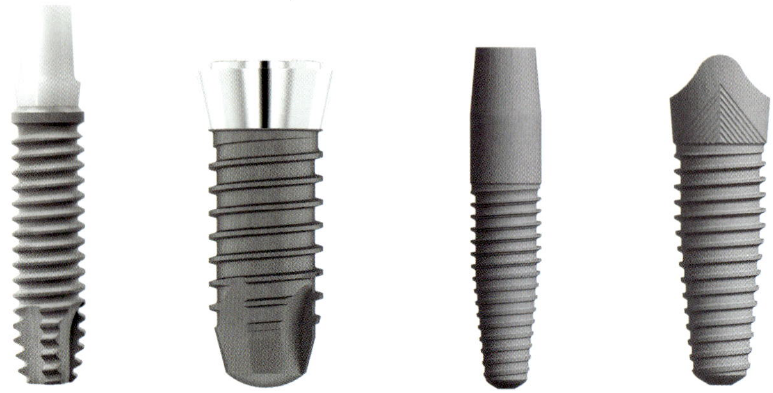

Abb. 3-2a-d *Unterschiedliche Implantate als Beispiele verschiedener Konzepte für den Durchtritt durch die Schleimhaut:* **a** *SICace-Implantat (SIC invent, Basel, Schweiz) für die Insertion auf Knochenniveau oder darunter für die Erreichung des Platformswitching.* **b** *SPI®-onetime (Thommen Medical, Waldenburg, Schweiz) für die transgingivale Implantatinsertion. Der durch die Schleimhaut tretende Anteil ist maschiniert.* **c** *NobelDirect® (Nobel Biocare, Kloten, Schweiz), das bis zum prothetischen Abutment mit der Mikrostruktur versehen ist. Wegen der Plaqueretention an der Oberfläche sollte dieses Implantat nicht verwendet werden.* **d** *NobelPerfect®, ein Implantat, mit dem angeblich der approximale Knochen erhalten wird, ist in seiner Anwendung ebenfalls sehr kritisch zu bewerten.*

eine Reinstruktion und Remotivation durchführen sollte.

Es gilt als gesichert, dass bereits die richtige Wahl des Implantates eine Bedeutung für die Vermeidung einer Periimplantitis hat. Ein besonders wichtiger Gesichtspunkt bei der Auswahl von Implantaten ist das Implantatdesign an der Durchtrittsstelle durch die marginale Gingiva (Abb. 3-2). Das Implantat sollte hier glatt (maschiniert) sein. Bei Insertion des Implantates unter das Knochenniveau und Verwendung von schmaleren Abutments wird der biologische Schleimhautkragen durch das Platform switching zusätzlich zum marginalen Knochen hin abgedichtet. Im Seitenzahnbereich kann der maschinierte Anteil des Implantates vollständig durch die Schleimhaut geführt werden und hilft so, Plaquenischen zu vermeiden.

Zwischen der offenen und der geschlossenen Implantatinsertion zeigen sich hinsichtlich Einheilung und Langzeitprognose keine wesentlichen Unterschiede.

Der intraossäre Anteil des Implantates sollte mikrostrukturiert (rau) sein, weil sich daraus eine günstigere Osseointegration ergibt.

Die Osseointegration von Vollkeramikimplantaten ist heute noch nicht ausreichend erprobt und die Misserfolgsquote relativ hoch, deshalb wird von ihrer routinemäßigen Verwendung in der Praxis abgeraten.

Die Periimplantitis sollte nicht nur aus Gründen der Implantaterhaltung vermieden werden, son-

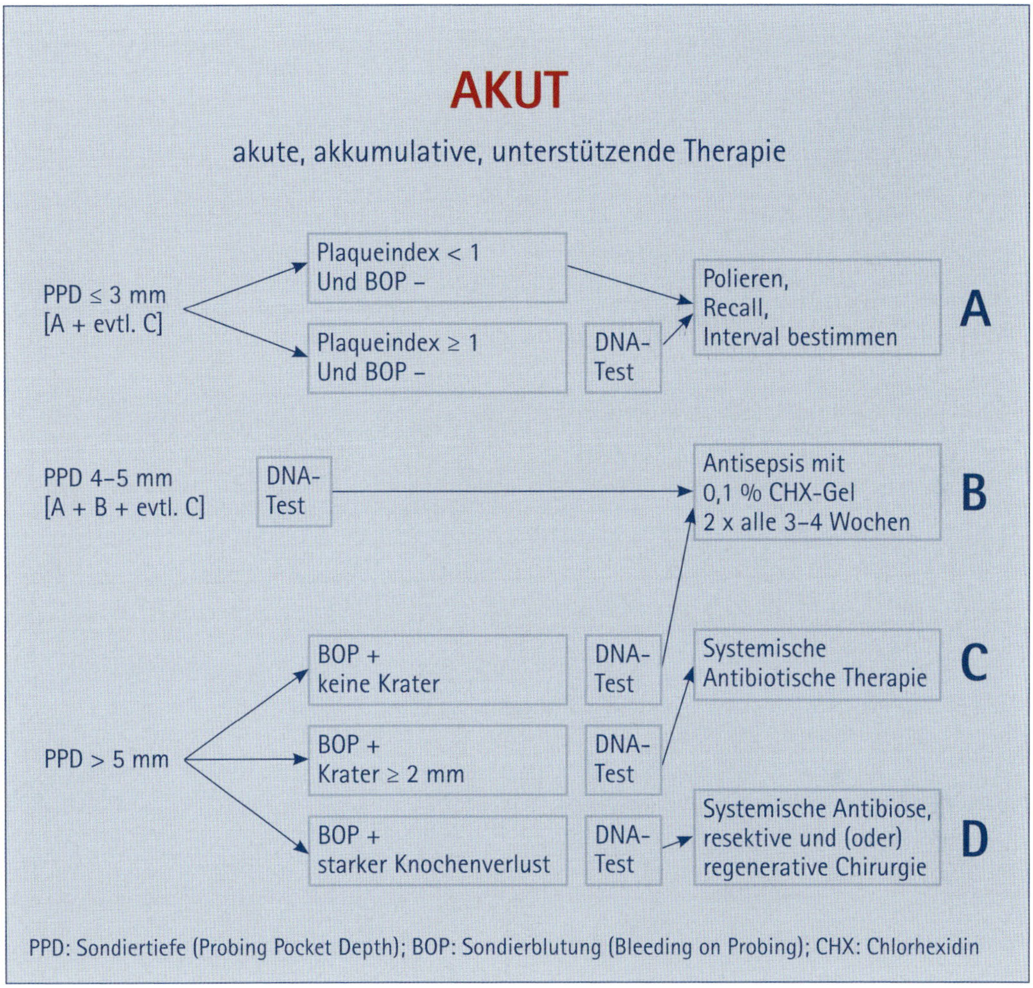

Abb. 3-3 *Behandlungskonzept der Periimplantitis (Lang und Mombelli 2004).*

dern auch wegen der möglichen weitergehenden allgemeinen Komplikationen. Klinische Studien belegen, dass Zusammenhänge zwischen entzündlichen Erkrankungen der marginalen Gingiva wie Parodontitis oder Periimplantitis in einem ursächlichen Zusammenhang mit Schlaganfall, Herzinfarkt, respiratorischen und Stoffwechselerkrankungen stehen.

Für die Behandlung der Periimplantitis hat sich das Therapiekonzept von *Lang* und *Mombelli* (2004) bewährt (Abb. 3-3), wobei weitere ergänzende Behandlungsmöglichkeiten hinzugekommen sind.

Eine vielversprechende unterstützende Maßnahme bei der Behandlung sowohl der Parodontitis als auch der Periimplantitis ist die antimikrobielle

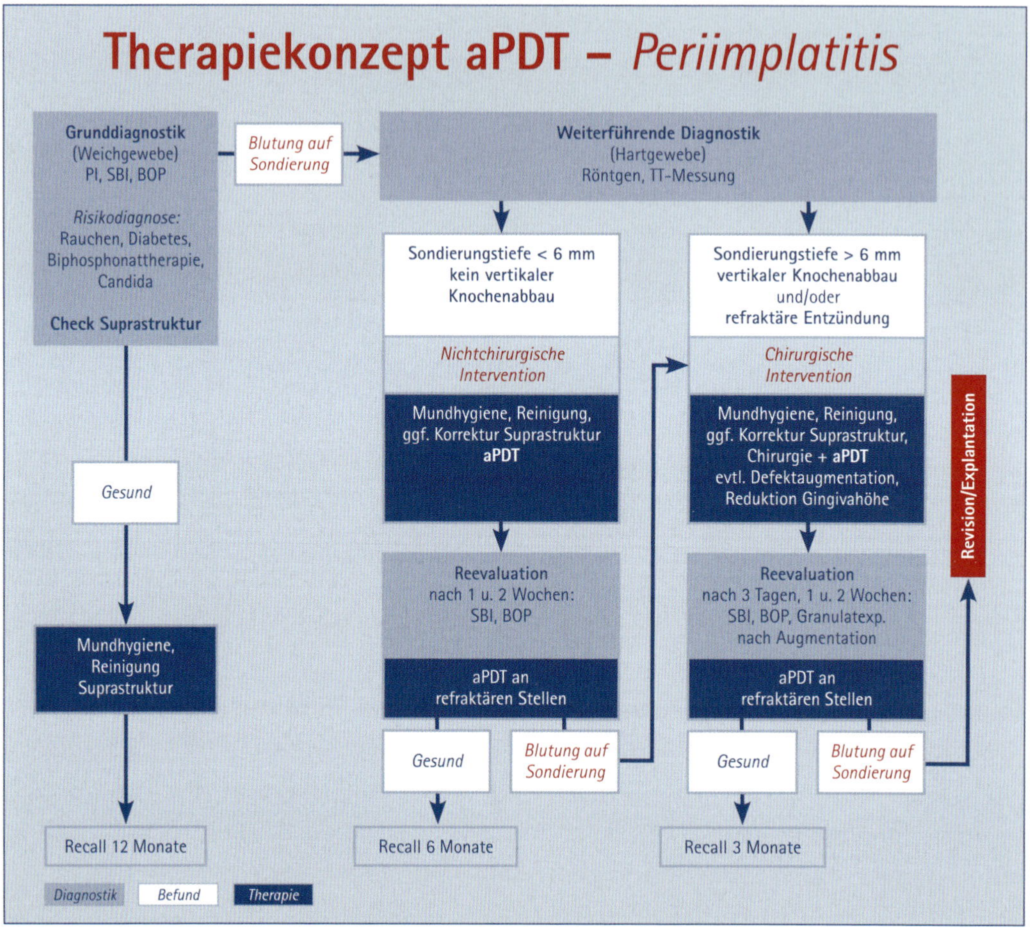

Abb. 3-4 *Therapiekonzept für die Frühbehandlung einer Parodontitis bzw. Periimplantitis.*

photodynamische Therapie (aPDT) (Abb. 3-4). Diese Therapie kann als Vor- und/oder Nachbehandlung einer Periimplantitis durchgeführt werden. Ihre Vorteile liegen in einer Reduktion der pathogenen Keime nach Anfärbung mit einem Photosensitizer und ihrer gezielten Elimination durch einen Softlaser mit einem Absorptionsmaximum im angefärbten Bereich. Inzwischen werden mehrere Systeme auf dem Fachmarkt angeboten. Eine Übersicht über das Keimspektrum bei Periimplantitiden bietet Abbildung 3-5. Die Taschendekontamination mit dem Softlaser hat bereits Eingang in die Therapie der Parodontitis und der Periimplantitis gefunden, wobei auch bei Anwendung aller zur Verfügung stehenden Behandlungsmöglichkeiten nur in sehr seltenen Fällen eine vollständige Ausheilung der Periimplantitis erreicht werden kann.

Ist die Periimplantitis so weit fortgeschritten, dass auf eine folgenfreie Erhaltung des Implantates keine Aussicht mehr besteht, sollte die Indikation zur Entfernung gestellt werden.

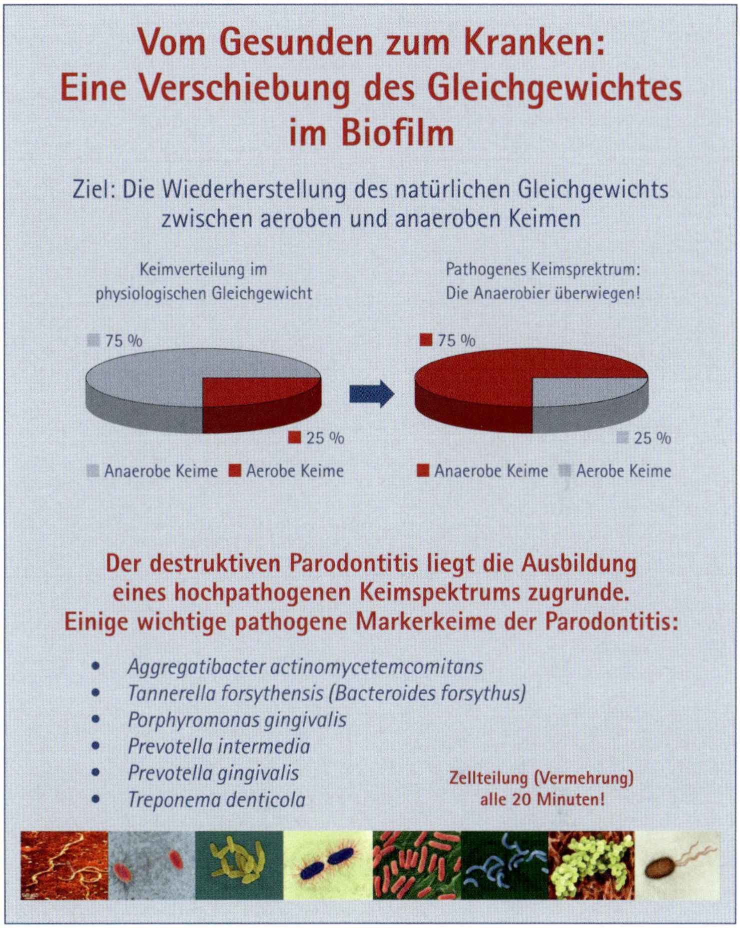

Abb. 3-5 *Keimspektrum bei einer Parodontitis und Periimplantitis.*

Bei dem folgenden Fall handelt es sich um eine Patientin mit außerordentlich guter Mundhygiene, die über einen Zeitraum von nahezu 10 Jahren regelmäßig in halbjährlichen Abständen bei ihrem Zahnarzt zum Recall kam und teilweise über Beschwerden im rechten Unterkiefer klagte.

Auf einem anlässlich der Beschwerden hergestellten Röntgenbild (Abb. 3-6a) erkennt man eine fortgeschrittene Periimplantitis an zwei enossalen Hohlzylinderimplantaten im rechten Unterkiefer, die prognostisch als desolat zu bezeichnen war. Der behandelnde Kollege verordnete Antibiotika, stellte jedoch keine Indikation zur Entfernung der infizierten Implantate.

Nach weiteren 4 Jahren hatte die Infektion den N. alveolaris inferior erreicht (Abb. 3-6b) und die Patientin bekam Parästhesien und heftige neuralgiforme Beschwerden infolge der Irritation des Nervs. Erst jetzt wurden die Implantate von einem weiteren Behandler entfernt.

Der Vorwurf des Behandlungsfehlers wurde im Urteil bestätigt und der Kollege, der die beginnende

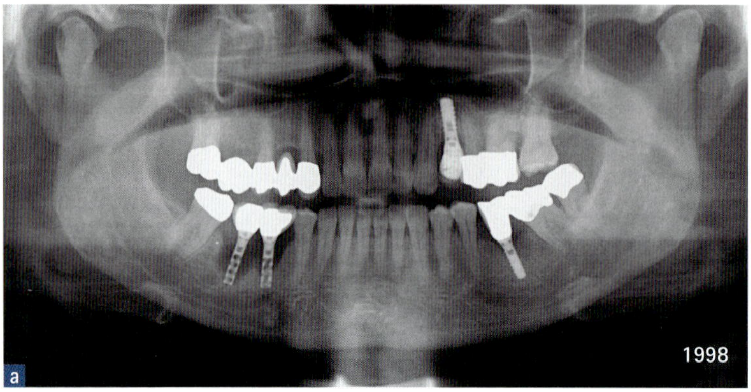

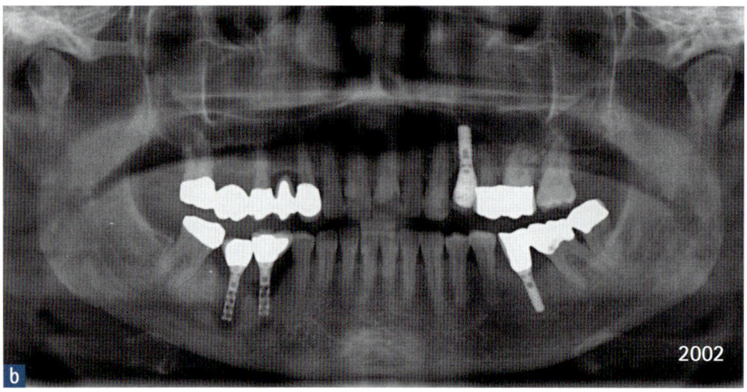

Abb. 3-6a, b *Rechtsfall wegen zu spät erkannter Parodontitis mit Nervschädigung.*

Nervschädigung nicht erkannt hatte, musste Schadensersatz leisten.

Nicht immer sind entzündliche Ursachen primär auslösend für eine Periimplantitis. In vielen Fällen spielen toxische Wirkungen eine nicht zu unterschätzende Rolle. Zu den toxischen Traumen kommen dann zu einem späteren Zeitpunkt entzündliche Komponenten hinzu, sodass die Infektion letztendlich im Vordergrund steht. Eine der toxischen Ursachen für Periimplantitiden stellt die Spaltkorrosion im Mikrospalt zwischen der Krone und dem Abutment bei verschraubten Suprastrukturen dar.

Bei dem Patienten der Abbildungen 3-7a bis 3-7c stellten sich anfangs Geschmacksstörungen, ein Gefühl, „wie auf einem Silberpapier zu beißen," und eine gewisse Mundtrockenheit ein. Das erste Röntgenbild (Abb. 3-7a) wurde zu Beginn der Beschwerden angefertigt und zeigt eine leichte Aufhellung um das Implantat herum, die im nachfolgenden Röntgenbild (Abb. 3-7b) noch deutlicher imponiert. Etwa ein halbes Jahr nach den ersten Beschwerden kam es zur Lockerung des Implantates, erst danach trat eine Periimplantitis auf, sodass das Implantat nicht mehr erhalten werden konnte. Eine Untersuchung des Explantates ergab neben dem üblichen Bakterienspektrum Legierungsanteile an der Implantatoberfläche. Auf der Innenseite der Implantatkrone konnten mit bloßem Auge Defekte in der Metalloberfläche festge-

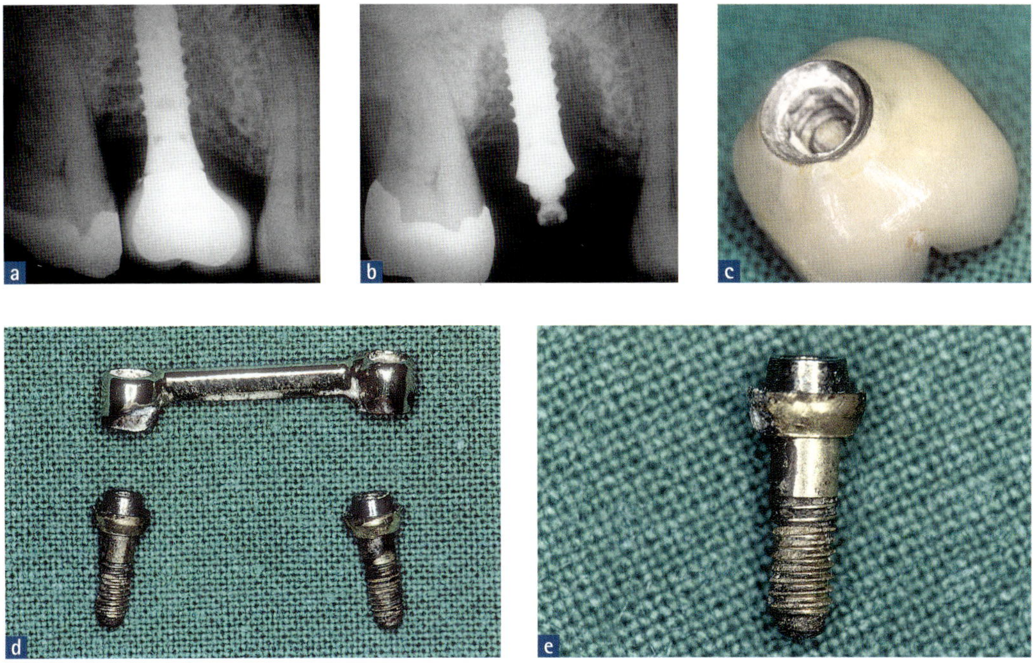

Abb. 3-7a–e *Anzeichen für Spaltkorrosion.*

stellt werden, wie sie für die Spalt- oder Lochfraßkorrosion typisch sind (Abb. 3-7c).

Die Abbildungen 3-7d und 3-7e zeigen eine sehr stark ausgeprägte Goldionenschicht auf zwei Implantatabutments, die mehrere Jahre lang unstabil in den Implantaten eingeschraubt waren. Die Implantate selbst gingen wegen einer Periimplantitis verloren.

Goldreduzierte Legierungen und zahlreiche goldfreie Legierung, aber auch hochgoldhaltige Legierungen können in einem unbelüfteten feuchten Mikrospalt eine Spaltkorrosion entwickeln. Zementierte Suprakonstruktionen oder die Herstellung der Suprastruktur aus korrosionsstabilen Metallen wie Titan, Kobalt-Basis-Legierungen oder Galvanostrukturen verhindern die Spaltkorrosion, auch Vollkeramikrestaurationen sind natürlicherweise frei von ihr (Abb. 3-8).

Im nachfolgenden Fall wurde eine aggressive Periimplantitis festgestellt, die ca. 1,5 Jahre nach der prothetischen Versorgung bei guter Mundhygiene auftrat.

Die Schwere der Periimplantitis konnte nicht erklärt werden, denn die Beschwerden passten nicht zum Röntgenbefund (Abb. 3-9a). Da sich die Patientin unmittelbar im Anschluss an die Diagnosestellung einer Therapie nicht unterziehen konnte, wurde über 14 Tage ein Breitspektrumantibiotikum verordnet.

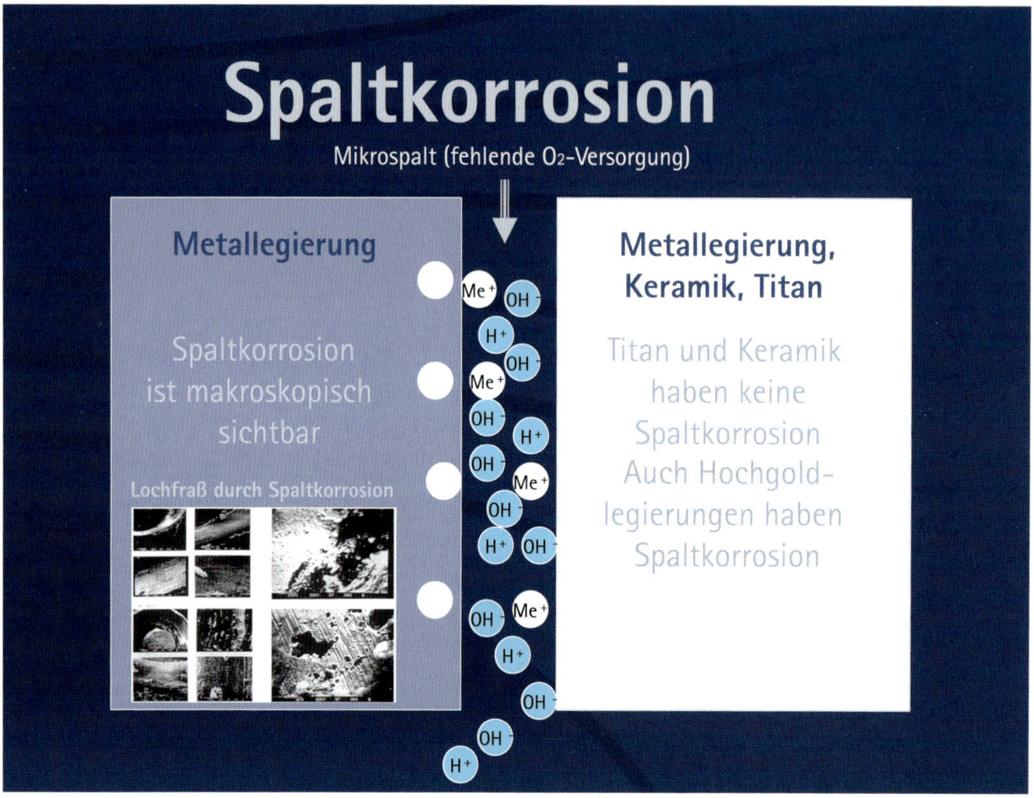

Abb. 3-8 *Schematische Darstellung der Spalt- oder Lochfraßkorrosion.*

Nach 5 Wochen wurde erneut eine Panoramaschichtaufnahme angefertigt und ein Fortschreiten der Periimplantitis konstatiert (Abb. 3-9b), was zu einer weiteren allgemeinen Untersuchung Anlass gab. Die Diagnose lautete „akute myeloische Leukämie".

Leider heilen Periimplantitiden nur selten vollständig aus. Die Prognose ist einerseits von der Schwere des Befundes und andererseits vom Zeitpunkt und Umfang der therapeutischen Intervention abhängig.

Bei dem in Abbildung 3-10 gezeigten Patienten kam es 6 Wochen nach der Implantatinsertion an beiden Implantaten zu einer ausgeprägten Periimplantitis. Während das mesial gesetzte Implantat verloren ging, konnte das distale Implantat nach einer Taschensäuberung und Entfernung von Granulationsgewebe erhalten werden (Abb. 3-10b und c).

Der marginale Defekt heilte innerhalb weniger Wochen vollständig aus (Abb. 3-10d).

Beschwerden entstehen bei einer Periimplantitis regelmäßig bei einer akuten Exazerbation der Infektion. Im chronischen Entzündungszustand haben die betroffenen Patienten nur geringe oder keine Beschwerden.

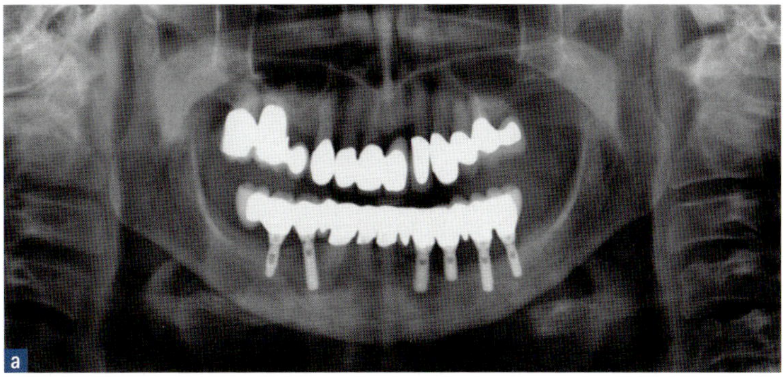

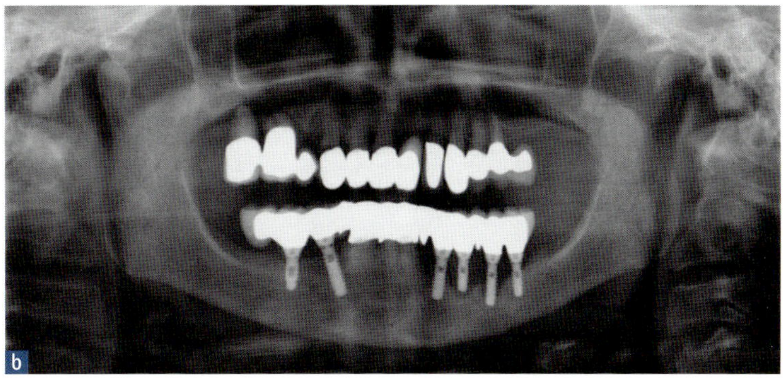

Abb. 3-9a, b *Rapider marginaler Knochenabbau bei einer akuten Leukämie.*

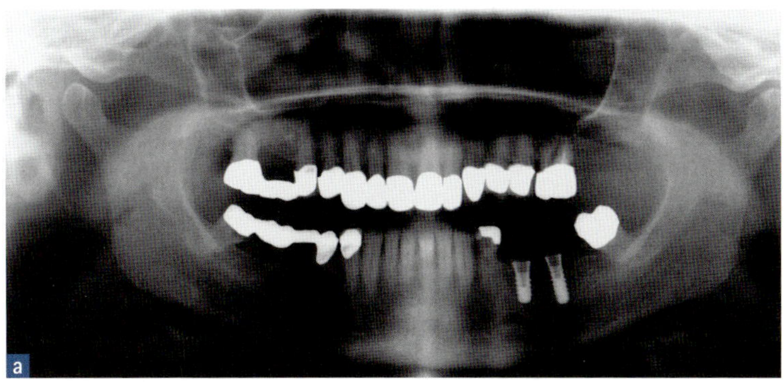

Abb. 3-10a–d *Ausheilung einer Periimplantitis.*

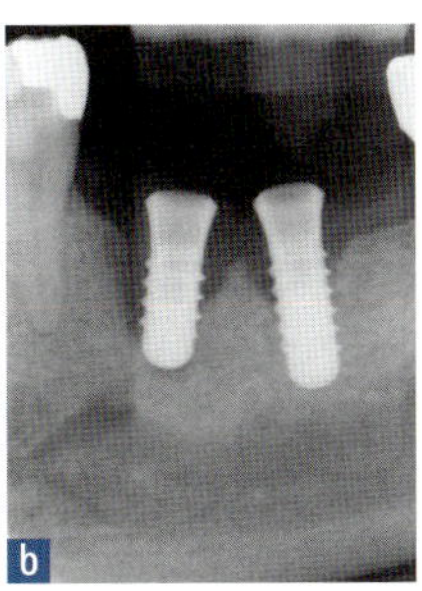

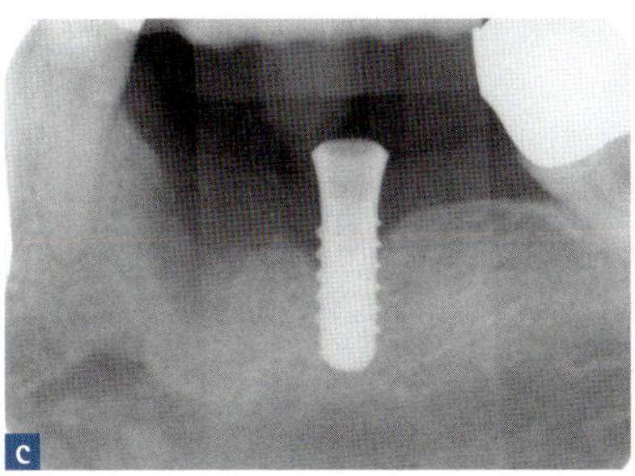

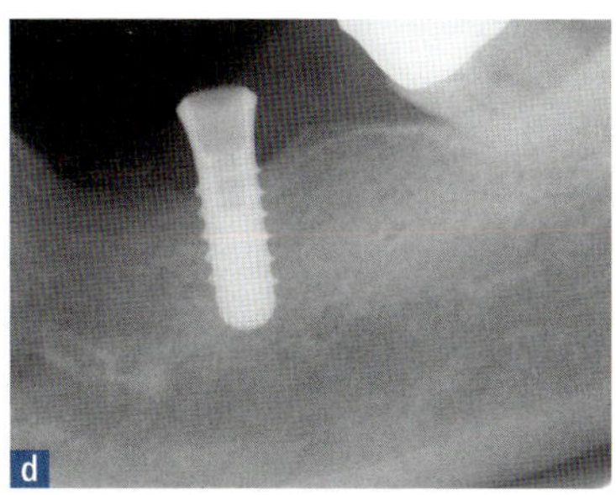

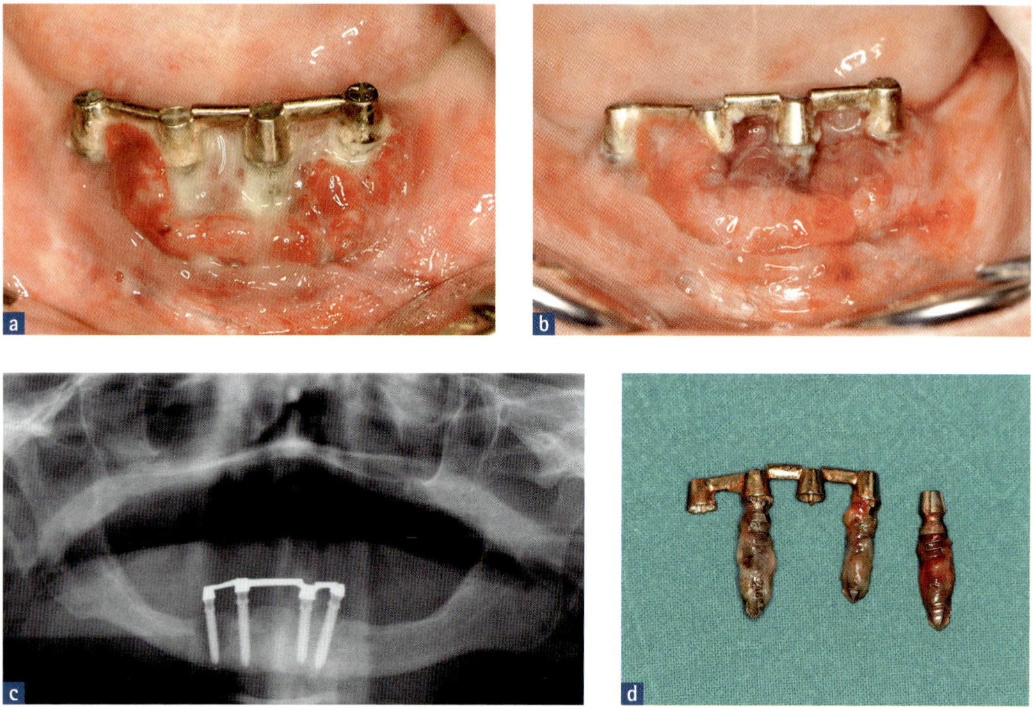

Abb. 3-11a–d *Implantatspontanverlust bei unbehandelter Periimplantitis.*

Unbehandelt führt eine Periimplantitis praktisch immer zum Implantatverlust. Sie schreitet dann so lange fort, bis die Osseointegration des Implantates und damit seine Stabilität aufgehoben sind. Das beobachtet man bisweilen bei älteren, pflegebedürftigen Patienten, bei denen ein Implantatverlust durch regelmäßige zahnärztliche Betreuung vermeidbar wäre.

Bei dem Fall der Abbildung 3-11 wurde der 82-jährige Patient während einer stationären Behandlung über mehrere Monate nicht im erforderlichen Umfang im Bereich der Implantate betreut. Eine adäquate Mundhygiene fand nicht statt, sodass es nach wenigen Monaten noch im Krankenhaus zum Totalverlust der Stegversorgung mitsamt den Implantaten kam. Der konsiliarisch hinzugezogene Zahnarzt konnte den Steg und die Implantate mit einer Pinzette aus dem Unterkiefer herausnehmen.

In seltenen Fällen können auch allergische Reaktionen zu periimplantären Reaktionen führen, wie der nächste Fall zeigt.

Bei der im Folgenden vorgestellten Patientin wurde der Oberkiefer mit einer teleskopierenden Prothese versorgt. Neben natürlichen Zähnen wurden 3 enossale Implantate als zusätzliche prothetische Pfeiler verwendet (Abb. 3-12). Wegen einer bekannten allergischen Diathese wurden nach Austestung nur reaktionsfreie Materialien verwendet.

Wegen Bedenken der Patientin gegen Augmentationsmaßnahmen wurde keine Sinusbodenelevation durchgeführt. Die Patientin hatte sich aus

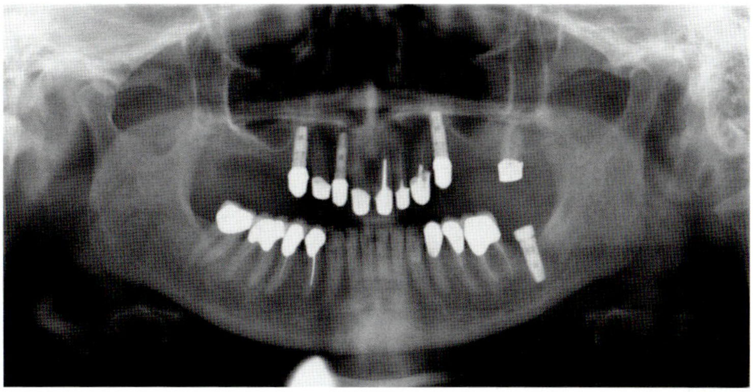

Abb. 3-12 *Ausgangsbefund nach Abschluss der Versorgung des Oberkiefers.*

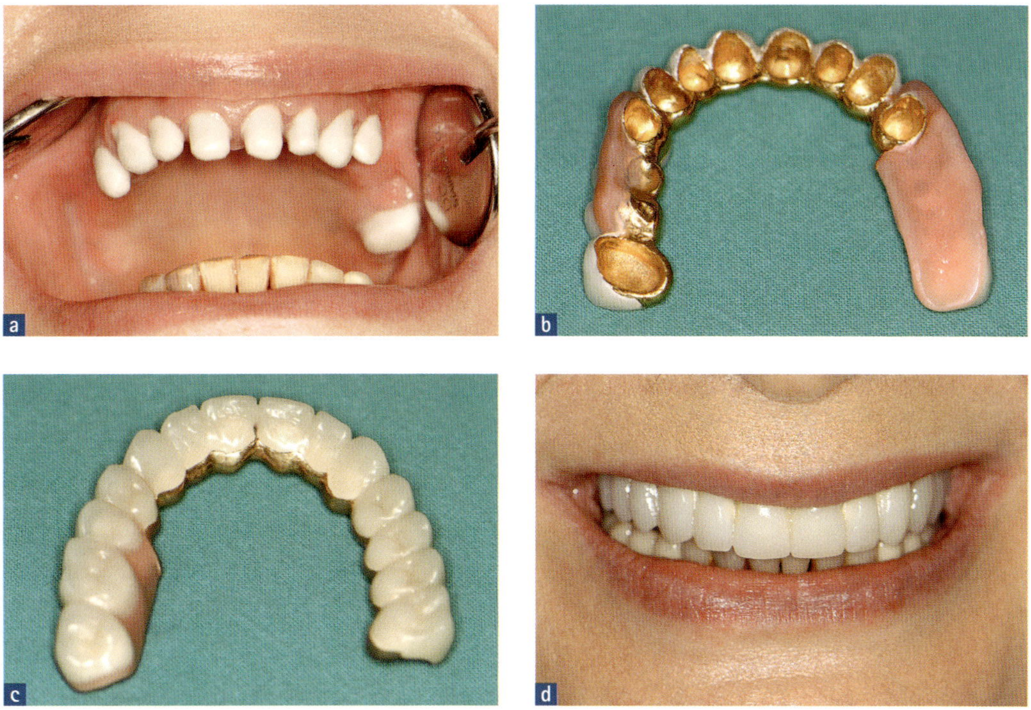

Abb. 3-13a–d *Oberkieferzahnersatz nach der Eingliederung.*

diesem Grund für eine herausnehmbare, gemischt getragene und telekopierende Lösung entschieden.

Die Primärteleskope wurden aus Vollkeramik hergestellt und mit einem Komposit verklebt. Die Sekundärkronen wurden als Galvanokäppchen hergestellt und in das Metallgerüst aus einer Hochgoldlegierung eingeklebt. Die gaumenfreie Prothese bestand aus dem üblichen Prothesenkunststoff und die Zähne waren aus Polyglas individuell hergestellt (Abb. 3-13).

Etwa 1 Jahr nach Eingliederung der prothetischen Versorgung traten Rötungen und bei gerin-

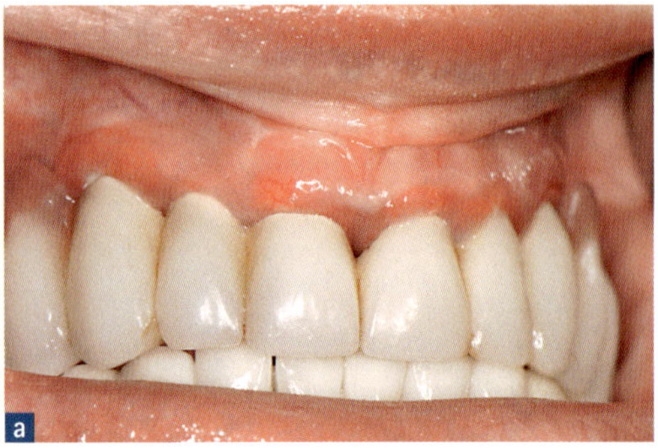

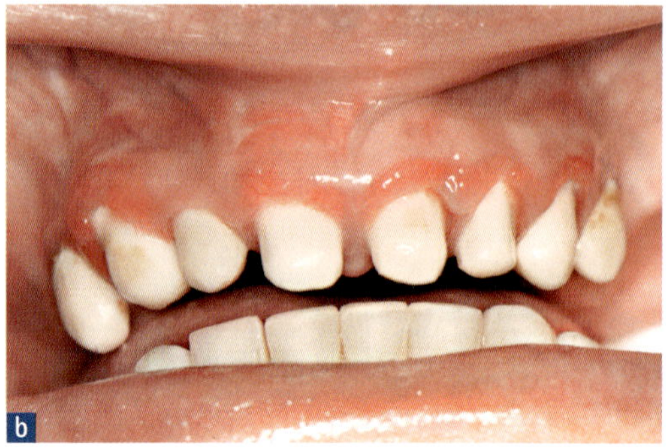

Abb. 3-14a, b *Allergisch verursachte Periimplantitis an den mit Komposit befestigten Teleskopkronen.*

gen mechanischen Reizen starke Blutungen an der marginalen Gingiva auf (Abb. 3-14).

Trotz aller möglichen lokalen Maßnahmen konnte die Reaktion nicht eingedämmt werden. Wie sich durch erneute Allergietests herausstellte, hatte die Patientin inzwischen eine Allergie gegen den Befestigungskunststoff entwickelt, mit dem die Primärteleskope auf den prothetischen Pfeilern fixiert worden waren. Eine Behebung der allergischen Reaktion wurde erst nach Entfernung der Primärkronen möglich. Ein neuer Zahnersatz wurde in gleicher Weise wie zuvor hergestellt, aber die Kronen wurden mit einem Zink-Phosphat-Zement befestigt. Danach traten keine Reaktionen mehr auf.

Zusätzliche häusliche Anwendung von oralen Desinfektionsmitteln

Empfohlene Lokaltherapeutika

- Chlorhexidindigluconat 2 %
- Aminflurid (Meridol®)
- Taurolin 2 %
- Wasserstoffperoxid, H_2O_2 (3–10 %)
- Zitronensäure
- 0,2%iges CHX-Spray für schwer zugängliche Stellen

Tab. 3-1 *Empfohlene intraorale Desinfektionsmittel.*

Die Häufigkeit einer Periimplantitis liegt bei 5-8 % aller Implantate. Dies bedeutet, dass bei 50 bis 80 von 1.000 Implantaten irgendwann Behandlungsbedarf besteht.

Ergänzend zur chirurgischen Therapie der Periimplantitis ist die häusliche Anwendung von oralen Desinfektionsmitteln zu empfehlen (Tab. 3-1), weil damit neben der täglichen Mundhygiene ein zusätzlicher Beitrag zur Vermeidung einer Reinfektion durch effektive Bakterienreduktion, Verbesserung des Attachments und Verringerung der Taschentiefe geleistet wird.

Abschließend bleibt festzustellen, dass die mechanische Depuration des betroffenen Implantates die wichtigste Maßnahme darstellt. Bei einer grob mikrostrukturierten Oberfläche, z. B. bei TPS-Beschichtung (Titan-Plasma-Flame-Spray-Beschichtung), kann es sinnvoll sein, die infizierte Implantatoberfläche mit einem Diamant- oder Hartmetallbohrer vor Therapiebeginn abzutragen.

Da die Periimplantitis nicht zuverlässig behandelt werden kann, sollte im Recall die Mundhygiene jedes Mal kritisch überprüft und der Patient gegebenenfalls reinstruiert werden.

Kapitel 4

Ungewöhnliche Komplikationsverläufe und „Misserfolgsstorys“

4 Ungewöhnliche Komplikationsverläufe und „Misserfolgsstorys"

In den folgenden Kapiteln wird eine Reihe von Behandlungsfällen vorgestellt, die jeweils eine besondere, nicht von vornherein erkennbare Problematik zeigten. Im Verlauf der Therapie spielen immer verschiedene Faktoren eine Rolle, die oft erst nach einem Schadensereignis erkannt werden.

Neben Problemen im Verhältnis zwischen dem Patienten und seinem Zahnarzt können Fehler oder Versäumnisse im Bereich weiterer Schnittstellen zu Misserfolgen führen.

Die ausschließliche Beurteilung dieser Misserfolge nach dem Ergebnis der Behandlung ist nur selten objektiv, weil sie sich auf einen entscheidenden Wissensvorsprung stützt und der Dramatik des Therapieverlaufs nicht gerecht wird. Entscheidungen des behandelnden Zahnarztes mögen im Kontext der Befunde und Beschwerden des Patienten fachlich schlüssig und richtig gewesen sein, haben sich jedoch a posteriori betrachtet als Ausgangspunkte fataler Entwicklungen erwiesen.

Für die nachfolgenden Fallschilderungen wurden ungewöhnliche und untypische Verläufe ausgesucht. Sie werden anhand der klinischen Befunde vorgestellt.

4.1 Hygienische Defizite

Hygienische Versäumnisse und Fehler beziehen sich bei den im Folgenden vorgestellten Fällen nicht auf die Anforderungen an den operativen Eingriff, sondern betreffen vielmehr das Problem der Reinigung der Implantate in der Betreuungsphase nach Beendigung der implantatprothetischen Therapie (Abb. 4-1).

Für den Langzeiterfolg ebenso wir für ungetrübte Lebensqualität und Kaukomfort ist eine uneingeschränkte Hygienefähigkeit des Zahnersatzes unabdingbar. In vielen Fällen kann mit einem herausnehmbaren Zahnersatz eine bessere Implantatreinigung erreicht werden als mit einem festsitzenden. Dabei muss das subjektive Empfinden des Patienten nicht zwangsläufig schlechter sein als mit einem festsitzenden implantatgetragenen Zahnersatz, denn man kann herausnehmbare Lösungen ähnlich grazil und volumensparend herstellen wie zementierte Suprastrukturen.

Am besten etabliert man bereits vor der Implantatinsertion ein Mundhygienekonzept bei den Patienten, um sicherzugehen, dass die Patienten langfristig eine zuverlässige Mundhygiene betreiben.

Gerade bei älteren Patienten sollte die Mundhygiene regelmäßig überprüft werden, weil die Befähigung zu einer ausreichenden Mundhygiene nicht selten durch Alterssichtigkeit und altersbedingt nachlassende Fingerfertigkeit reduziert sein kann.

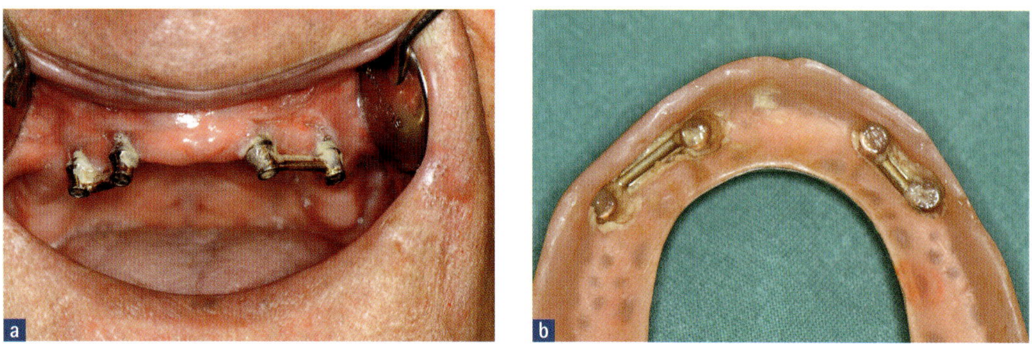

Abb. 4-1a, b *Unzureichende Mundhygiene und dadurch drohender Implantatverlust.*

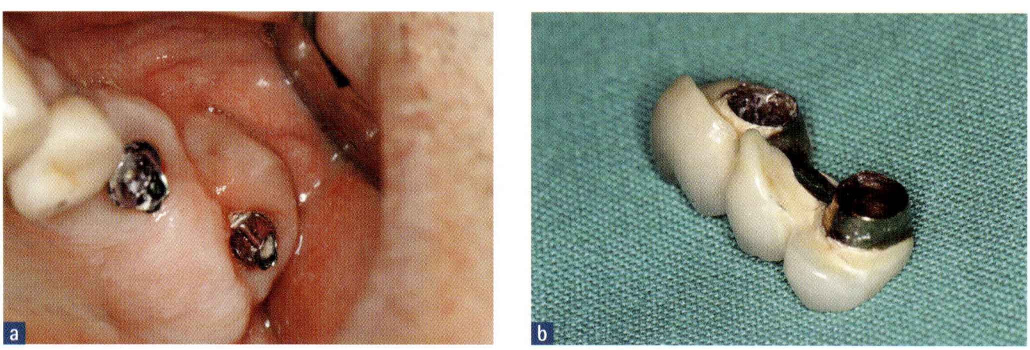

Abb. 4-2a, b *Hygieneunfreundliches, sattelförmig am Kieferkamm aufliegendes Brückenglied mit perikoronalen Plaquenischen.*

Auf der anderen Seite sollte der Zahnersatz hygienefreundlich gestaltet werden. Dazu gehört in erster Linie die Vermeidung von Stellen, die für die üblichen Reinigungsinstrumente schwer zugänglich sind (Abb. 4-2).

Der Zahnersatz sollte an den der Schleimhaut zugewandten Stellen immer konvex gestaltet sein. Kompromisse und die Schaffung von nicht zu reinigenden Stellen können entzündliche Reaktionen zur Folge haben, die zu einer Periimplantitis und damit zum Implantatverlust führen können.

Lassen sich Plaqueretentionsstellen aufgrund besonderer anatomischer Voraussetzungen nicht vermeiden, sollte als Alternative ein herausnehmbarer Zahnersatz erwogen und dem Patienten empfohlen werden. Der Zahntechniker muss mit der Problematik der exakten Mundhygiene bei implantatgetragenen Suprakonstruktionen vertraut sein und den Zahnersatz entsprechend gestalten. Zwischenräume und sogenannte „Putzkanäle", die eine bessere mechanische Reinigung der Suprakonstruktion an den Implantaten erlauben, sind besonders wichtig (Abb. 4-3).

Die Information des Patienten über besondere individuelle Probleme spielt eine wichtige Rolle für die Compliance und damit für den Langzeiterfolg. Eine Aufklärung über Komplikationen und die Instruktion zur erforderlichen Mundhygiene haben auch forensisch eine wichtige Bedeutung.

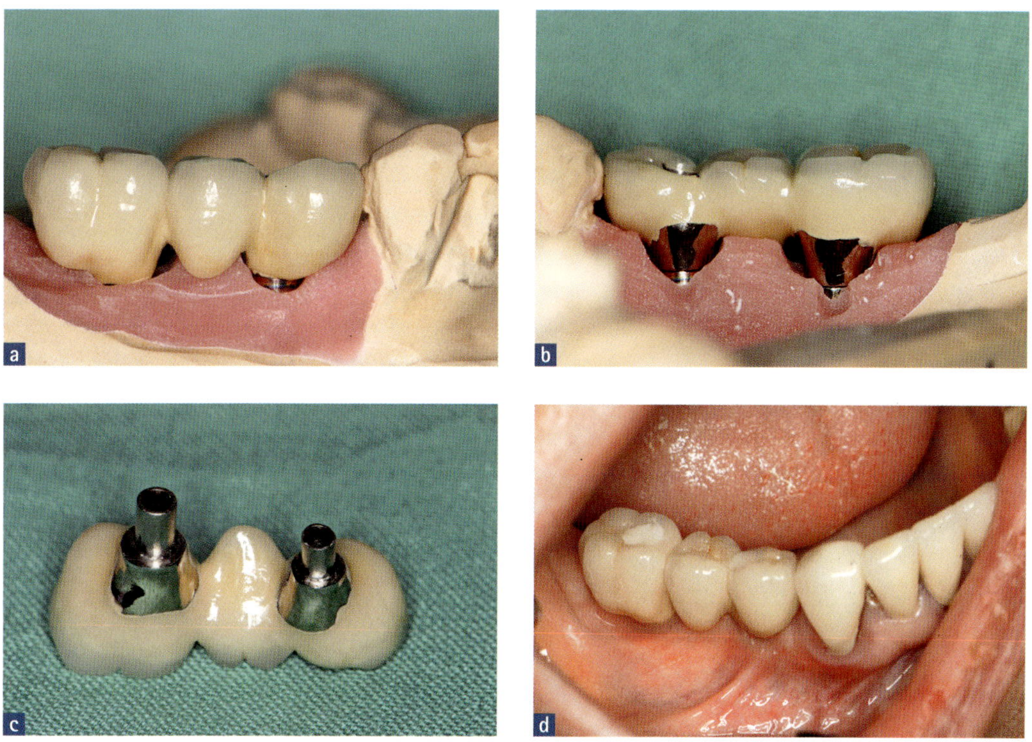

Abb. 4-3a–d *Hygienefreundliche Gestaltung einer Implantatbrücke mit sogenannten „Putzkanäle" und konvexer Gestaltung der der Schleimhaut zugewandten Flächen.*

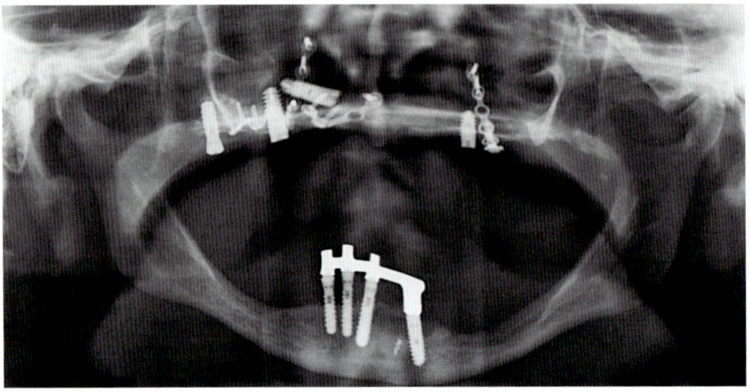

Abb. 4-4 *Periimplantitis am linken Implantat.*

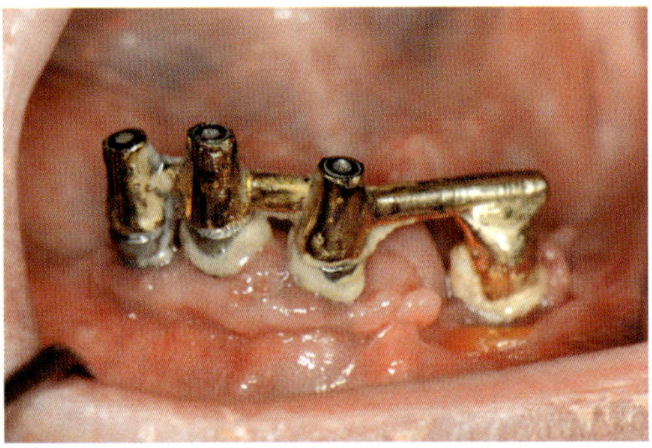

Abb. 4-5 *Desolate hygienische Verhältnisse.*

4.1.1 Unterlassene Mundhygieneinstruktion

Bei dem in den Abbildungen 4-4 und 4-5 dargestellten Fall wurde bei Vorhandensein des letzten natürlichen Zahnes 43 zunächst ein durchmesserreduziertes, ca. 2 mm dickes Implantat in der Region 33 eingesetzt. Die Patientin erhielt eine herausnehmbare Unterkieferprothese, die an Zahn 43 und dem Implantat regio 33 stabilisiert war. Nach einer Tragezeit von 2 Jahren brach das Implantat ab und auch der Zahn 43 ging kurze Zeit später verloren.

Nach 8 Monaten wurden in der Unterkieferfrontzahnregion vier Implantate eingesetzt und in einer Stegkonstruktion verblockt. Ein im Röntgenbild deutlich erkennbares Bruchfragment des zuvor verlorenen Implantates wurde belassen.

Zu der ungünstigen prothetischen Lokalisation der Implantate kam erschwerend hinzu, dass die 62-jährige Patientin zu keinem Zeitpunkt über die erforderliche Mundhygiene instruiert worden war.

Wenige Monate nach der prothetischen Versorgung kam es zu einer massiven Infektion der marginalen Gingiva und zur Periimplantitis. Durch eine umfangreiche Nachbehandlung konnten die Implantate noch für 3 Jahre erhalten werden, schließlich gingen sie jedoch verloren.

Da es der behandelnde Zahnarzt versäumt hatte, die Patientin bezüglich der erforderlichen Mundhygiene zu informieren und zu trainieren, musste er die Verantwortung für den Misserfolg übernehmen.

4.1.2 Ästhetische Kompromisse zugunsten der Hygiene

Die sogenannte ästhetische Zone, d. h. der sichtbare Bereich der Frontzähne, stellt für die prothetische Rehabilitation eine besondere Herausforderung dar.

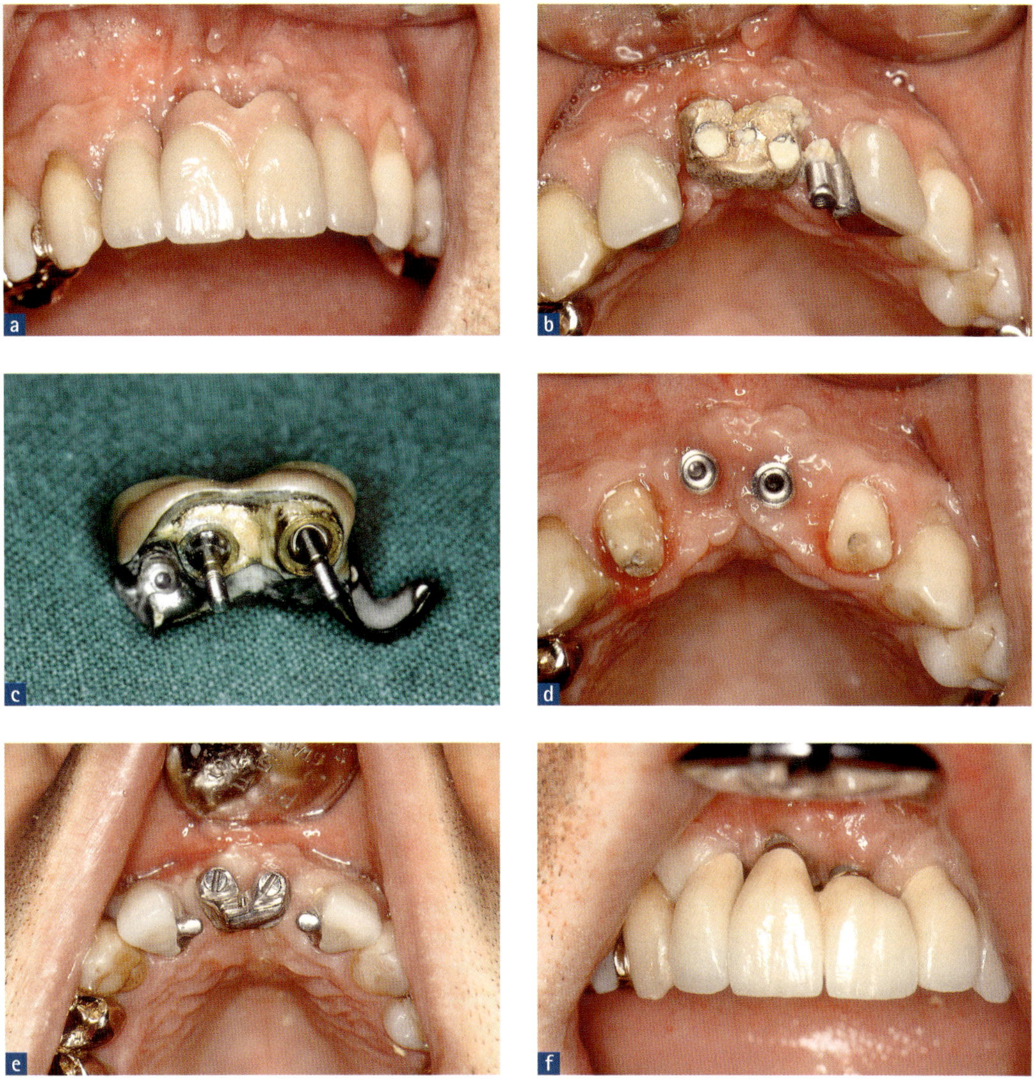

Abb. 4-6a–f *Implantatprothetische Versorgung in der ästhetischen Zone (Zähne 11, 21).* **a** *Um das vertikale Knochendefizit zu kaschieren wurden die Implantatkronen zervikal mit Rosa-Keramik verblendet.* **c** *Sattelförmiger Verschluss der Kronenbasis und des Zwischenraumes bis zum Alveolarfortsatz aus phonetischen Gründen.* **f** *Wenige Wochen nach der Eingliederung müssen auf Kosten der Ästhetik Reinigungsmöglichkeiten geschaffen werden, da sich an der Schleimhaut entzündliche Veränderungen zeigen.*

Im vorliegenden Fall (Abb. 4-6) wurden die beiden mittleren Schneidezähne durch Implantate ersetzt. Zur Kompensation der Implantatachse wurde eine geschraubte Mesostruktur hergestellt, auf der wiederum die Implantatkronen 11 und 21 verschraubt befestigt wurden. Die Nachbarzähne 12 und 22 wurden ebenfalls mit Metallkeramikkronen versehen und über ein verschraubtes konfektioniertes Geschiebe mit den Implantatkronen verbunden. Wegen des vertikalen Knochendefizites wurden die Implantatkronen zervikal mit Rosa-Keramik verblendet. Aus phonetischen Gründen wurden die Kronenbasis und der Zwischenraum bis zum Alveolarfortsatz sattelförmig geschlossen (Abb. 4-6c).

Bereits nach wenigen Wochen traten eine entzündliche Schleimhautrötung, Geschmacksirritationen sowie unangenehmer Mundgeruch auf, der vom Patienten zurecht auf den Zahnersatz zurückgeführt wurde.

Im Rahmen einer Garantieleistung wurde der Zahnersatz vom behandelnden Zahnarzt umgestaltet, wobei ästhetische Kompromisse zugunsten der Hygienefähigkeit gemacht werden mussten (Abb. 4-6f). Der Patient akzeptierte das Ergebnis, nachdem er über die Gefahren einer Infektion an den Implantaten detailliert aufgeklärt worden war.

Diesen Fall hätte man mit einer Verbesserung des Knochenangebotes und einer prothetisch günstigeren Implantatposition zu einem wesentlich besseren ästhetischen Ergebnis führen können.

4.1.3 Rezidivierende Periimplantitis

Entzündliche Affektionen am Implantat haben eine eher ungünstige Prognose und sollten unverzüglich und wirksam behandelt werden, bevor sich eine Periimplantitis entwickeln kann.

Da eine sichere und zuverlässige Periimplantitistherapie nicht existiert, muss die Indikation in Abhängigkeit von den Begleitbefunden gestellt und die Therapie mit dem Patienten genau besprochen werden, weil die Rezidivgefahr hoch ist.

Die folgende Patientin wurde mit dem Wunsch nach einer Erhaltung des Implantates in regio 25 in der Praxis vorstellig. Das Implantat war bereits seit 2 Jahren in funktioneller Belastung und zeigte eine hohe Stabilität. Wegen Sekret- und Geruchsbildung wurde sie auf die Infektion aufmerksam. Distal waren Taschentiefen von bis zu 8 mm, an anderen Stellen von bis zu 6 mm sondierbar.

Da der benachbarte und wurzelbehandelte Zahn 26 ebenfalls parodontal infiziert war, wurden mit der Patientin die Extraktion des Zahnes und seine Ersetzung durch ein weiteres Implantat besprochen.

Der klinische Befund (Abb. 4-7) war eher unauffällig. Das Ausmaß der Infektion ließ sich aus dem Röntgenbild (Abb. 4-8) besser einschätzen.

Wie geplant, wurde der Zahn 26 entfernt und ein Versuch zur Erhaltung des Implantates 25 unternommen. Da der Zahn 26 nicht mehr stabil im Knochen verankert war, konnte er schonend extrahiert und das entzündliche Granulationsgewebe vollständig entfernt werden (Abb. 9). Schwieriger gestaltete sich die Säuberung am Implantat, weil hier jede Windung mit feinen Küretten auf Reste der Infektion überprüft werden musste. Zusätzlich zur manuellen mechanischen Säuberung wurde eine Depuration mit Ultraschallküretten und einem Salzstrahlgerät durchgeführt.

Anschließend wurden alle knöchernen Defekte mit einem synthetischen Knochenaufbaugranulat (Cerasorb® M, curasan AG, Kleinostheim, Deutschland) aufgefüllt und die Wunde speicheldicht verschlossen.

Unter antibiotischer Abschirmung heilte die Wunde primär ab.

Der 3 Monate postoperativ angefertigte Röntgenbefund gab berechtigten Anlass zu der Hoffnung, dass der Erhaltungsversuch des Implantates geglückt war (Abb. 4-10). Das eingebrachte Granulat war noch zu erkennen, Anzeichen einer Infektion ließen sich jedoch nicht mehr feststellen.

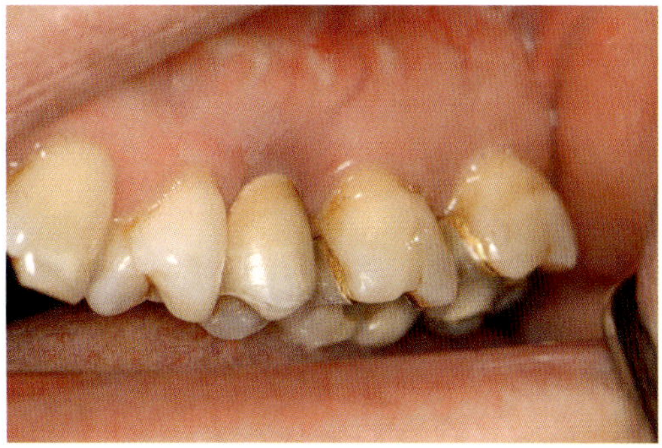

Abb. 4-7 *Klinischer Ausgangsbefund der Periimplantitis.*

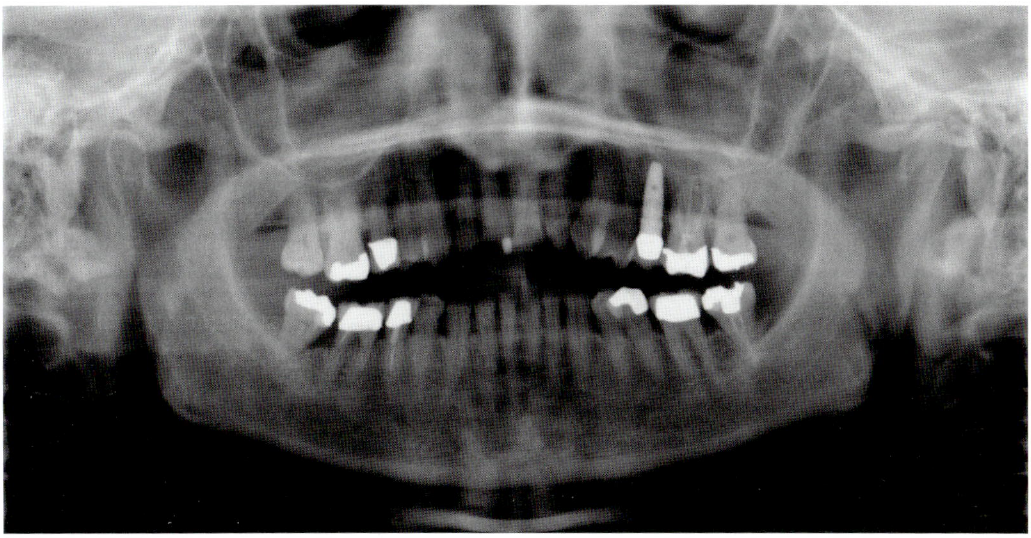

Abb. 4-8 *Röntgenbefund: Periimplantitis am Implantat regio 25.*

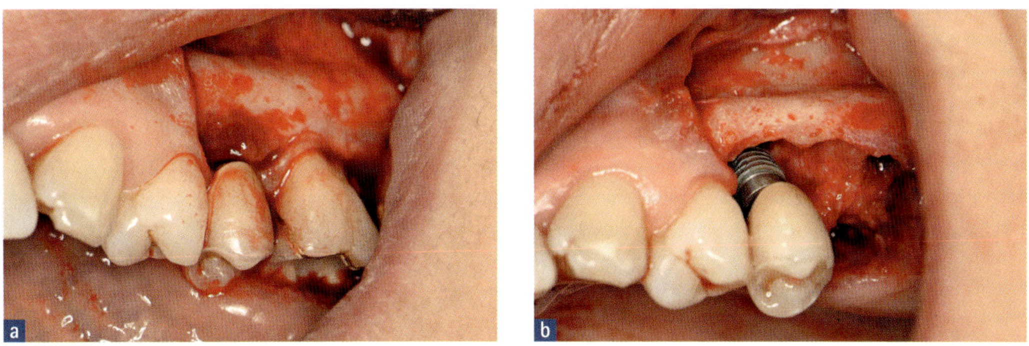

Abb. 4-9a, b *Operative Revision:* a *Darstellung der Infektion.* b *Sorgfältige Entfernung des infizierten Gewebes, Extraktion von Zahn 26.*

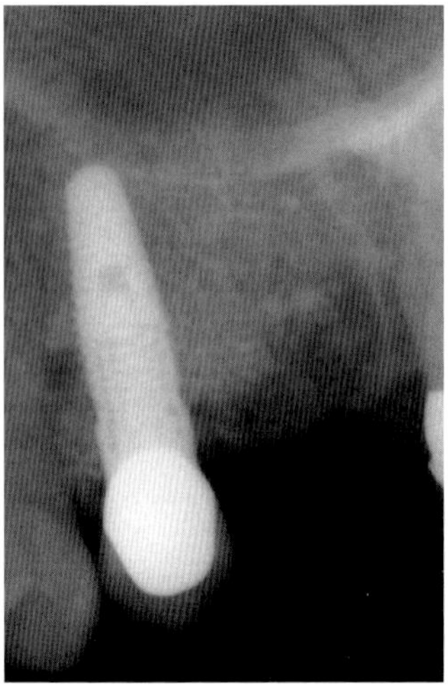

Abb. 4-10 *Röntgenbefund 3 Monate postoperativ.*

Abb. 4-11 *Röntgenkontrolle nach Implantatinsertion in der Position 26.*

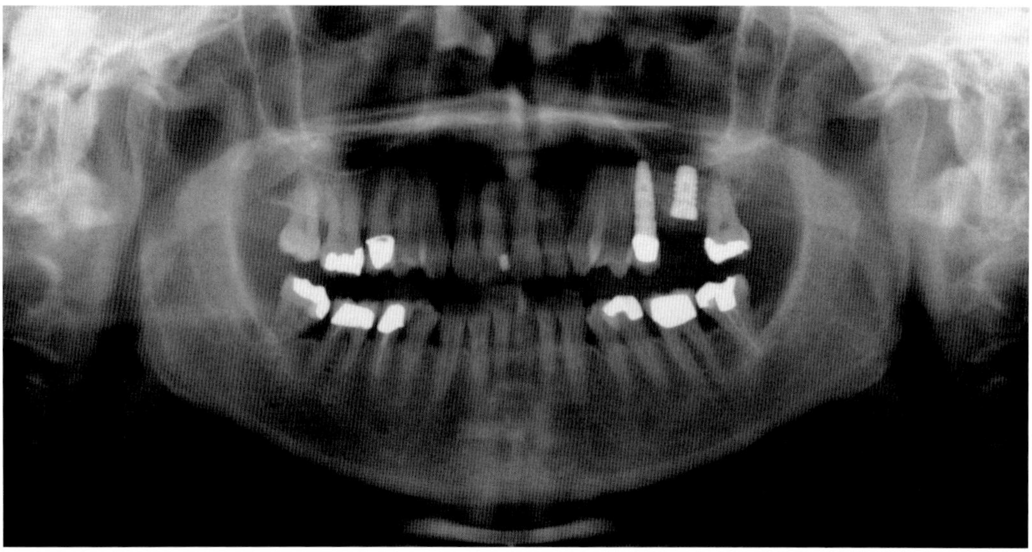

Auch der Knochen in der Molarenregion war gut ausgeheilt, sodass, wie geplant, ca. ein halbes Jahr nach der operativen Revision eine Implantatinsertion in der Region 26 durchgeführt werden konnte (Abb. 4-11). Auch diesmal gestaltete sich der Wundheilungsverlauf völlig komplikationslos und nach weiteren 4 Monaten konnte die prothetische Neuversorgung erfolgen.

Das Implantat 26 wurde freigelegt und nach wenigen Tagen zusammen mit dem Implantat in regio 25 für die Herstellung von Einzelkronen abgeformt. Zum Zeitpunkt der Freilegung des Implantates bei 26 bestand keinerlei Verdacht auf ein entzündliches Rezidiv. Alle Schleimhäute waren rosig und gut durchblutet, Schwellungen oder Druckdolenzen im Bereich des Alveolarfortsatzes

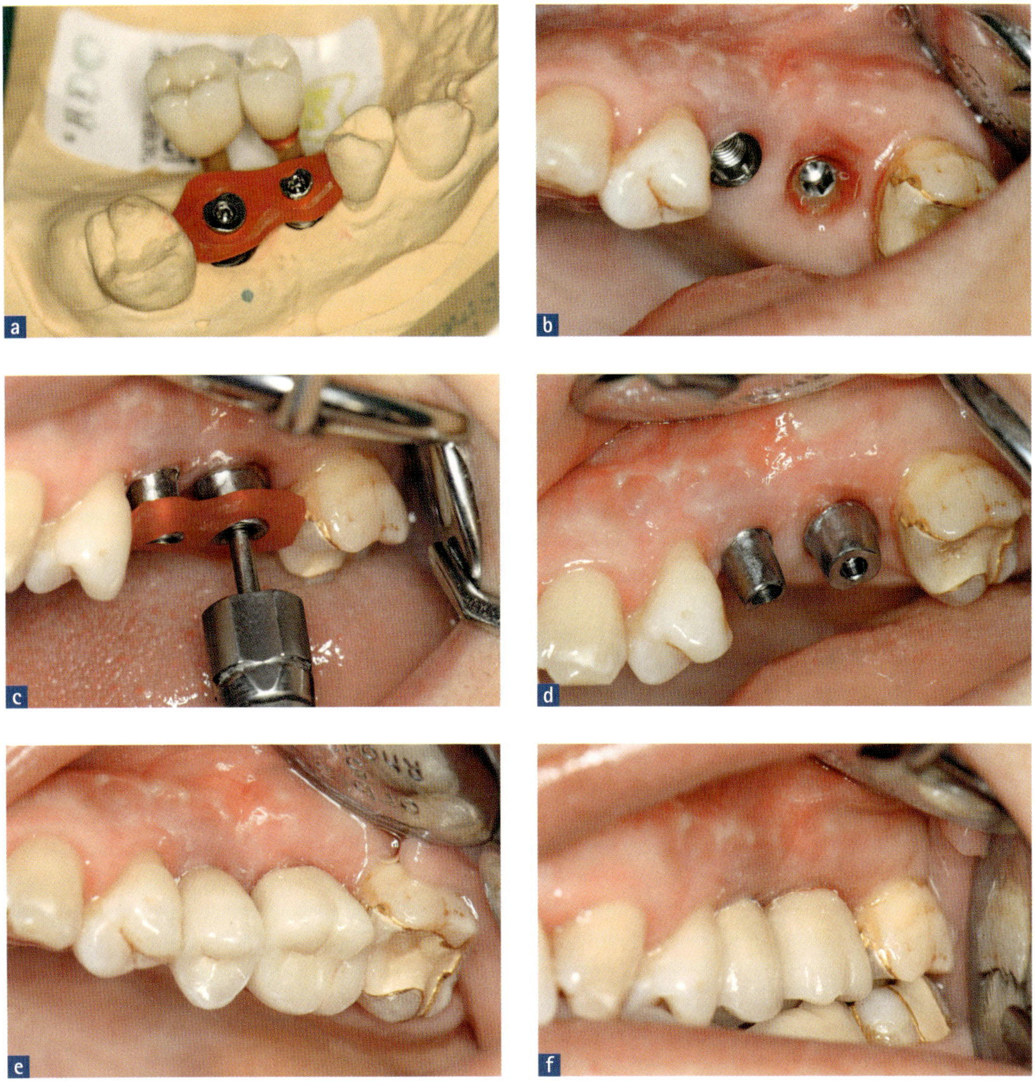

Abb. 4-12a–f *Eingliederung der Implantatkronen im Mund der Patientin.*

oder der umgebenden Weichteile lagen nicht vor (Abb. 4-12a).

Zum Ausschluss ungünstiger Rotationskräfte an den Implantaten beim Eindrehen und Fixieren der Sekundärteile wurde ein Kunststoffschlüssel hergestellt, der gewährleistete, dass die auftretenden Rotationskräfte und das relativ hohe Drehmoment die Verankerung des Implantats im Knochen nicht zerstören konnten. Wegen der Asymmetrie der Abutments und deren rotationsstabiler Verankerung in dem Kunststoffschlüssel konnten die Rotationskräfte nur auf die Halteschraube des Sekundärteils einwirken (Abb. 4-12b–d).

Die Kronen wurden mit einem Zink-Phosphat-Zement stabil zementiert, ihre störungsfreie Einordnung in die Okklusion und Artikulation über-

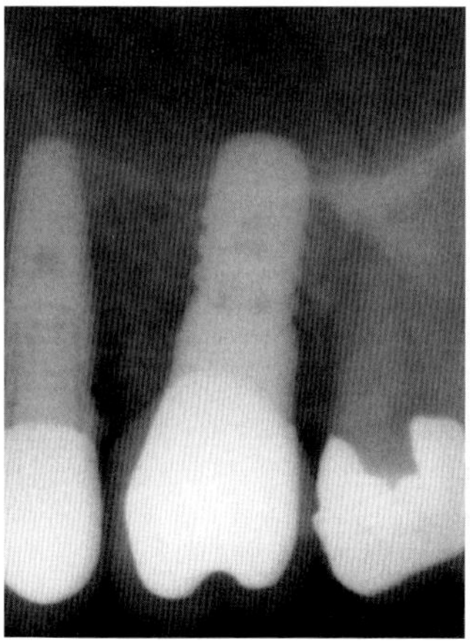

Abb. 4-13 *Beginnendes Periimplantitisrezidiv im Röntgenbild.*

prüft (Abb. 4-12e, f) und die Patientin zum üblichen Recall einbestellt.

Etwas mehr als ein halbes Jahr später wurden die Kronen funktionell belastet und gänzlich störungsfrei benutzt. Die Mundhygiene der Patientin war nicht zu beanstanden. Sie hatte allerdings ihre seit vielen Jahren aufgegebene Rauchgewohnheit wieder aufgenommen und konsumierte ca. 10 Zigaretten am Tag.

Etwa 13 Monate nach der Eingliederung der Kronen trat zuerst am Implantat 25 eine diskrete Schwellung auf, die auf Lokalmaßnahmen nach wenigen Tagen wieder verschwand.

Nach weiteren 2 Monaten zeigte sich jedoch erneut eine Schwellung, die nun ausgedehnter war und mittels einer Inzision im Vestibulum oris entlastet werden musste. Eine zu diesem Zeitpunkt hergestellte Einzelzahnaufnahme (Abb. 4-13) lässt das Rezidiv der vormals behandelten Parodontitis vermuten.

Die perorale Gabe von Breitspektrumantibiotika brachte nur eine vorübergehende Beschwerdefreiheit, sodass die Patientin auf die Entfernung der Implantate vorbereitet werden musste. Schließlich willigte sie in die Entfernung der Implantate ein, die zum Zeitpunkt ihrer Entfernung einen hohen Lockerungsgrad zeigten (Abb. 4-14).

Nach einer Ausheilungszeit des infizierten Knochens von 14 Monaten wurde an der gleichen Stelle erneut implantiert und die Zahnlücke erfolgreich geschlossen (Abb. 4-15).

Da die Patientin trotz Aufklärung über die ungünstigen Auswirkungen des Rauchens auf die Osseointegration der Implantate weiterhin raucht, kann die Prognose für die Implantate auch diesmal nicht optimistisch gestellt werden.

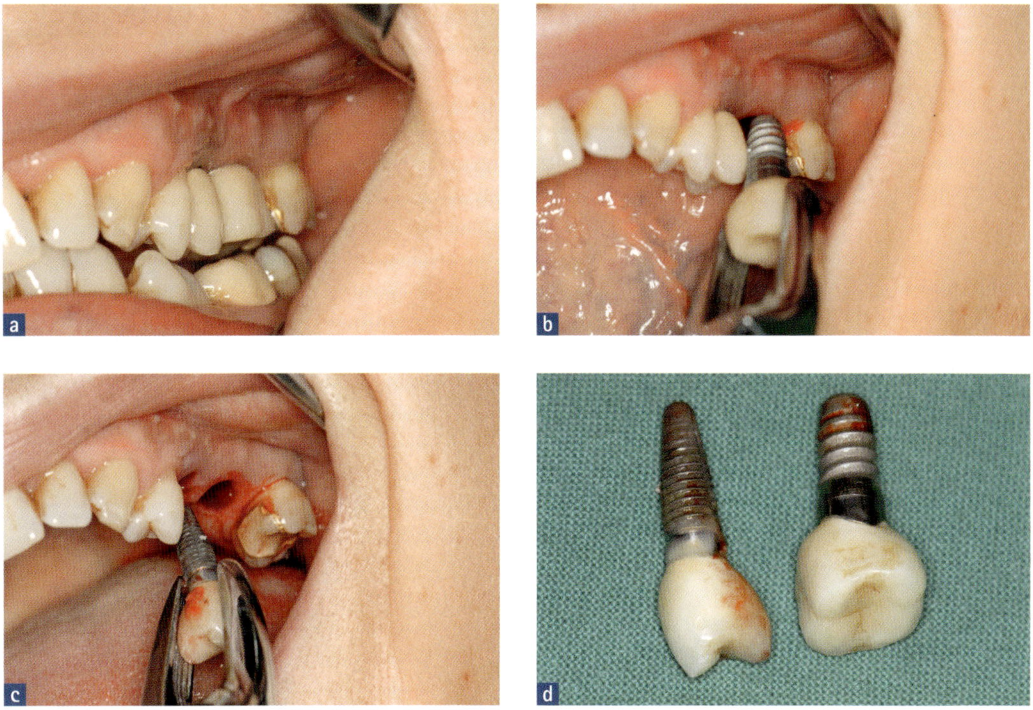

Abb. 4-14a–d *Entfernung der Implantate 25 und 26 wegen rezidivierender, nicht beherrschbarer Periimplantitis.*

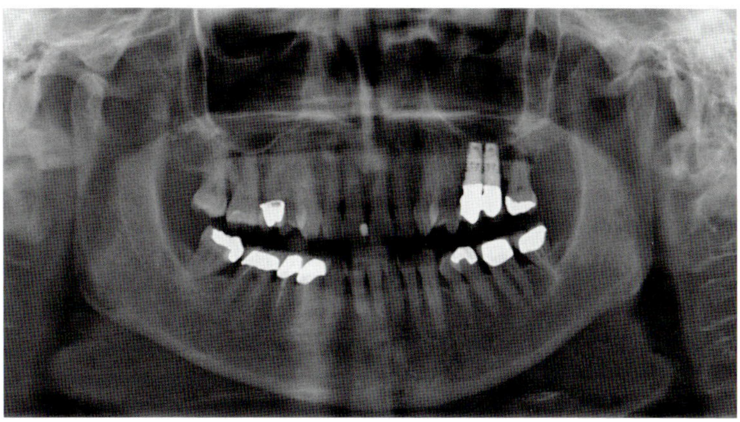

Abb. 4-15 *Zustand nach erneuter Implantatinsertion im linken Oberkiefer.*

4.2 Implantate und Ästhetik

Der Patient und seine Umgebung beurteilen das prothetische Behandlungsergebnis nach drei Kriterien: Ästhetik, Funktion und Phonetik. Werden diese drei Kriterien in einen harmonischen Einklang gebracht, darf davon ausgegangen werden, dass auch der Patient mit dem Zahnersatz uneingeschränkt zufrieden ist.

Planungsentscheidungen zugunsten der Ästhetik oder auch der Phonetik führen bisweilen zu Kompromissen bei der Hygienefähigkeit der Suprakonstruktion oder sogar zur Schaffung von Plaquenischen und sind dann nur in Ausnahmefällen gerechtfertigt.

Nicht selten sind zur Herstellung von ästhetisch anspruchsvollem Zahnersatz zusätzliche Behandlungsmaßnahmen erforderlich, die die Kosten in erheblichem Umfang steigern und deshalb nicht von jedem Patienten getragen werden können.

Besteht seitens des Patienten die Bereitschaft, für die Ästhetik zusätzlichen therapeutischen Aufwand zu betreiben, z. B. in Form der Schaffung eines günstigeren Knochenangebotes, lässt sich das Behandlungsergebnis optimieren.

Bei dem folgenden Fall, einem 20-jährigen Patienten, kam es infolge eines Unfallereignisses zum Verlust beider mittlerer oberer Schneidezähne (Abb. 4-16). Ein Versuch zur endodontischen Erhaltung der beiden Zähne war fehlgeschlagen, sodass eine Entfernung wenige Wochen nach dem Unfall folgte. Die Zahnlücke wurde bis zur Abheilung der Extraktionsalveolen (Abb. 4-17) mit einem herausnehmbaren provisorischen Zahnersatz versorgt.

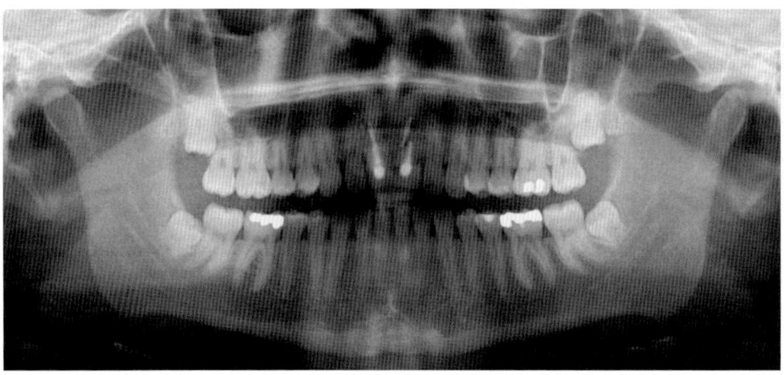

Abb. 4-16 *Luxation und Fraktur der beiden Zähne 11 und 21.*

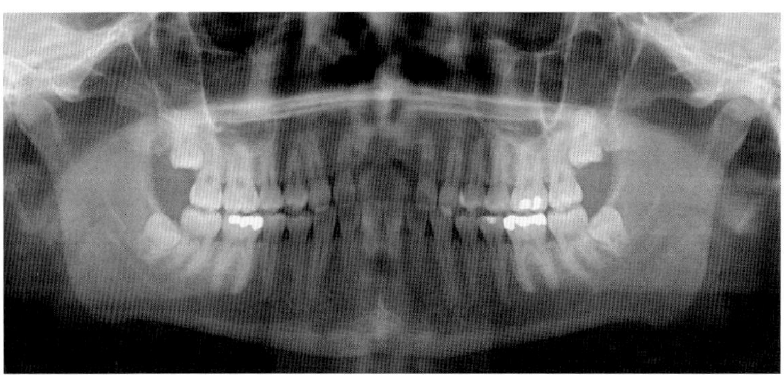

Abb. 4-17 *Zustand im Röntgenbild nach Abheilung der Extraktionswunden.*

Eine konventionelle Versorgung der Lücke wurde in Anbetracht des jungen Lebensalters des Patienten nicht weiter verfolgt, da die als Brückenpfeiler zur Verfügung stehenden Zähne völlig gesund und kariesfrei waren.

Rund 4 Monate nach dem Zahnverlust wurde eine implantatgetragene prothetische Lösung geplant. Im Zuge dieser Planung wurde festgestellt, dass der Alveolarfortsatz sowohl vertikal als auch transversal nicht über ein ausreichendes Knochenangebot verfügte.

Aus diesem Grund wurde mit einem autologen Knochentransplantat vom Kinn, das mit einer Osteosyntheseschraube fixiert wurde, sowie mit einem resorbierbaren synthetischen Knochenaufbaugranulat eine Verbesserung der Knochensituation angestrebt. Da die Augmentationsmaßnahme wie geplant gelang (Abb. 4-18), konnten die beiden Implantate in den Positionen 11 und 21 an prothetisch günstigen Stellen inseriert werden (Abb. 4-19).

Eine ästhetisch anspruchsvolle prothetische Versorgung führt nicht nur zu einem erhöhten Behandlungsaufwand und einer längeren Behandlungszeit, sondern erfordert neben hoher Motivation und guter Mitarbeit seitens des Patienten auch den Einsatz von hochwertigen Materialien und viel dentaltechnisches Know-how.

In diesem Fall wurde eine vollkeramische Restauration hergestellt (Abb. 4-20), mit der das ästhetische Ergebnis zusätzlich gesteigert werden konnte (Abb. 4-21). Das Schönheitsempfinden ist individuell unterschiedlich. In der zahnärztlichen Prothetik sollte bezüglich des Aussehens der Kronen den Vorstellungen und Wünschen des Patienten im Sinne einer Kooperation weitestgehend Rechnung getragen werden.

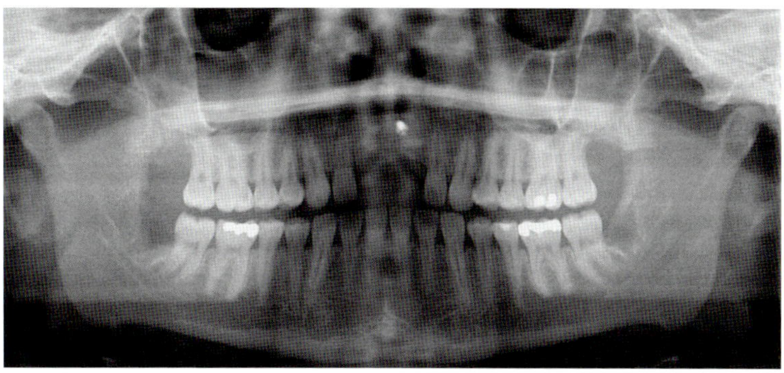

Abb. 4-18 *Röntgenkontrolle ca. 4 Monate nach der Augmentation.*

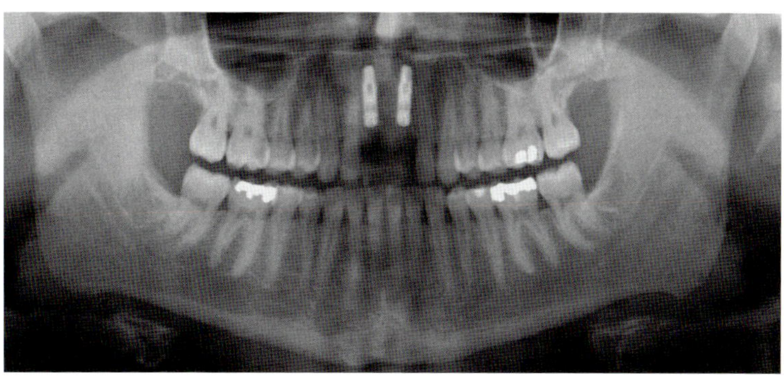

Abb. 4-19 *Zustand nach der Implantatinsertion im Röntgenbild.*

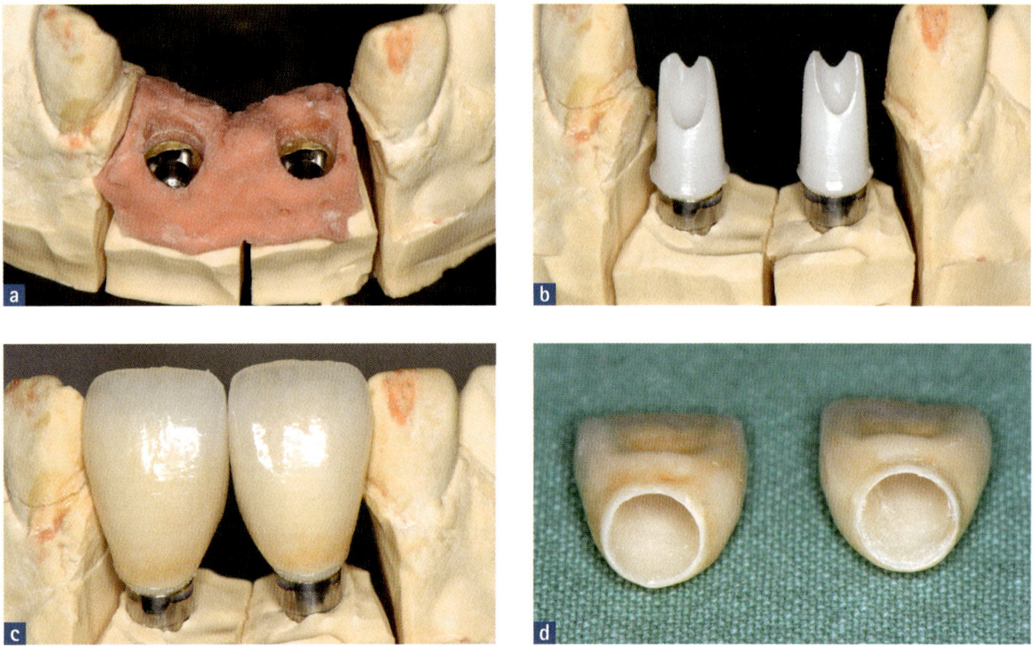

Abb. 4-20a–d *Vollkeramikabutments und Vollkeramikkronen auf den Implantaten.*

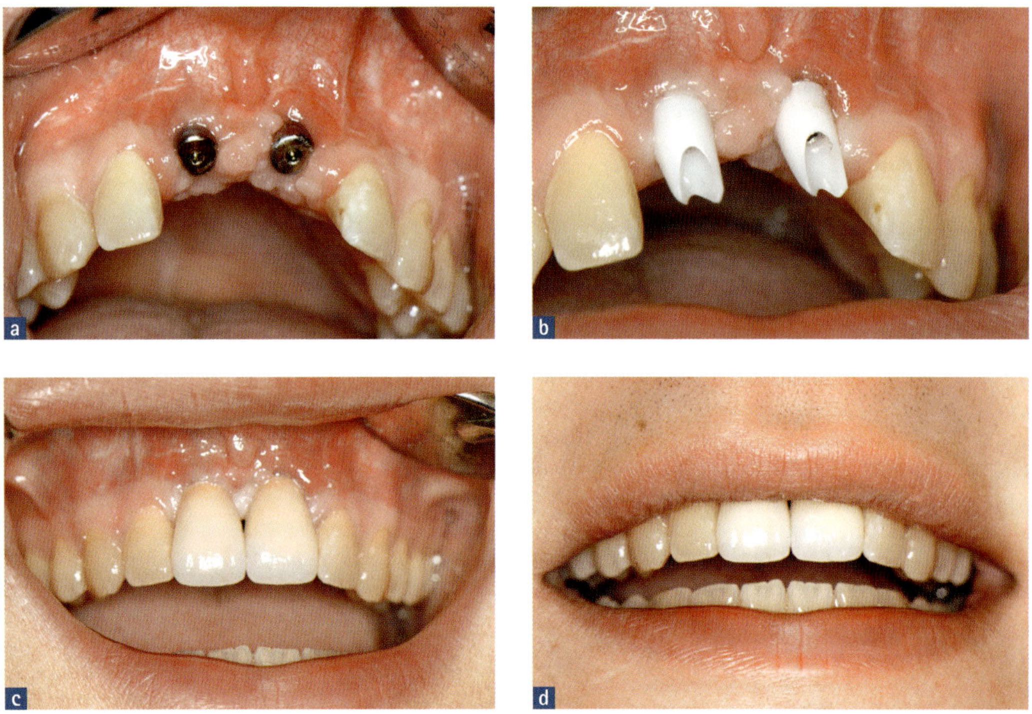

Abb. 4-21a–d *Ästhetisch günstiges Behandlungsergebnis.*

Bei dem folgenden Fall handelte es sich um ein parodontal stark vorgeschädigtes Gebiss und den Wunsch des Patienten nach einem festsitzenden Zahnersatz. Da die kariesfreien natürlichen Zähne über eine relativ hohe Festigkeit verfügten und der Patient einen herausnehmbaren Zahnersatz zum gegenwärtigen Zeitpunkt ablehnte, wurde nach einer Erörterung von konventionellen Behandlungsmöglichkeiten einer implantologischen Lösung zum Lückenschluss bei 12 und 22 der Vorzug gegeben (Abb. 4-22).

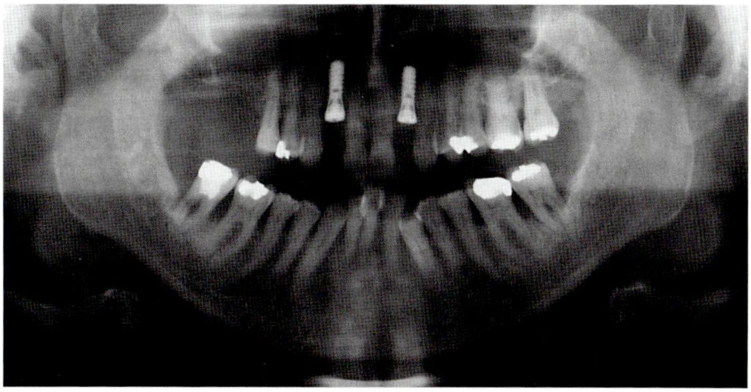

Abb. 4-22 *Röntgenkontrolle nach Implantatinsertion bei 12 und 22.*

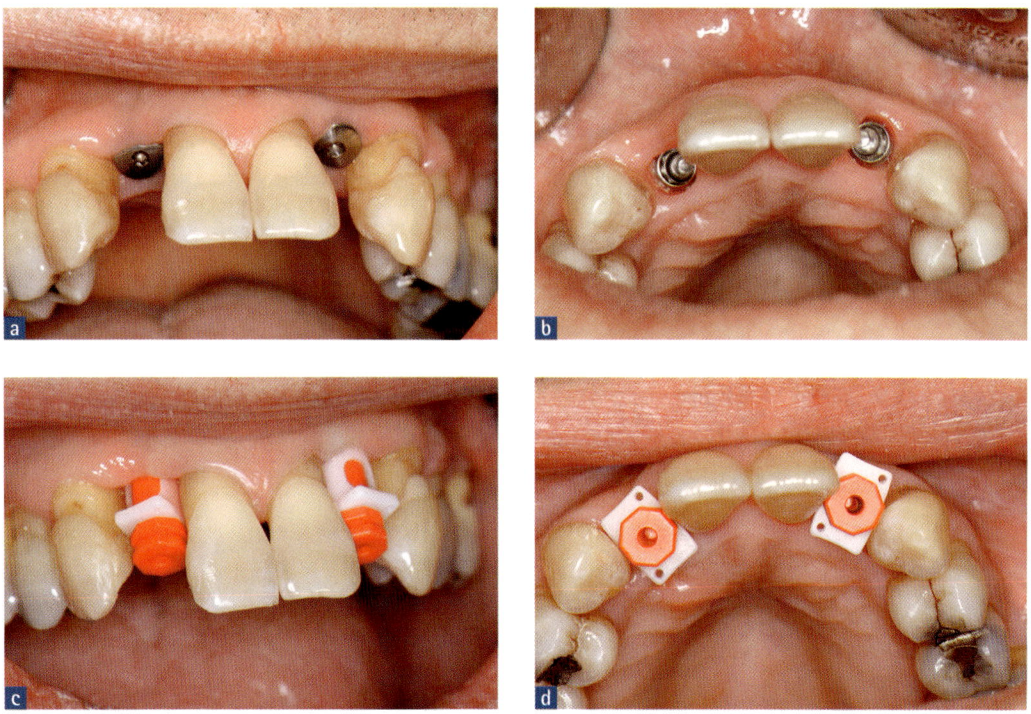

Abb. 4-23a–d *Abdrucknahme zur Herstellung der Implantatkronen.*

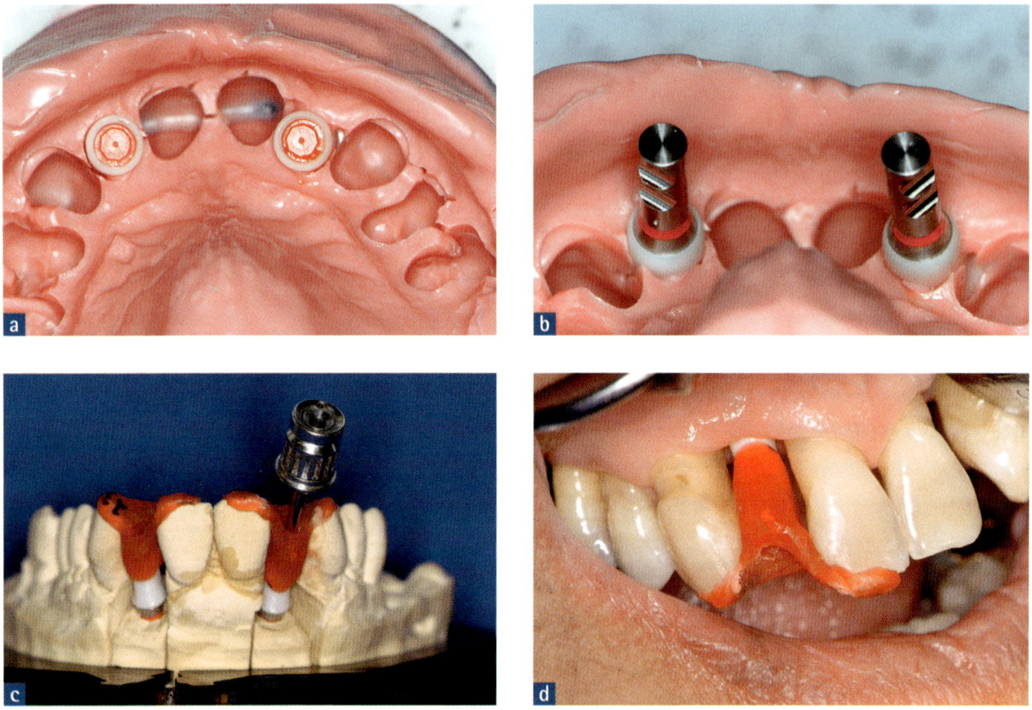

Abb. 4-24a–d *Modellherstellung und Befestigung der Keramikabutments mit einem Kunststoffschlüssel.*

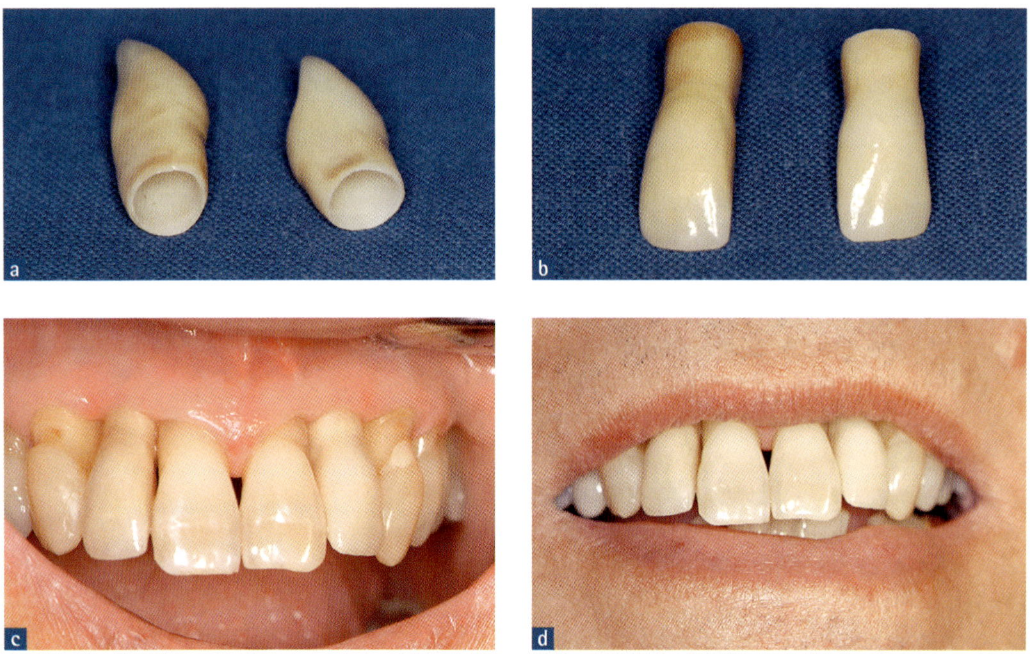

Abb. 4-25a–d *Die Vollkeramikkronen nach der Befestigung im Mund des Patienten.*

Nach einer ausführlichen Erörterung der Behandlungsmöglichkeiten mit dem Patienten wurde eine Sinusbodenelevation rechts zur implantologischen Versorgung der verkürzten Zahnreihe als zurzeit nicht erwünscht abgelehnt.

Da die beiden Implantate in einer Position eingesetzt wurden, die auch zur Stabilisierung eines herausnehmbaren Zahnersatzes günstig ist, werden sie zum späteren Zeitpunkt als mögliche Ankerelemente zur Befestigung einer Oberkieferprothese zur Verfügung stehen.

Die Kronen wurden bei der Herstellung an das bestehende natürliche Bild angeglichen (Abb. 4-23, 4-24) und fügen sich harmonisch in die Zahnreihe ein (Abb. 4-25).

Dieser klinische Fall zeigt, dass die Anpassung des Erscheinungsbildes der Kronen an die natürlichen Zähne eine lebendige Ästhetik darstellt und auf der Kompetenz des behandelnden Zahnarztes beruht.

Leider gibt es viele Fälle, die ohne zusätzliche Vorbehandlung nicht im notwendigen Maß ästhetisch befriedigend prothetisch versorgt werden können. In solchen Fällen ist es besonders wichtig, dass die Defizite bereits in der Planungsphase sichtbar werden. Gemeinsam mit dem Patienten sollten die Behandlungsmöglichkeiten erörtert und der zusätzliche Umfang sowie die Kosten von Maßnahmen besprochen werden, die zur Verbesserung der Ästhetik vorgenommen werden sollten.

Letztendlich entscheidet der Patient über die Art und den Umfang der Behandlung und die daraus resultierenden Behandlungskosten. Wenn er über die besondere Problematik seiner Behandlung unterrichtet ist, können ästhetisch weniger befriedigende Ergebnisse hinsichtlich ihrer Akzeptanz relativiert werden.

Bei dem folgenden klinischen Fall waren die finanziellen Mittel begrenzt, sodass auf eine Verbesserung der Knochensituation verzichtet wurde. Ferner wurde die Prognose für die restlichen Zähne im Oberkiefer wegen der parodontalen Schädigung und des Verlustes des marginalen Knochens zurückhaltend gestellt und die Planung der Implantate bereits unter dem Gesichtspunkt der Stabilisierung eines herausnehmbaren Zahnersatzes gesehen (Abb. 4-26).

Wegen der günstigen Weichteilsituation und einer langen Oberlippe wurde eine zweiteilige Brückenkonstruktion hergestellt (Abb. 4-27). Der basale Anteil der Kronen wurde mit Rosa-Keramik verblendet (Abb. 4-27c).

Ästhetische Behandlungsmaßnahmen gehören nicht zum medizinisch notwendigen Therapie-

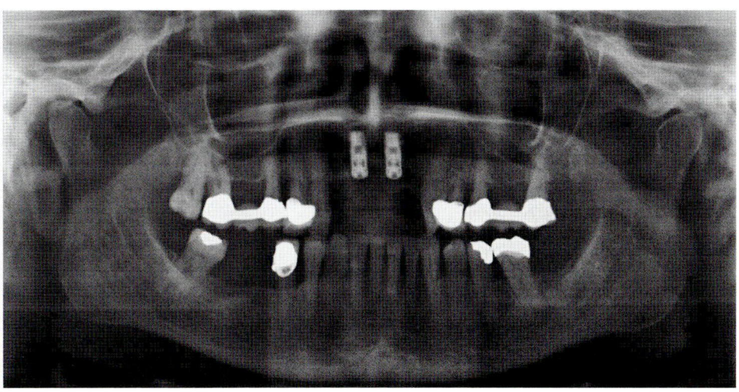

Abb. 4-26 *Röntgenbefund nach der Implantatinsertion.*

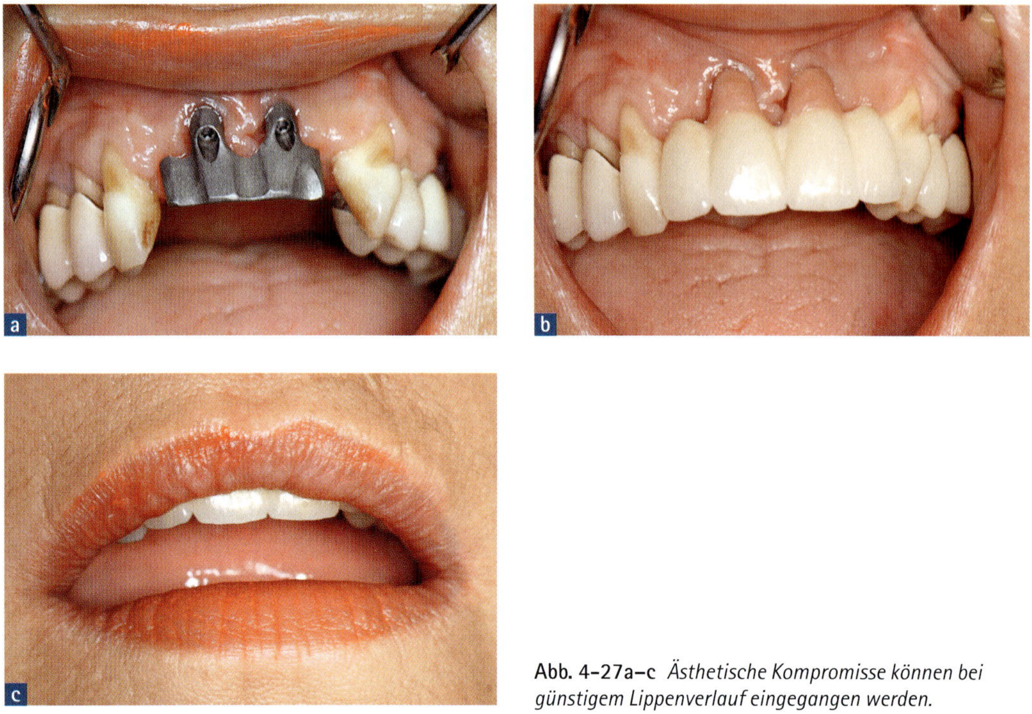

Abb. 4-27a–c *Ästhetische Kompromisse können bei günstigem Lippenverlauf eingegangen werden.*

umfang, weshalb sie von den Kostenträgern nur in Ausnahmefällen bezuschusst werden. Dennoch sollte die Ästhetik in jedem Fall bei der Planung und Durchführung von prothetischen Versorgungen berücksichtigt werden.

Unvorhersehbare Probleme können in der prothetischen Versorgungsphase auftreten, wenn es im Rahmen der prothetischen Rehabilitation zu Infektionen der marginalen Gingiva oder des periimplantären Knochens kommt.

Bei dem im Folgenden vorgestellten Fall war das Knochenvolumen günstig, sodass das Implantat in einer prothetisch günstigen Position eingesetzt werden konnte (Abb. 4-28). Es heilte komplikationsfrei ein und wurde nach der Einheilungszeit in typischer Weise freigelegt.

Bei der Freilegung konnte eine ca. 2 mm hohe und ausreichend dicke Mukosa erhalten werden, die für die Herstellung der Krone und zur Ausformung einer ästhetisch ansprechenden Papille vorgesehen war.

Leider kam es in der postoperativen Phase nach der Freilegung zu einer Infektion im Bereich der Freilegung. Trotz unverzüglichen Einsatzes eines lokalen Desinfektionsmittels war die Infektion nicht beherrschbar, was zur Folge hatte, dass die marginale Schleimhaut bis zum Implantatrand verloren ging (Abb. 4-29). Eine Rekonstruktion des Gingivarandes wurde nicht versucht, weil zu befürchten war, dass mögliche Narbenbildungen das Ergebnis noch ungünstiger beeinflussen würden.

Dieser Fall macht deutlich, wie wichtig es ist, dem Patienten frühzeitig zu vermitteln, dass un-

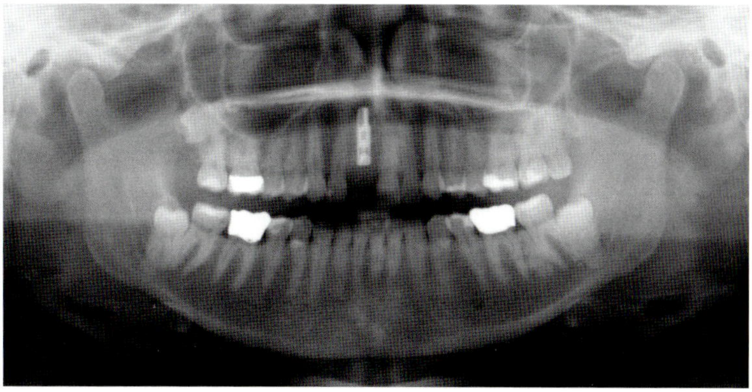

Abb. 4-28 *Röntgenbild des in prothetisch günstiger Position gesetzten Implantates.*

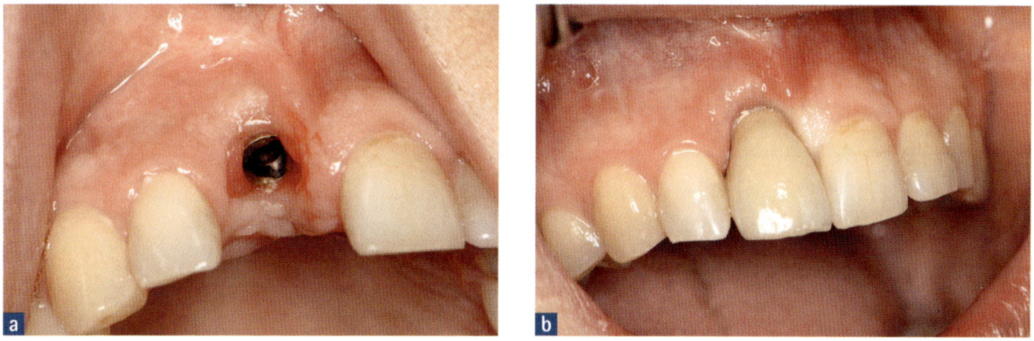

Abb. 4-29a, b *Entzündliche Einschmelzung der marginalen Gingiva und das Ergebnis der Behandlung mit einem ästhetischen Defizit.*

günstige Behandlungsverläufe das geplante Ergebnis negativ beeinflussen können. Fehlt dem Patienten die Einsicht in die biologischen Zusammenhänge, wird er schneller den Verdacht hegen, fehlerhaft behandelt worden zu sein.

4.2.1 Herausnehmbar vs. festsitzend

Erfahrungen in der Implantologie zeigen, dass herausnehmbarer Zahnersatz Vorteile gegenüber festsitzenden Suprastrukturen bietet. Diese Vorteile liegen vor allem in der Möglichkeit einer besseren Abstimmung von Funktion, Ästhetik und Phonetik als beim festsitzenden Zahnersatz. Aber auch hinsichtlich der Hygiene sowie gegebenenfalls erforderlicher Reparaturen und Korrekturen des Zahnersatzes bieten herausnehmbare Lösungen eindeutige Vorteile.

Die folgende Patientin hatte ihre Frontzähne bei einem Verkehrsunfall luxiert. In der Folge wurden eine endodontische Therapie sowie chirurgische Zahnerhaltungsmaßnahmen in Gestalt von Wurzelspitzenresektionen durchgeführt. Schließlich mussten die Zähne entfernt werden. Nach der Extraktion wurde eine Augmentation mit autologem Knochen aus dem Kinnbereich vorgenommen. Ein halbes Jahr später folgte die Insertion je eines Implantates in den Regionen 11 und 21.

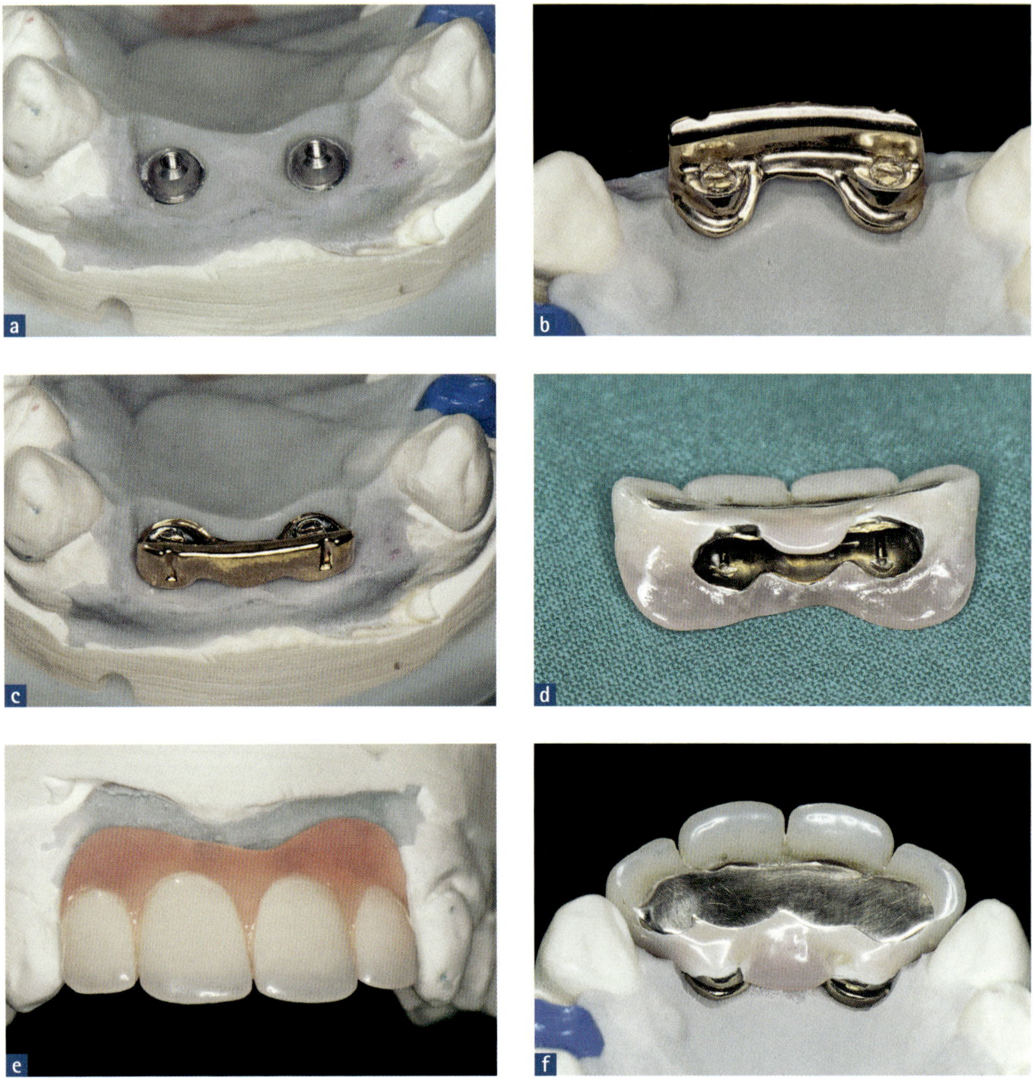

Abb. 4-30a–f *Herausnehmbarer Zahnersatz auf einem geschraubten gefrästen Steg.*

Wegen der prothetisch ungünstigen Position der Implantate, wegen der starken Vernarbung des Vestibulum oris im Oberkieferfrontzahngebiet, aus Gründen der Phonetik und wegen günstigerer Hygienefähigkeit wurde gegen den Willen der Patientin eine herausnehmbare Lösung gewählt (Abb. 4-30 und 4-31). Die Patientin war mit dieser Lösung nicht glücklich, obwohl sie mit dem Zahnersatz in ihrem Beruf als Sekretärin in einem großen Unternehmen phonetisch gut zurechtkam, und im Laufe der Zeit wurde der Wunsch nach einem festen Zahnersatz immer stärker.

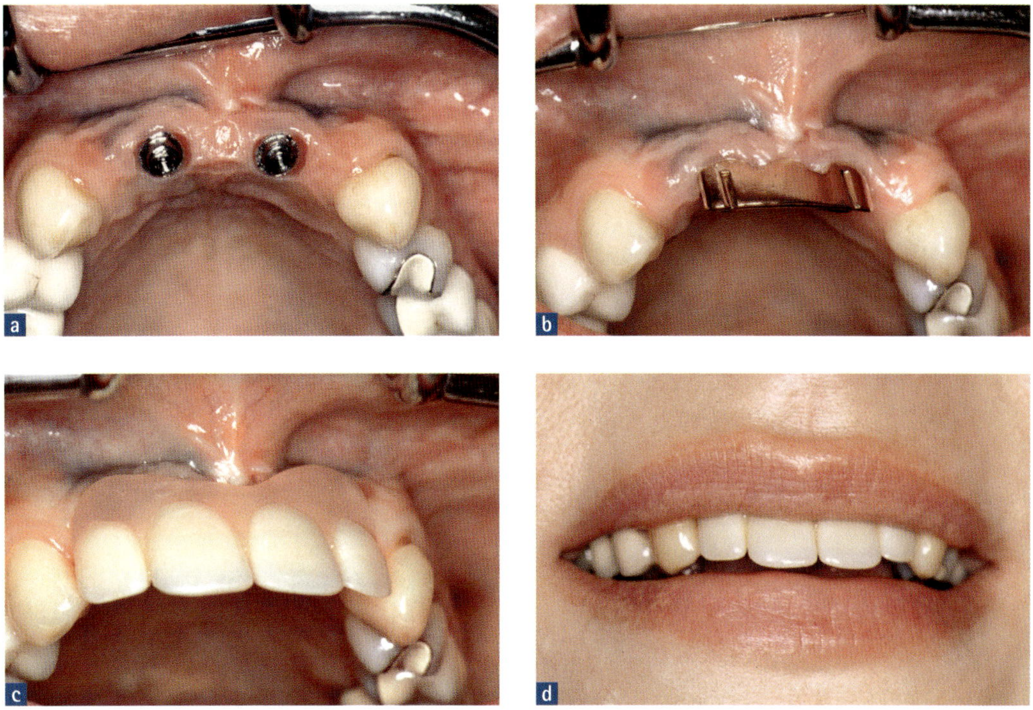

Abb. 4-31a–d *Herausnehmbarer Zahnersatz im Mund der Patientin.*

Der Wunsch war einem rein psychischen Unbehagen darüber geschuldet, Trägerin eines herausnehmbaren Zahnersatzes zu sein, und entstand nicht aus objektivierbaren Gründen, denn der Sitz der Zähne war stabil, die Kaufunktion, die Phonetik und auch das ästhetische Erscheinungsbild völlig ungestört. Da der behandelnde Zahnarzt einen festsitzenden Zahnersatz ablehnte, kam es schließlich zum Wechsel des Behandlers.

Eine der wichtigsten Bedingungen bei der Planung des festen Zahnersatzes war, dass das Erscheinungsbild der Brückenkonstruktion die bisherige Ästhetik nicht verändern durfte. Erschwerend dabei war die ungünstige prothetische Position der Implantate, die sich weder in der Region der ersten noch in der der zweiten Inzisiven befanden. Eine weitere Herausforderung bei der neuen Suprastruktur war die ästhetisch ansprechende Kompensation des Höhendefizites des Alveolarfortsatzes, was mit einer Rosa-Keramik-Verblendung ausgeglichen wurde, wobei darüber befindliche Narben und die Metallose der Schleimhaut nach vorangegangenen retrograden Silberamalgamfüllungen das Bild ungünstig beeinflussten. Glücklicherweise war die Oberlippe relativ lang und verdeckte die Schleimhaut des Vestibulum oris. Ein besonderes Augenmerk wurde auf die Hygienefähigkeit der Brücke gelegt. Alle der Schleimhaut zugewandten Flächen waren konvex und glatt gestaltet (Abb. 4-32 und 4-33).

Mit dem festsitzenden Zahnersatz hatte die Patientin ihr inneres Gleichgewicht wiedergewonnen und war in jeder Hinsicht zufrieden gestellt.

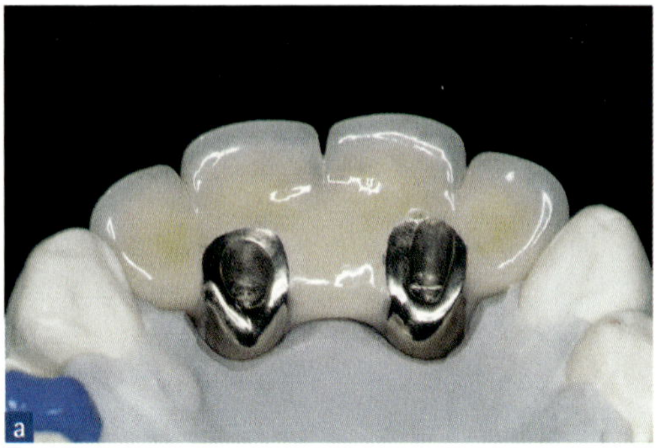

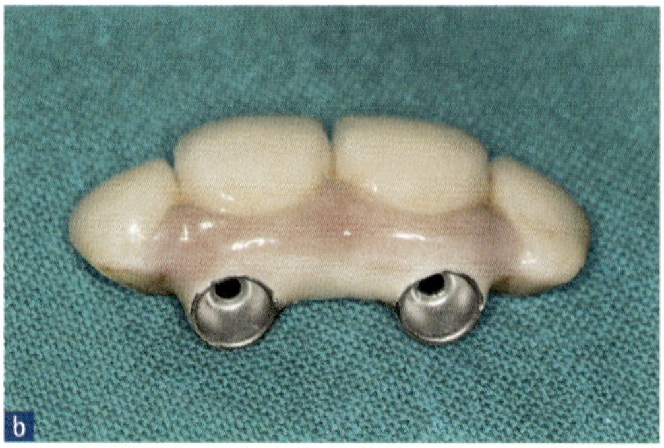

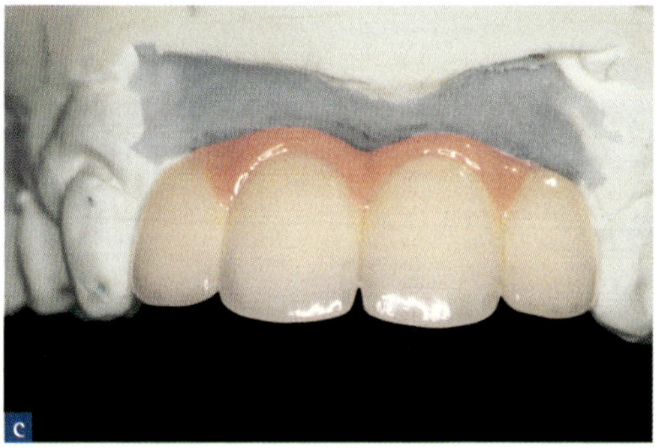

Abb. 4-32a–c *Brückenkonstruktion auf dem Modell.*

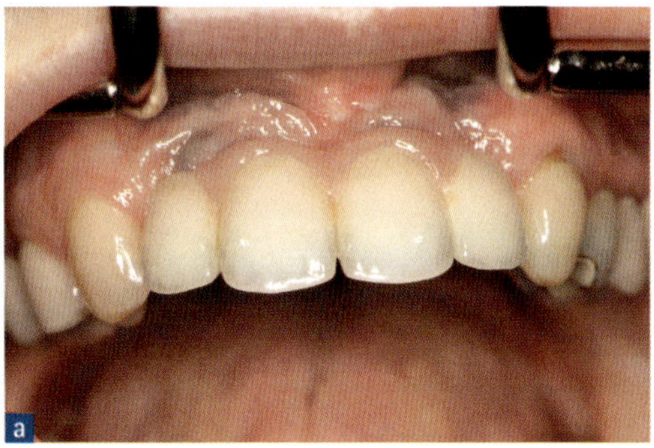

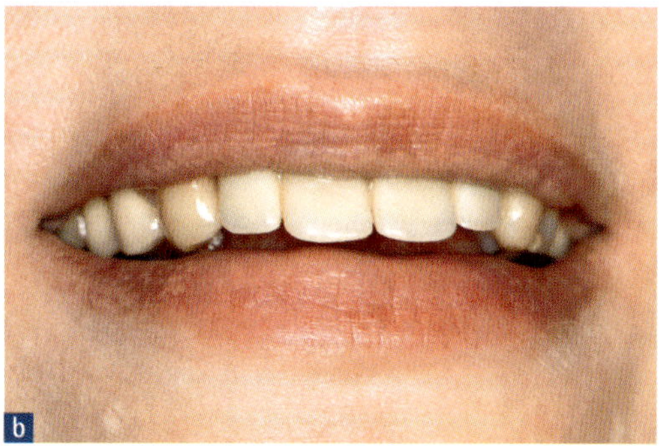

Abb. 4-33 *Verschraubte Brückenkonstruktion im Mund.*

An diesem Fall lässt sich erkennen, dass herausnehmbarer und fester Zahnersatz hinsichtlich der Ästhetik die gleichen Möglichkeiten bieten. Da jedoch regelmäßig der Wunsch nach einem festen Zahnersatz besteht, sollte diese Lösung – wenn möglich und vertretbar – angestrebt werden.

4.2.2 Krone zu lang

Besondere Enttäuschung stellt sich regelmäßig dann ein, wenn in der Endphase der Behandlung, d. h. nach dem Einsetzen der Suprastruktur, deutlich wird, dass das erwartete Ergebnis verfehlt

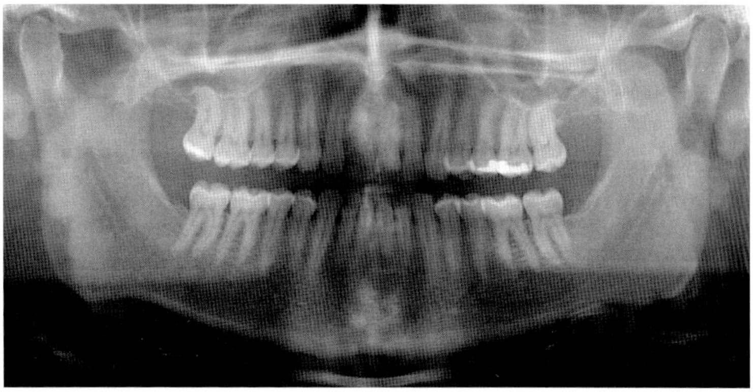

Abb. 4-34 *Röntgenaufnahme nach der Augmentation in regio 11.*

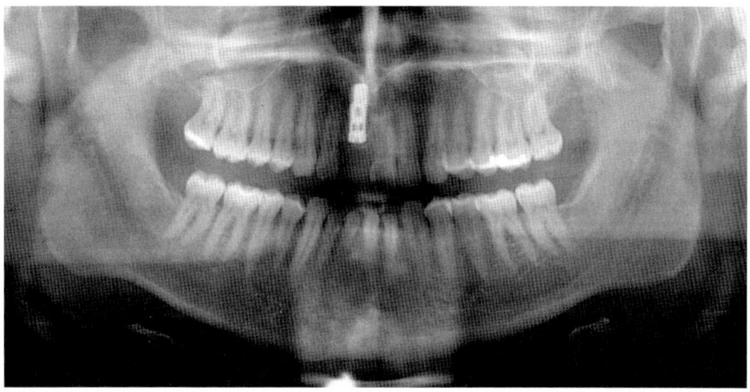

Abb. 4-35 *Panoramaschichtaufnahme nach der Implantation.*

wurde. Anhand eines einfachen Standardfalles soll im Folgenden demonstriert werden, wie wichtig die Planung der Ästhetik des Zahnersatzes und eine genaue Analyse der lokalen Verhältnisse sind.

Bereits bei der Entfernung des traumatisch stark luxierten Zahnes 11 wurde erkannt, dass das vertikale und transversale Knochenangebot zu gering war, sodass ca. 4 Monate nach der Zahnextraktion eine Augmentationsmaßnahme bei der Patientin durchgeführt wurde (Abb. 4-34).

Der Knochenaufbau heilte völlig reizlos und ein halbes Jahr später konnte die Implantatinsertion folgen. Das Implantat wurde exakt in die geplante Position eingesetzt (Abb. 4-35), sodass nach einer ungestörten Einheilungszeit von 3 Monaten keine weiteren Probleme zu erwarten waren.

Erst bei der Freilegung wurde deutlich, dass der Gingivaverlauf nicht gleichmäßig war und sich nicht auf dem gleichen Niveau wie an den Nachbarzähnen befand. Damit waren gewisse Schwierigkeiten bei der Zahnersatzästhetik zu erwarten.

Um eine zusätzliche Problematik im Bereich der marginalen Gingiva zu vermeiden, wurde ein Zirkon-Abutment verwendet. Wegen des vertikalen Defizites war das ästhetische Ergebnis nicht befriedigend (Abb. 4-36) und die Patientin sehr enttäuscht.

Kurze Zeit später musste der andere Schneidezahn (21) nach erlittener Kronenfraktur mit einer neuen keramischen Krone versorgt werden. Dabei wurde die Höhe der marginalen Gingiva an diesem Zahn reduziert, wodurch die Wahrnehmung des ästhetischen Defizites abgemildert werden konnte.

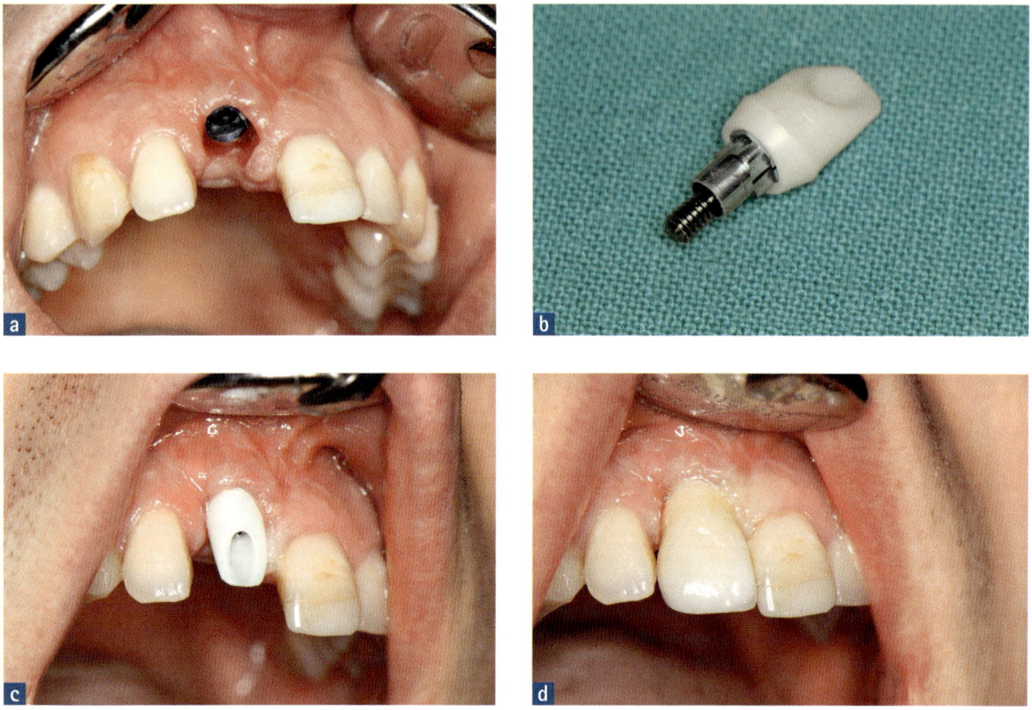

Abb. 4-36a–d *Klinische Situation: ästhetisches Defizit bei ungleichmäßigem Gingivaverlauf.*

4.2.3 Krone bei Schleimhautdefizit

Die folgende Patientin hatte den intensiven Wunsch, die beiden Einzelzahnlücken im Ober- und Unterkieferfrontzahnbereich festsitzend versorgen zu lassen.

Die aufgrund der parodontalen Vorschädigung problematische Ästhetik wurde angesprochen. Der fortgeschrittene horizontale Knochenabbau (Abb. 4-37) und die relativ breite Weichteilmanschette ließen bereits in der Planungsphase erhebliche ästhetische Schwierigkeiten erwarten.

Vor der Implantation wurde eine systematische Parodontalbehandlung durchgeführt und eine überdurchschnittlich gute Mundhygiene etabliert.

Ferner wurde mit der Patientin der vorhersehbare weitere Verlust von natürlichen Zähnen besprochen, wobei als prothetisches Spätkonzept die Stabilisierung eines herausnehmbaren Zahnersatzes auf Implantaten ins Auge gefasst wurde.

Bei der Implantatinsertion in der Region 11 musste der Alveolarkamm wegen unzureichender Breite geringgradig nivelliert werden, wodurch zusätzlich ca. 1,5–2 mm an Alveolarfortsatzhöhe verloren gingen. Das Implantat im Unterkieferfrontzahnbereich wurde wie geplant inseriert (Abb. 4-38) und später komplikationslos versorgt.

Bei der Freilegung des Implantates 11 konnte die vestibuläre Schleimhaut als eine Art Kragen erhalten werden, sodass zunächst eine ästhetisch zufriedenstellende Krone hergestellt werden konnte. Leider kam es in den folgenden Monaten zu einer Regression der marginalen Weichteilmanschette, was zu einem ungünstigen ästhe-

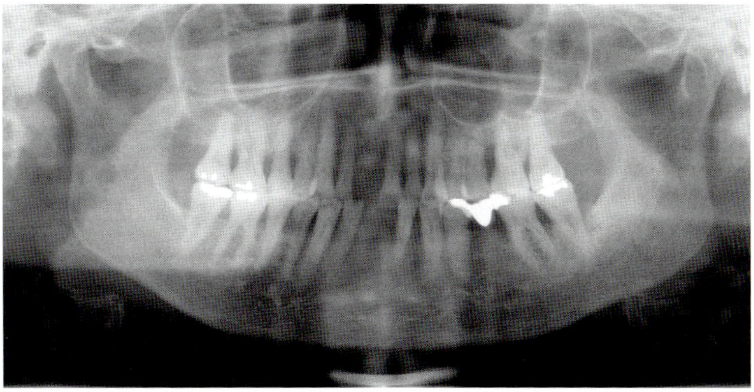

Abb. 4-37 *Die Ausgangssituation im Röntgenbild.*

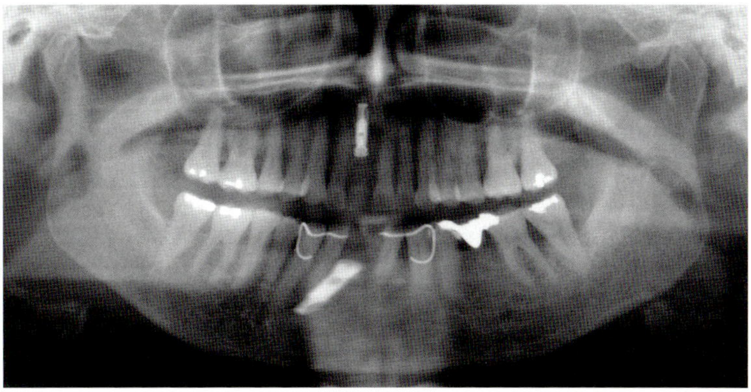

Abb. 4-38 *Zustand nach Implantatinsertion.*

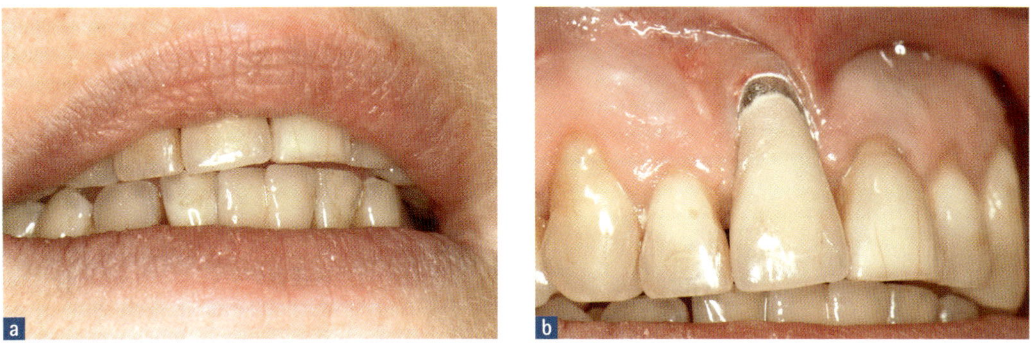

Abb. 4-39a, b *Ungünstiges ästhetisches Spätergebnis nach Rückbildung der vestibulären Schleimhaut.*

tischen Resultat führte (Abb. 4-39). Wegen einer günstigen Lippenfunktion, die bei mimischen Bewegungen, beim Lachen und Sprechen die Zähne weitestgehend abdeckte, konnte die Krone belassen werden.

Dieser Fall zeigt deutlich die Limitationen der ästhetischen Möglichkeiten einer festen Versorgung. Der Schluss liegt nahe, dass eine konventionelle Brückenversorgung trotz vollkommen intakter Hartgewebssubstanz der Zähne 12 und 21

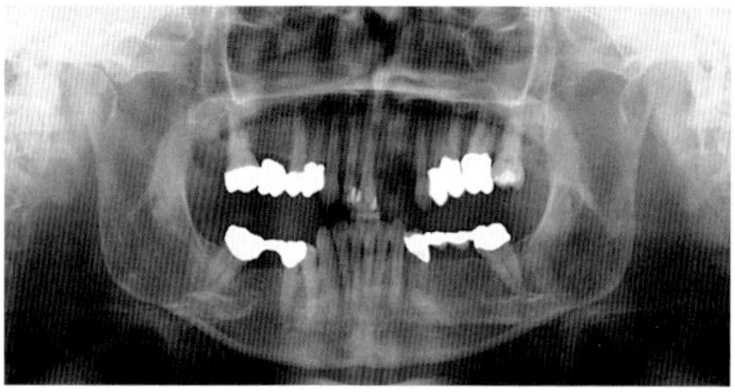
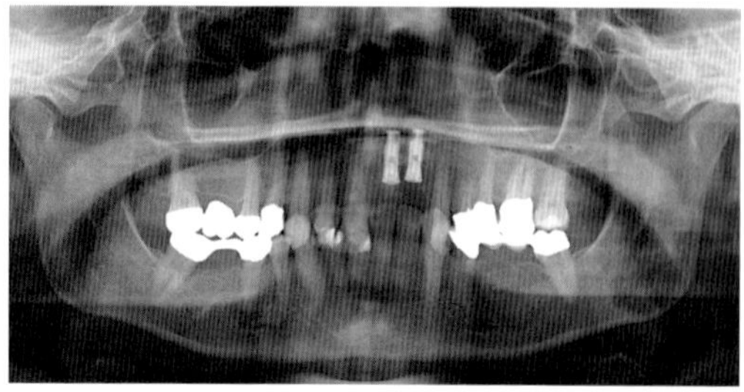

Abb. 4-40 *Röntgenbefund vor und nach der Implantatinsertion.*

ein deutlich günstigeres ästhetisches Ergebnis ermöglicht hätte. Andererseits wäre die Versorgung mit einer Brückenkonstruktion auf den natürlichen Zähnen aufgrund der parodontalen Vorschädigung auch problematisch gewesen.

Erneut muss betont werden, dass die Aufklärung über mögliche Probleme bei ungünstigen Voraussetzungen Konflikte mit dem Patienten vermeiden hilft.

4.2.4 Ästhetisches Desaster

Bei der Patientin wurde eine prothetische Versorgung im Ober- und im Unterkiefer durchgeführt. Im Frontzahnbereich wollte sie keinen konventionellen Zahnersatz, um die natürliche Zahnhartsubstanz zu schonen.

Wegen des ungünstigen Knochenangebotes wurde sie nach Abschluss der prothetischen Behandlung im rechten und linken Seitenzahnbereich zu einem implantologisch tätigen Oralchirurgen überwiesen, der in den Regionen 21 und 22 je ein Schraubenimplantat einsetzte und zugleich eine Knochenaugmentation vornahm (Abb. 4-40).

Nach der Freilegung der Implantate und bei der prothetischen Versorgung zeigte sich das ästhetische Problem, denn beide Implantate waren viel zu hoch und zu weit vestibulär inseriert worden, sodass die Kronen ca. doppelt so lang gestaltet werden mussten wie die der Nachbarzähne (Abb. 4-41).

Die Patientin akzeptierte zunächst die langen Kronen, die über einer Zwischenkonstruktion zum Ausgleich der ungünstigen Implantatachse zementiert wurden. Zwischen den Implantaten wurde ein Kanal für die Einführung der Interdentalzahnbürste bzw. der Zahnseide angebracht, der eine gute Hygienefähigkeit sicherstellte.

Zwar verdeckte die Oberlippe der Patientin die langen Kronen und Kaufunktion sowie Phonetik waren ungestört, dennoch fühlte sie sich durch die langen Kronen nicht zufriedenstellend versorgt. Kritische Aussagen ihres Nachbehandlers machten die Patientin argwöhnisch und ließen sie einen Kunstfehler vermuten, was sie schließlich zu einer gerichtlichen Klärung hinsichtlich der Behandlung durch den Chirurgen veranlasste.

Die Würdigung der Behandlung im Sachverständigengutachten ergab, dass aufgrund einer Verkettung ungünstiger Umstände und infolge der mangelhaften Absprache der beiden Behandler die implantatchirurgische und implantatprothetische Behandlung unzureichend verlaufen war. Beispielsweise war bei der Planung die schwierige Bisssituation (tiefer Biss mit Gingivakontakt) nicht berücksichtigt worden. Hinzu kam ein Aufklärungsverschulden, denn die Patientin war nicht

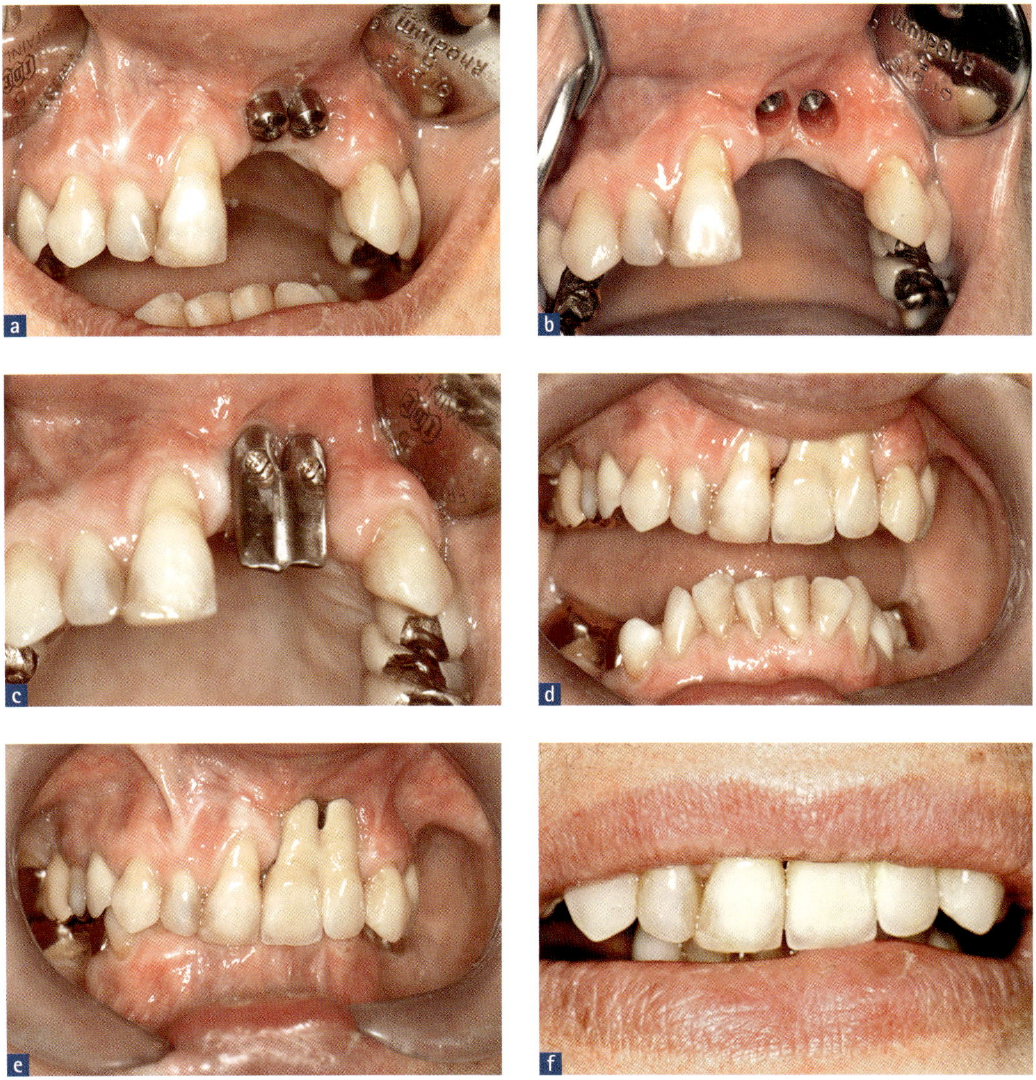

Abb. 4-41a–f *Äußerst unbefriedigende Ästhetik der Implantatkronen bei 21 und 22.*

über die Problematik der ungünstigen anatomischen Verhältnisse und die daraus resultierende ungünstige Ästhetik informiert worden.

Zur Verbesserung der Situation wurden die Entfernung der Implantate und eine erneute Knochenaugmentation mit anschließender Nachimplantation mit der Patientin diskutiert, aber wegen der möglichen Komplikationen verworfen.

Im Rahmen einer Einigung bekam die Patientin die Kosten für die beiden Kronen rückerstattet.

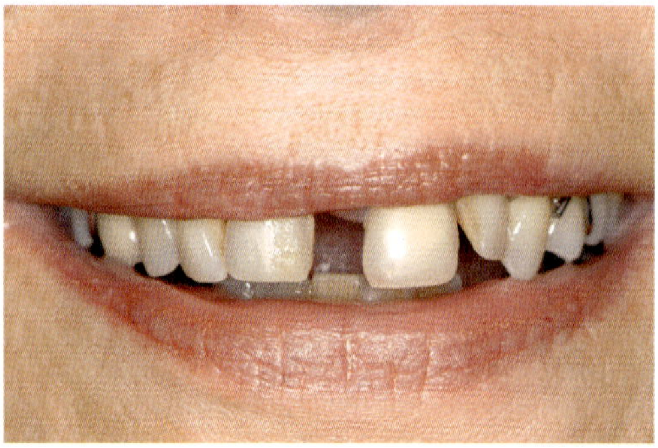

Abb. 4-42 *Befund vor der implantatprothetischen Versorgung.*

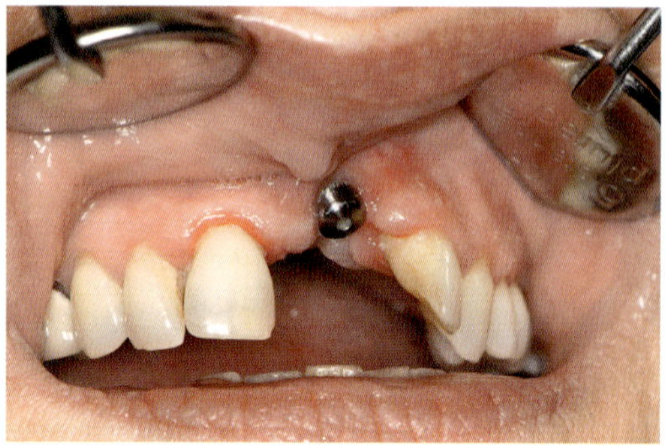

Abb. 4-43 *Mittig in die Lücke eingesetztes Implantat.*

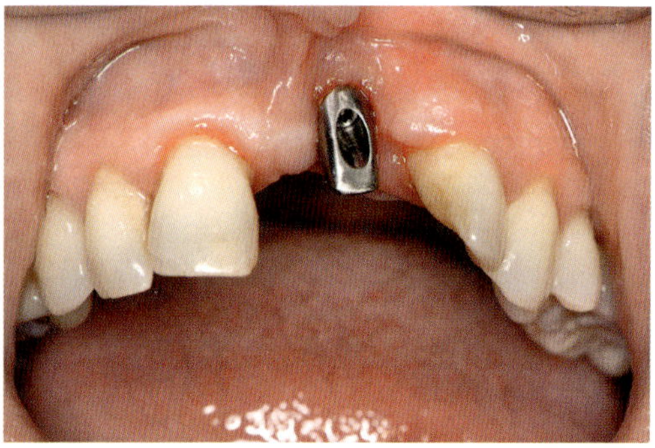

Abb. 4-44 *Kompensation der Achsneigung des Implantates mit einem stark abgewinkelten Abutment.*

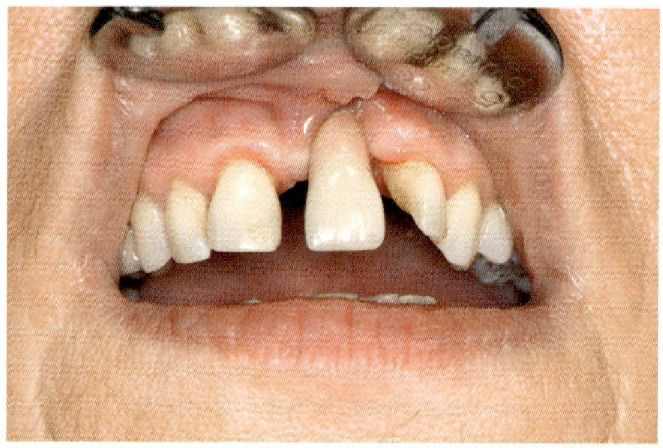

Abb. 4-45 *Überlange Krone in regio 21.*

4.2.5 Individuelle Ästhetik

Patientenwünsche und -vorstellungen zur Ästhetik können manchmal schwer verständlich sein, sollten aber im Rahmen der implantatprothetischen Rehabilitation möglichst umgesetzt werden – unter der Voraussetzung, dass keine gesundheitlichen Nachteile entstehen.

Eine Patientin, die mit dem Wunsch nach einem festen Zahnersatz die Sprechstunde eines implantologisch tätigen Zahnarztes aufsuchte, machte von Anfang an zur Bedingung, dass sich das Aussehen ihrer Zähne nicht ändern sollte. Sie war seit 25 Jahren Trägerin einer Prothese im Oberkiefer, mit der der Zahn 21 lückig und mit einem breiten Diastema ersetzt war (Abb. 4-42).

Die anatomischen Voraussetzungen am Alveolarfortsatz waren schwierig, weil dort ein Knochendefizit bestand. Die Problematik wurde mit der Patientin besprochen und die große Lücke im Oberkieferfrontzahnbereich wegen der nur schwer nachvollziehbaren ästhetischen Vorstellungen mit einem Implantat versorgt. Da die knöcherne Basis apikal zu klein war, musste das Implantat in einer ungünstigen Achse positioniert werden (Abb. 4-43).

Mithilfe eines um 20° abgewinkelten Abutments, das zusätzlich im Dentallabor individuell umgestaltet wurde, konnte die Krone in die Zahnreihe eingestellt werden (Abb. 4-44). Wegen der ungünstigen Implantatposition musste die Krone 21 sehr lang gestaltet werden. Basal wurde die Verblendung mit rosafarbener Keramik versehen, um so das Erscheinungsbild der Krone geringgradig zu verbessern (Abb. 4.46). Die Patientin akzeptierte die Krone uneingeschränkt und war mit dem Behandlungsergebnis sehr zufrieden (Abb. 4-46).

Bei diesem klinischen Fall wird deutlich, dass eine anatomisch ideale Zahnstellung nicht immer das Optimum darstellt. Zudem reduzierte die Patientin mit ihrer Vorstellung vom Erhalt des bestehenden Erscheinungsbildes den Behandlungsaufwand erheblich.

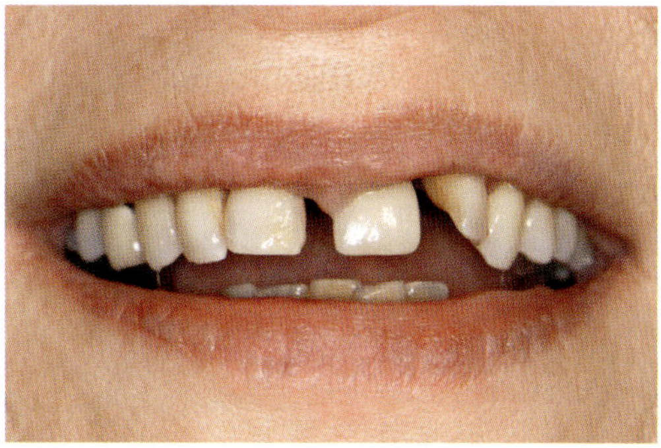

Abb. 4-46 *Endergebnis der implantatprothetischen Behandlung.*

4.3 Problematik des Knochenangebotes

Eine entscheidende Voraussetzung für eine Implantatinsertion ist ein ausreichendes Knochenangebot. Als Minimalangebot für ein Standardimplantat gelten 5 mm Kieferkammbreite und 10 mm vertikale Knochenhöhe. Geringere Knochendimensionen können bis zu einem gewissen Grad mit durchmesserreduzierten Implantaten versorgt werden, allerdings muss dabei die Belastung der Implantate durch die Suprastruktur bedacht werden, da Implantate mit reduzierter Dimension verständlicherweise stärker bruchgefährdet sind (Abb. 4-47). Aus diesem Grund sollten standardmäßig möglichst stabile Implantate mit einem Durchmesser von ca. 4 mm und einer Länge von mindestens 10 mm verwendet werden. Bei ausreichendem Knochenvolumen sollte man eine möglichst große Verankerungsoberfläche im Kieferknochen anstreben und auf größere Implantate zurückgreifen.

Abb. 4-47 *Fraktur eines durchmesserreduzierten Implantates.*

Der Möglichkeit der Verwendung von Spezialimplantaten sind Grenzen gesetzt, denn die Belastbarkeit der Implantate wird auch durch das Verhältnis von Implantat- zu Kronenlänge mitbestimmt (Abb. 4-48). In Fällen, in denen die Implantate eine reduzierte Knochenverankerung vermuten lassen, bringt eine Verblockung der Implantate über den Zahnersatz eine zusätzliche Verbesserung der Stabilität.

Aus solchen Kompromissen bei reduziertem Knochenvolumen resultieren jedoch nicht selten weitere Probleme, die bei fehlendem Verständnis oder einer versäumten Aufklärung des Patienten zu forensischen Konflikten führen können.

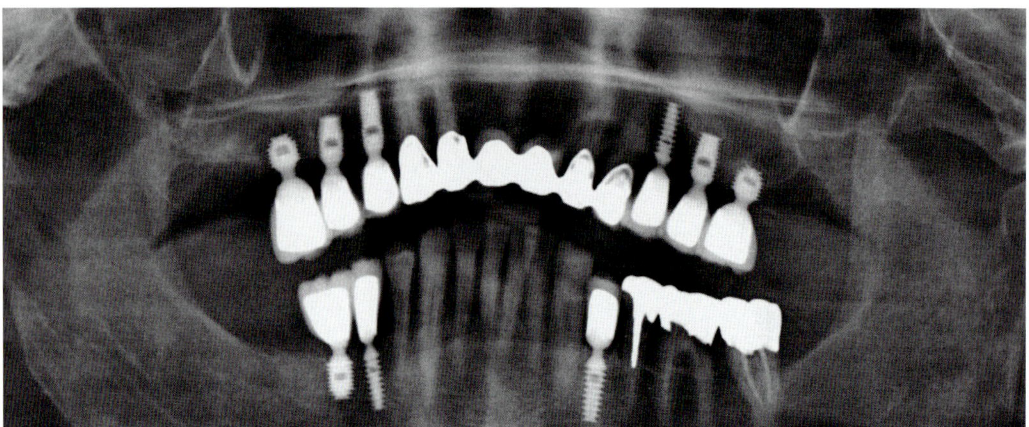

Abb. 4-48 *Kompensation eines ungünstigen Knochenangebotes mit Spezialimplantaten und prognostisch ungünstige Einzelkronenversorgung.*

Bei dem folgenden Behandlungsfall kam es zu einem Rechtsstreit, weil der Patient über die Problematik seines Knochendefizites nicht ausreichend in Kenntnis gesetzt worden war.

Der Patient war seit vielen Jahren bei seinem Zahnarzt in Behandlung und stets mit der Behandlung zufrieden gewesen. Als es zu einer Infektion an Zahn 12 kam wurden die Zähne 12 und 14 extrahiert und der retinierte Zahn 13 operativ entfernt (Abb. 4-49). In der Zeit danach war die Zahnlücke mit einem herausnehmbaren provisorischen Zahnersatz versorgt.

Rund 10 Monate später folgte eine Vermessung der Knochenverhältnisse, und kurze Zeit später wurden zwei Implantate im Oberkieferfrontzahnbereich eingesetzt. Die Wundheilung verlief reizlos. Nach weiteren 3 Monaten erfolgte die prothetische Versorgung: Es wurde eine zementierte, starre Brückenkonstruktion eingesetzt, in die neben den beiden Implantaten die natürlichen Zähne 11, 15, 17 und 18 integriert wurden (Abb. 4-50).

Wenige Wochen später bekam der Patient an einem Wochenende heftige Schmerzen im rechten Oberkiefer, sodass er einen Notdienstzahnarzt aufsuchen musste. Dieser stellte eine Pulpitis an Zahn 11 fest, behandelte den Zahn und sprach die ungünstige Ästhetik des Zahnersatzes an, die nach seiner Auffassung einer falschen Implantatinsertion geschuldet war.

Durch diese Aussage verunsichert, suchte der Patient seinen Zahnarzt auf, um eine Korrektur des Zahnersatzes zu besprechen. Da dieser eine Kor-

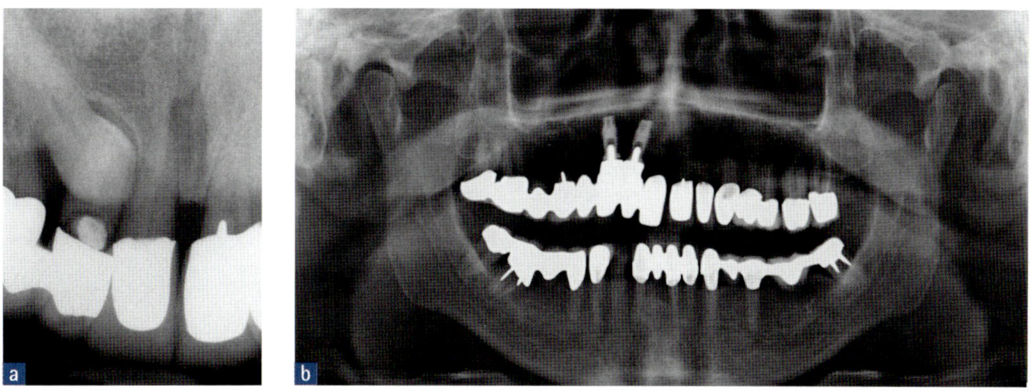

Abb. 4-49a, b *Zahnfilm mit Darstellung des retinierten und verlagerten Zahnes 13 (**a**) und das Ergebnis der prothetischen Versorgung ca. 1 Jahr später (**b**).*

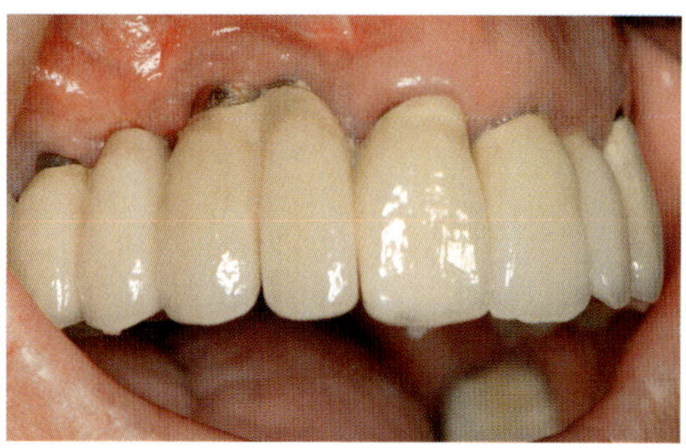

Abb. 4-50 *Zustand nach der prothetischen Versorgung.*

rektur verweigerte, wandte sich der Patient an einen Rechtsanwalt und der Streit eskalierte bis zu einem Gerichtsverfahren.

Im Sachverständigengutachten wurde festgestellt, dass die von 11 bis 18 verblockte Brückenkonstruktion auf natürlichen Zähnen und Implantaten Belastungsschmerzen verursacht und schließlich zur Lockerung der Krone 11 und zur Pulpitis an dem Zahn geführt hatte.

Im Rahmen einer Nachbesserung wurden die beiden Implantatkronen aus dem Brückenverbund herausgetrennt und für den Patienten als Garantieleistung kostenfrei neu hergestellt. Auf eine Verblockung mit den benachbarten natürlichen Zähnen wurde nun verzichtet. Der pulpageschädigte Zahn 11 wurde endodontisch versorgt.

Bedingen unzureichende Knochenverhältnisse die Verwendung durchmesserreduzierter Implantate, dann muss selbstverständlich auch die Dimension des Zahnersatzes entsprechend angepasst werden.

Bei dem in der Abbildung 4-51 dargestellten Fall wurden drei durchmesserreduzierte Implantate (Durchmesser 3,3 mm) inseriert und mit einer verschraubten Brückenkonstruktion versorgt.

Ca. 2 Jahre nach Abschluss der Behandlung kam es zur Fraktur der Implantate, die auf Materialermüdung zurückgeführt wurde. In Anbetracht des geringen Durchmessers der Implantate hätte eine in ihrer transversalen Ausdehnung reduzierte Brückenkonstruktion verwendet werden müssen.

Da die gebrochenen Implantate stabil osseointegriert waren, wurden sie lediglich im Bereich der Schraubenöffnung für das Abutment gekürzt und im Kiefer belassen. Neue Implantate des gleichen Typs wurden in den dazwischen liegenden Knochen inseriert.

Die neu angefertigte, in ihren Dimensionen durch sogenannte Prämolarisierung der Kronen reduzierte Brückenkonstruktion hat bei uneingeschränkter funktioneller Belastung inzwischen mehrere Jahre ohne Probleme überstanden.

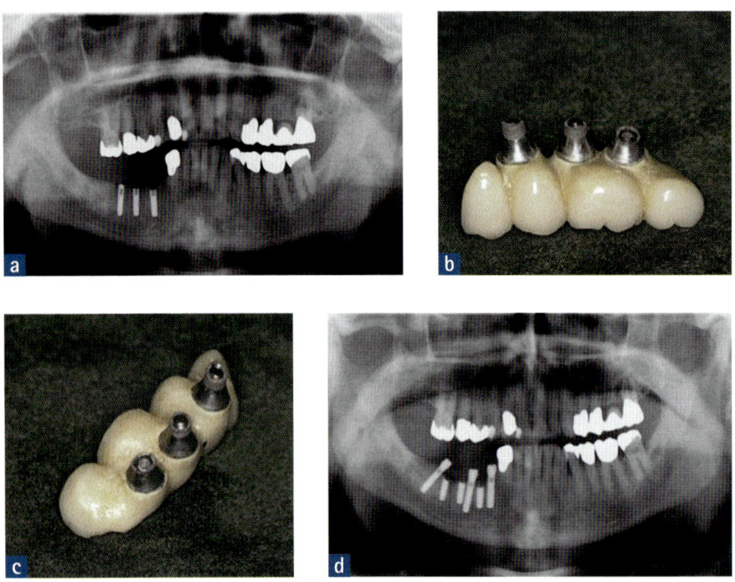

Abb. 4-51a–d *Fraktur von durchmesserreduzierten Implantaten.*

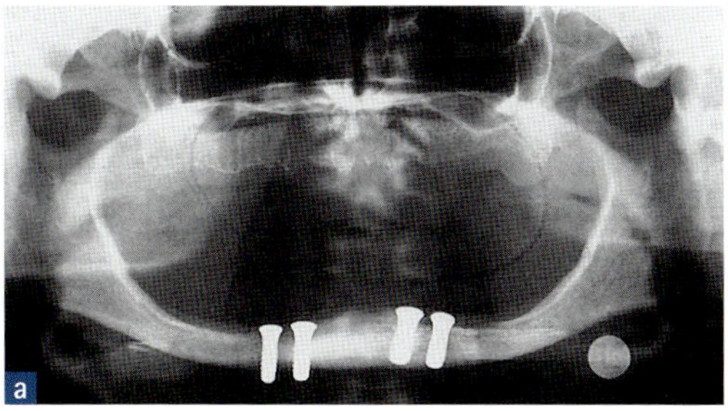

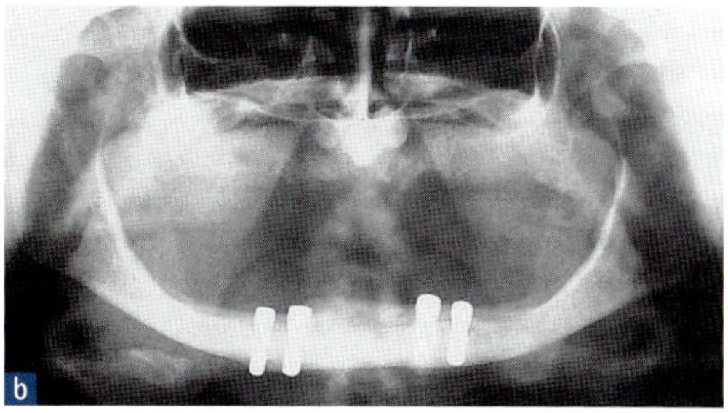

Abb. 4-52a, b *Ausheilung einer Perforation des Unterkiefers durch Knochenapposition.*

Nicht selten kann es bei unzureichender Breite des Alveolarfortsatzes zu einer Perforation der lingualen Knochenlamelle des Unterkiefers kommen. In vielen Fällen bleibt eine geringe Perforation unerkannt und komplikationslos. Im günstigen Fall erfolgt eine Knochenapposition mit reizloser Osseointegration des Implantates für viele Jahre (Abb. 4-52). Bei ungünstigen Verläufen können sich Beschwerden infolge von Narbenbildung und bindegewebiger Einscheidung des Implantates einstellen, was im Allgemeinen zum Verlust des Implantates führt.

Besonders gefährlich können digital navigierte Insertionsverfahren sein, wenn sie von Behandlern mit unzureichenden chirurgischen Kenntnissen und Fertigkeiten angewendet werden. Denn entgegen den Versprechungen der Industrie ist gerade bei der computergesteuerten oder computerassistierten Implantation Vorsicht geboten.

Auch die digitale Implantatplanung ist nicht frei von Fehlermöglichkeiten. Während der erfahrene Chirurg diese sicher erkennt und meidet, verursacht die Technik in den Händen von Anfängern leicht Misserfolge oder sogar Dauerschäden.

Bei dem Patienten der Abbildung 4-53 kam es während der Implantatinsertion zu einer Lockerung der mit zwei Schrauben am Kiefer fixierten Bohrschablone, was zu einer von der Planung abweichenden Positionierung des distalen Implantates und zu einer irreversiblen Nervschädigung führte.

Viele chirurgische Komplikationen sind vermeidbar, wenn eine detaillierte lokale Diagnostik betrieben wird. In diesem Zusammenhang wird die

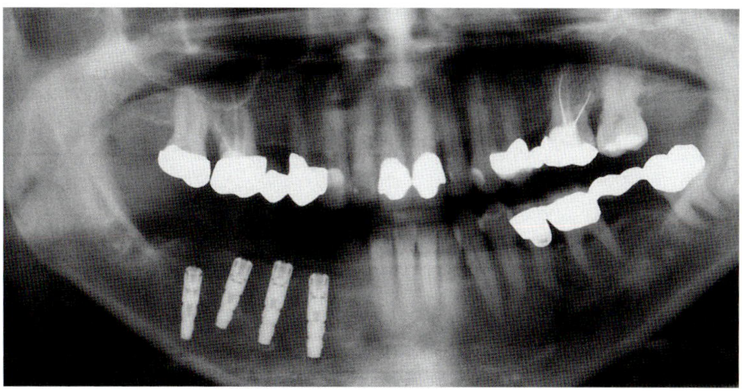

Abb. 4-53 *Panoramaschichtaufnahme nach Nervschädigung.*

dreidimensionale Analyse des Knochenangebotes, wenn die transversalen Knochenverhältnisse nicht sicher eingeschätzt werden können, zu einer Routinemaßnahme.

4.3.1 Ohne Plan und Zweck

Es gibt Behandlungsfälle, die wegen desolater Behandlungsplanung und Therapie nur als abschreckende Beispiele demonstriert werden können. Im Folgenden soll ein solcher klinischer Fall, der sich tatsächlich in einer implantologisch orientierten Praxis zugetragen hat, vorgestellt werden.

Ein 72-jähriger Patient suchte den implantologisch tätigen Zahnarzt mit dem Wunsch nach einer festsitzenden Versorgung des linken Oberkiefers auf. Ein vorbehandelnder Implantologe hatte ca. 1 Jahr zuvor versucht, das Knochenangebot mithilfe einer Sinusbodenelevation zu verbessern, das Ergebnis reichte jedoch nicht aus, um eine Implantatinsertion durchzuführen (Abb. 4-54).

Bei der Erstuntersuchung wurde auch der ungünstige Parodontalbefund angesprochen, der Patient war jedoch für therapeutische Maßnahmen nicht zugänglich, da die Zähne noch fest, gut im Gebrauch und bislang völlig schmerzfrei gewesen seien. Aus diesem Grund wurden die parodontal desolaten Zähne belassen. Dem Vorschlag, einen zweiten Versuch zur Verbesserung der Knochensituation in Form eines Sinuslifts zu unternehmen, stimmte der Patient hingegen zu.

In Lokalanästhesie wurde dann die Knochenaufbaumaßnahme durchgeführt: Dazu wurden 4 g eines synthetischen Knochenaufbaumaterials aus phasenreinem ß-Trikalziumphosphat (Cerasorb®, curasan AG, Kleinostheim, Deutschland) in die Kieferhöhle eingebracht. Unter antibiotischer Abschirmung verlief die Wundheilung komplikationslos.

Die postoperative Panoramaschichtaufnahme (Abb. 4-55) zeigt, dass das Material an einer falschen Stelle in die Kieferhöhle eingebracht worden war. Die Knochenaugmentation war sehr weit distal erfolgt und für eine Implantation ungünstig. Offenbar hatte der Operateur am liegenden Patienten die anatomische Orientierung verloren und das Knochenaufbaumaterial an der distalen Kieferhöhlenwand eingebracht.

Nach einer Abheilungszeit von 6 Monaten wurde schließlich ein Implantat gewählt, das nicht in das Augmentat, sondern in den Restknochen eingesetzt wurde (Abb. 4-56).

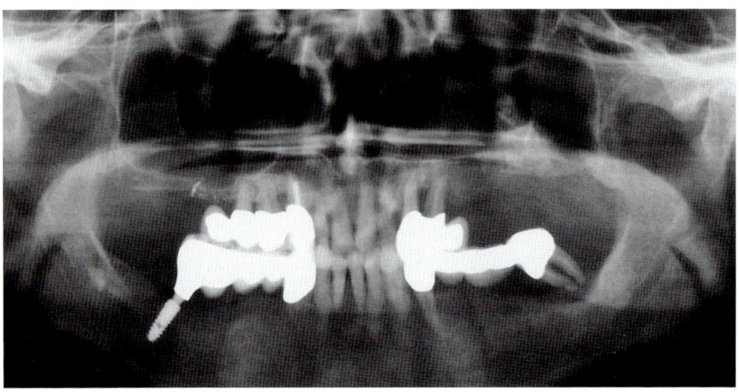

Abb. 4-54 *Ausgangsbefund eines parodontal desolaten Gebisses.*

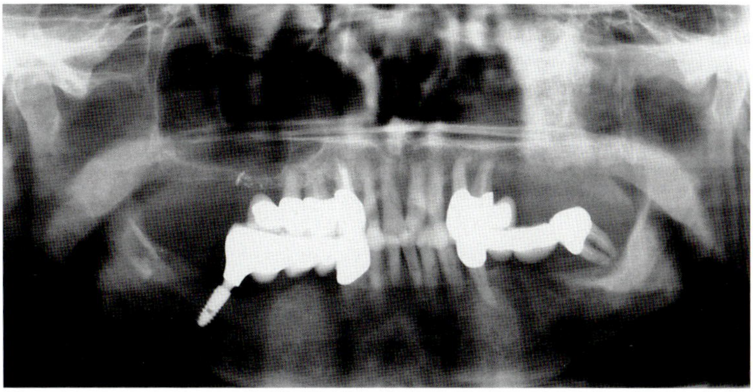

Abb. 4-55 *Postoperatives Röntgenbild nach der Sinusbodenelevation.*

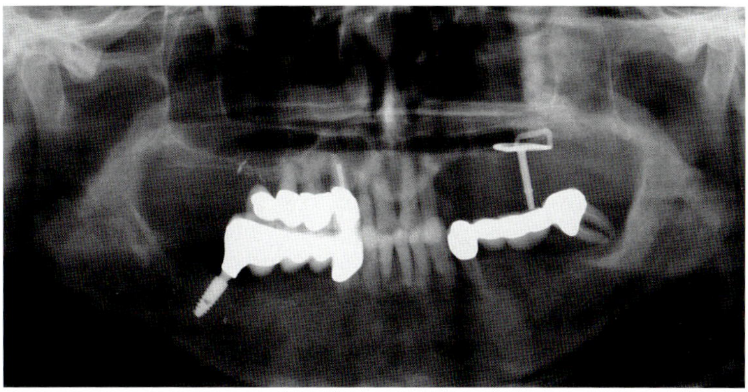

Abb. 4-56 *Zustand nach Implantatinsertion eines Diskimplantates im linken Oberkiefer.*

Bemerkenswert erscheint hier auch der starke Materialverlust im Bereich der Sinusbodenelevation, der den Verdacht nahelegt, dass die Präparation der Empfängerregion fehlerhaft erfolgt und die Kieferhöhlenschleimhaut perforiert worden war.

Da in der Zwischenzeit und kurz nach der Implantatinsertion die beiden parodontal desolaten natürlichen Zähne 23 und 24 verloren gingen, wurde das neue Implantat nicht versorgt. Es war eine Brückenkonstruktion unter Einbeziehung der Zähne 23 und 24 von dem Behandler geplant.

Nach weiteren 4 Wochen wurde das Diskimplantat locker und fiel spontan aus seinem Knochenbett. Da der Zahnarzt dem Patienten weder seine Leistungen noch die Materialien in Rechnung stellte, wurden keine weiteren Ansprüche erhoben.

Nach einem weiteren halben Jahr wurde der Patient im Oberkiefer zahnlos. Mit seiner konventionellen Prothese kommt der Patient bis heute sehr gut zurecht. Die verkürzte Zahnreihe im linken Unterkiefer wurde später mit einer zementierten Brückenkonstruktion auf zwei enossalen Implantaten versorgt.

Dieser Fall macht einerseits deutlich, dass ein konventioneller Zahnersatz durchaus ausreichend sein kann, und andererseits, dass Implantate erst nach einer Sanierung des Gebisses zum Einsatz kommen dürfen.

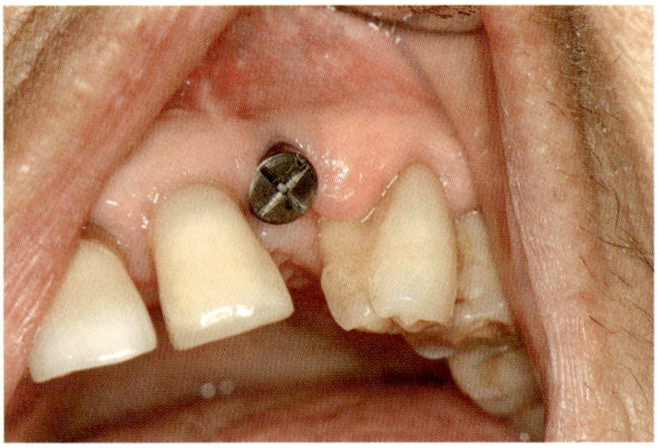

Abb. 4-57 *Eine ungünstige Implantatposition und Implantatachse.*

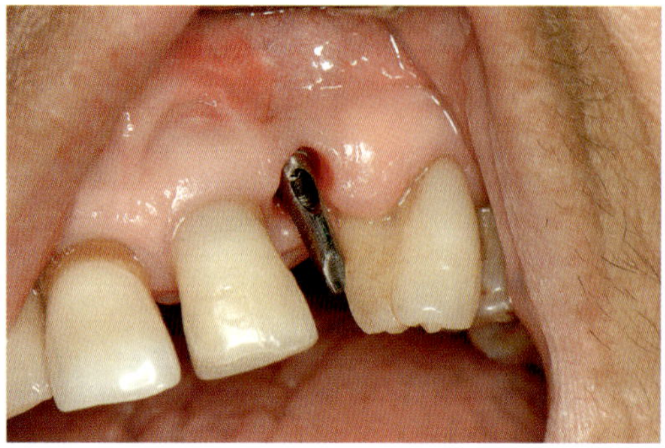

Abb. 4-58 *Individualisiertes Abutment.*

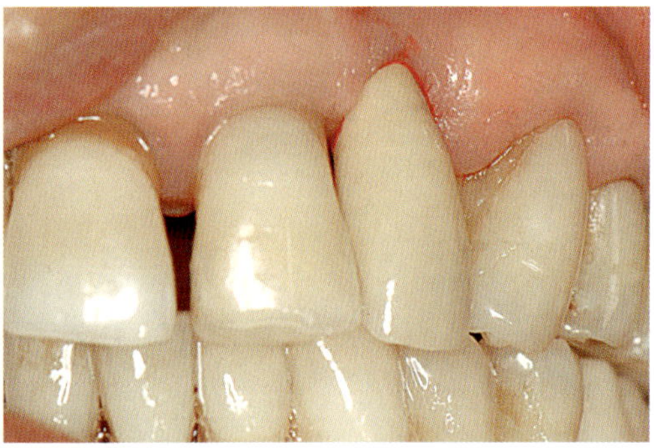

Abb. 4-59 *Zufriedenstellendes Endergebnis.*

4.3.2 Versäumte Augmentation

Die Voraussagbarkeit des Behandlungsergebnisses bei einer ungünstigen anatomischen Situation ist oft schwierig. Ohne eine Knochenaufbaumaßnahme, die eine günstige Implantatposition ermöglicht, müssen vielfach Kompromisse eingegangen werden. Manchmal erweisen sich in der Planungsphase als gering eingeschätzte Knochendefizite während der prothetischen Behandlung als schwerwiegend und können das Ergebnis in erheblichem Umfang beeinträchtigen.

Im folgenden Patientenfall wurden die späteren Schwierigkeiten und Probleme zum Zeitpunkt der Implantatinsertion nicht erkannt. Bereits bei der prothetischen Planung wurde dann jedoch die ungünstige Implantatposition deutlich (Abb. 4-57).

Die dentaltechnischen Kompensationsmöglichkeiten sind teilweise vielfältig, sodass die ungünstige Position des Implantates durch die individuelle Herstellung eines Abutments oder einer Mesostruktur (Zwischenkonstruktion) verbessert werden kann (Abb. 4-58).

In diesem Fall konnte durch eine komplizierte individuelle Bearbeitung des Abutments schließlich ein annehmbares Ergebnis erzielt werden (Abb. 4-59).

Wegen der ästhetischen Problematik gehört zu jeder Implantatplanung eine genaue Analyse des Knochenangebotes.

4.3.3 Fehleinschätzung des vertikalen Knochenangebotes

Bei dem im Folgenden vorgestellten klinischen Behandlungsfall handelt es sich um einen Patienten, der implantologisch festsitzend versorgt werden wollte. Er hatte bereits gute Erfahrungen mit einer Stegkonstruktion auf natürlichen Zähnen und Implantaten im Oberkiefer gemacht, die 12 Jahre lang in Funktion gewesen war und schließlich nicht mehr erhalten werden konnte. Im Unterkie-

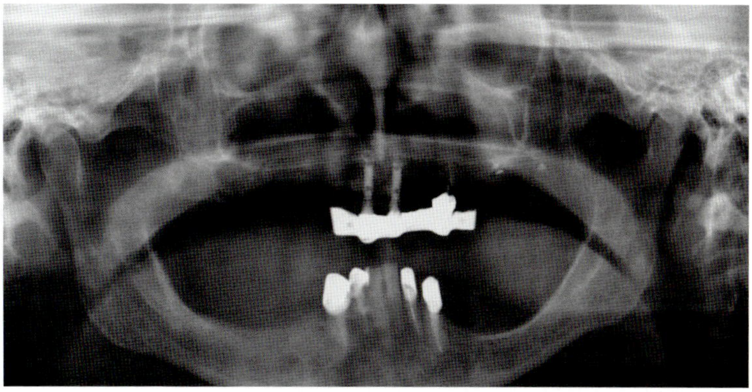

Abb. 4-60 *Ausgangsbefund zum Zeitpunkt der Implantatplanung.*

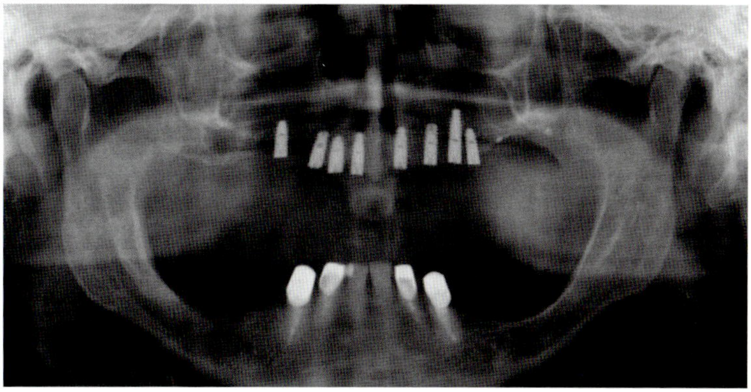

Abb. 4-61 *Zustand nach der Insertion von acht enossalen Implantaten.*

fer war seit mehreren Jahren eine hybridprothetische Versorgung auf vier Teleskopkronen eingegliedert.

Der behandelnde Mund-Kiefer-Gesichtschirurg erkannte das ungünstige Knochenangebot im Oberkiefer (Abb. 4-60) und versuchte beiderseits eine Verbesserung des Knochenvolumens mit Knochenaufbaumaterial und Membranen zu erreichen. Postoperativ kam es jedoch zu rezidivierenden Infektionen im Augmentationsbereich und zum partiellen Verlust des synthetischen Knochenaufbaumaterials.

Obwohl die Knochenaufbaumaßnahmen nicht die erwarteten Ergebnisse brachten, wurden im Oberkiefer insgesamt acht Implantate eingesetzt (Abb. 4-61).

Die Implantationsmaßnahmen wurden von dem behandelnden Kollegen mit der besonders schwierigen prothetischen Situation begründet: Nach Entfernung der bis dahin vorhandenen desolaten Stegkonstruktion sei eine Stabilisierung der Oberkieferprothese mit Implantaten unvermeidbar geworden. Doch auch der Patient drängte auf eine implantatgetragene Lösung, weil er die Oberkieferprothese mit Haftmitteln am Kiefer befestigen musste und diesen Zustand als sehr belastend empfand.

Wegen fehlender Mitarbeit seitens des Patienten, hauptsächlich jedoch aufgrund der ungünstigen Implantatinsertion kam es in der Einheilungsphase zur Schleimhautperforation (Abb. 4-62) und zu entzündlichen Komplikationen an einzelnen Im-

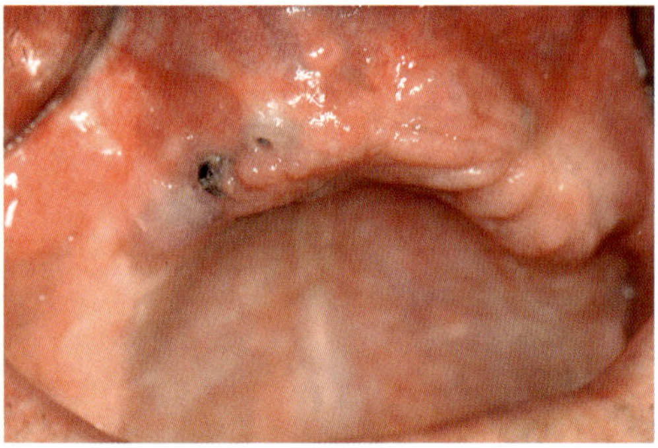

Abb. 4-62 *Schleimhautperforation über den Implantaten.*

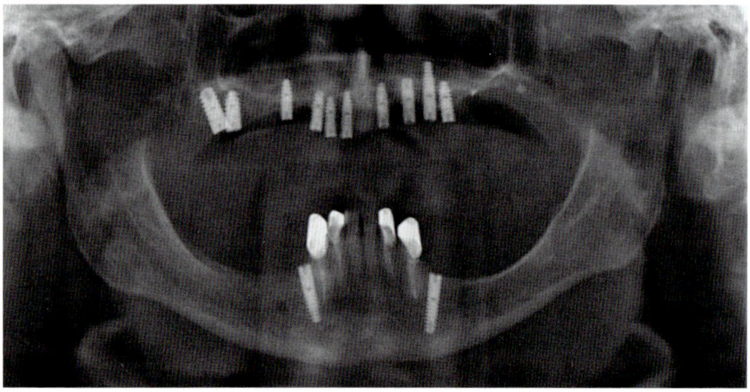

Abb. 4-63 *Zustand nach Pfeilervermehrung durch zusätzliche Implantate.*

plantaten. Der Patient wurde über mehrere Wochen mit verschiedenen Antibiotika behandelt. An den insgesamt drei entzündlich betroffenen Implantaten wurden marginale Knochendefekte von bis zu 5 mm Tiefe sondiert.

Deshalb wurde nach Abheilung der akuten Infektion von einer anschließenden prothetischen Versorgung Abstand genommen. Stattdessen wurden im rechten Oberkiefer zwei weitere Implantate und im Unterkiefer beiderseits je ein Implantat eingesetzt (Abb. 4-63). Die Insertion der Implantate im Unterkiefer war weder geplant noch vorher mit dem Patienten besprochen worden. Eine Implantatinsertion im linken Oberkiefer war wegen der entzündlichen Komplikationen und des daraus folgenden Materialverlustes nicht möglich.

Da sich der Behandler noch immer außerstande sah, eine prothetische Behandlung durchzuführen, kam es zum Konflikt mit dem Patienten – mit dem Ergebnis, dass ein anderer Zahnarzt die Behandlung fortführte und der Patient von da an zur Durchsetzung von Schadensersatzansprüchen den Rechtsweg beschritt.

Da die Implantate im Oberkiefer relativ stabil eingeheilt waren, wurde mit dem Patienten vereinbart, dass sie als Pfeiler für eine herausnehmbare prothetische Konstruktion verwendet werden sollten.

Um den finanziellen Aufwand auf ein akzeptables Maß zu beschränken, wurde ein konfektioniertes implantatspezifisches Verbindungssystem verwendet, bei dem die Abutments wie bei Doppelkronen in einer Einschubrichtung angeglichen

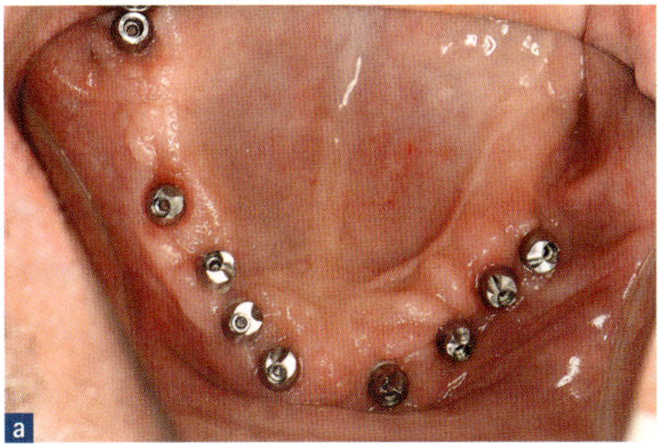

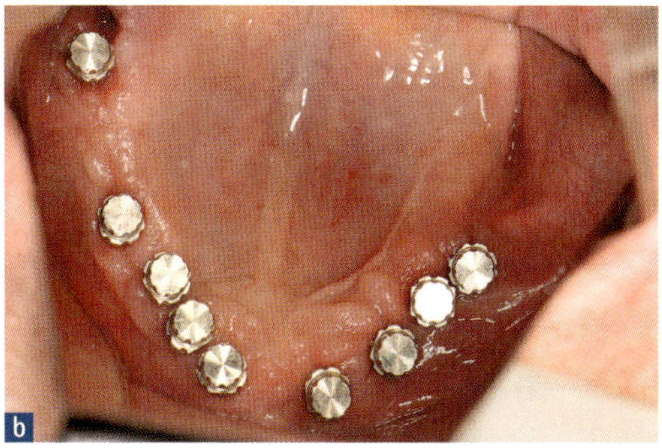

Abb. 4-64a, b *Versorgung über ein konfektioniertes Verbindungssystem:* **a** *Primärteile auf den Implantaten aufgeschraubt;* **b** *Sekundärelemente vor der Einfütterung in die Prothese.*

wurden und die Sekundärelemente darüber im direkten Verfahren in die Oberkieferprothese eingefüttert wurden (Abb. 4-64). Das distale Implantat im rechten Oberkiefer konnte dabei nicht einbezogen werden, da es zu nah an dem Implantat davor und so stark mesioangulär geneigt inseriert worden war, dass eine Verwendung als prothetischer Pfeiler nicht infrage kam. Die Oberkieferprothese wurde im Gaumen weitestgehend reduziert, sodass der Patient trotz der ungünstigen implantatchirurgischen Voraussetzungen mit dem Endergebnis kaufunktionell zufrieden war (Abb. 4-65 und 4-66).

Die Unterkieferversorgung wurde nicht erneuert, da hier die Funktion zufriedenstellend und der Prothesenhalt stabil war.

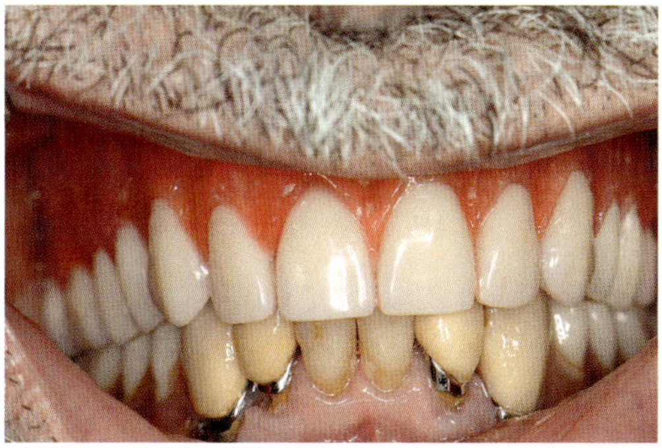

Abb. 4-65 *Wachsanprobe der rein implantatgetragenen Oberkieferprothese.*

Im anschließenden Gerichtsverfahren wurde anhand von Sachverständigengutachten ein Schadensersatz für den Patienten erörtert und ihm schließlich zugesprochen.

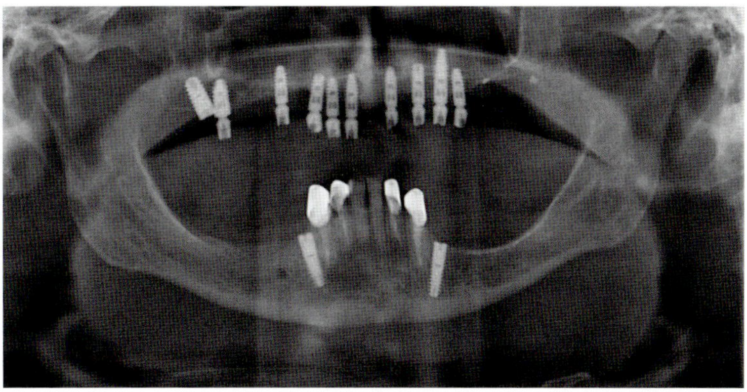

Abb. 4-66 *Röntgenbefund nach Abschluss der prothetischen Behandlung.*

4.3.4 Fehleinschätzung des transversalen Knochenangebotes

Bei dem folgenden Patienten wurden im Unterkiefer insgesamt sechs enossale Schraubenimplantate zur Aufnahme einer bedingt abnehmbaren verschraubten einteiligen Brückenkonstruktion inseriert. Der postoperative Wundheilungsverlauf gestaltete sich völlig komplikationslos, sodass nach einer Einheilungszeit von 4 Monaten die prothetische Versorgung erfolgte.

Nach Eingliederung der Brückenkonstruktion klagte der Patient über starke Schmerzen bei der funktionellen Belastung, sodass die Brücke mehrfach für mehrere Tage abgenommen werden musste. Zusätzlich hatte der Patient auch phonetische Probleme, da die Konstruktion den Raum für die Zunge einengte.

In der Panoramaschichtaufnahme konnten keine pathologischen Befunde festgestellt werden, auch klinisch waren keine Entzündungszeichen vorhanden. Erst in der dreidimensionalen Analyse der Implantatposition im Knochen konnte eine Perforation der Linea mylohyoidea festgestellt werden (Abb. 4-67 und 4-68).

Ein Behandlungsversuch mit einem herausnehmbaren Zahnersatz brachte eine geringe Verbesserung, die aber für eine zufriedenstellende Kaufunktion und Phonetik nicht ausreichend war.

Nach der Entfernung der Implantate und einer erneuten Insertion in das Corpus mandibulae konnte eine zufriedenstellende prothetische Versorgung erfolgen.

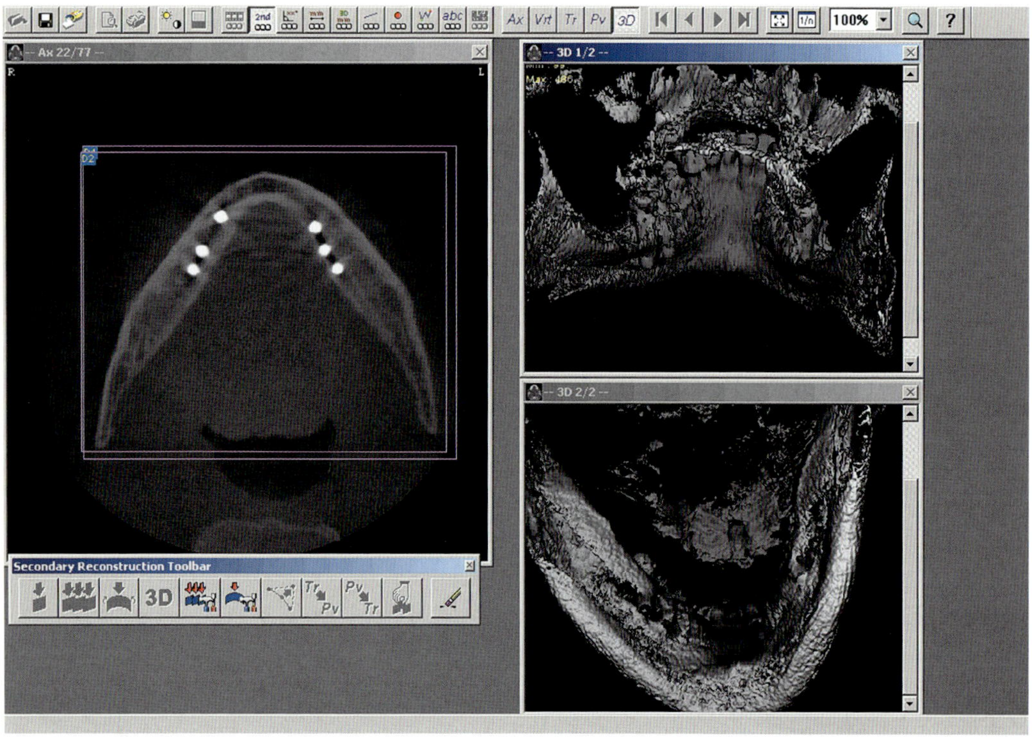

Abb. 4-67 *Dreidimensionale Darstellung der Implantationsstellen.*

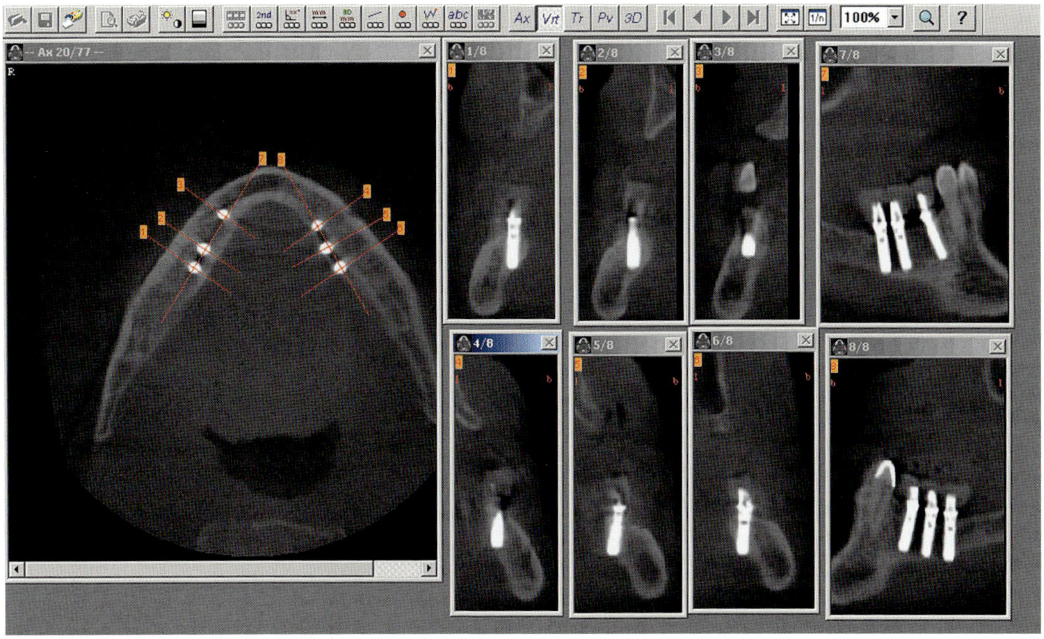

Abb. 4-68 *Transversale Darstellung der Implantate.*

4.3.5 Augmentationsdesaster

Das Ergebnis der chirurgischen Behandlung ist nicht immer absehbar. Bei ungünstigem Verlauf kann sie schwerwiegende Folgen haben, wie der folgende Fall zeigt.

Die etwa 60-jährige Patientin hatte seit einigen Monaten gute Erfahrungen mit einer implantatgetragenen Stegkonstruktion im Unterkiefer gemacht, sodass sie sich von einer prothetischen Lösung auf Implantaten im Oberkiefer ein ähnlich gutes Ergebnis versprach.

Allerdings war das Knochenangebot im Oberkiefer wegen Zahnverlustes infolge einer chronischen Parodontalerkrankung sehr gering, sodass der hinzugezogene Chirurg eine Knochenaugmentation vor der Insertion von Implantaten empfahl.

In einer Behandlungssitzung wurden im Rahmen einer umfangreichen Knochenaufbaumaßnahme im Oberkiefer mehrere solide Knochentransplantate vom Beckenkamm eingebracht und mit Osteosyntheseschrauben und Minidruckplatten am Restknochen fixiert. Zugleich wurden sechs Implantate inseriert.

Trotz perioperativer Antibiotikaprophylaxe mit Breitspektrumantibiotika kam es wenige Tage nach der Operation zu ausgeprägten akuten Infektionen im Bereich beider Kieferhöhlen. Die Patientin wurde für mehrere Wochen arbeitsunfähig, wodurch ihr, da sie selbständig tätig war, großer wirtschaftlicher Schaden entstand. Als weitere Komplikation kam eine Infektion an der Entnahmestelle des Knochens hinzu, die zu einer länger andauernden Gehunfähigkeit führte. Nach der Rehabilitationsbehandlung wurden Gehstützen notwendig.

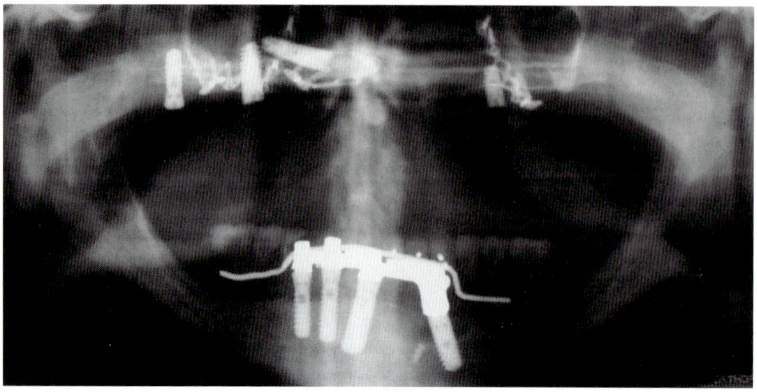

Abb. 4-69 *Postoperatives Röntgenbild ca. 8 Wochen nach der Kieferkammaugmentation im Oberkiefer mit gleichzeitiger Implantatinsertion.*

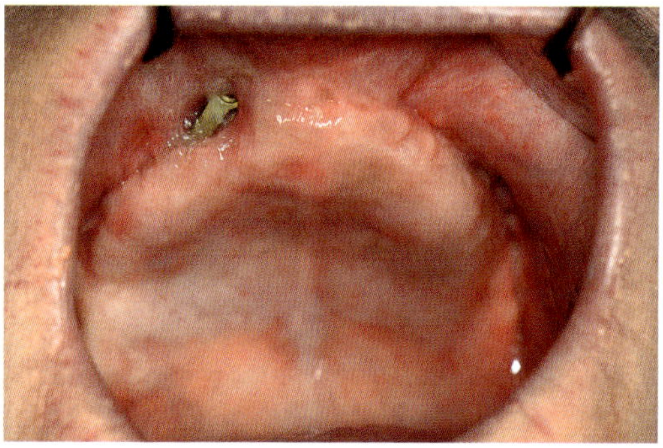

Abb. 4-70 *Perforation des Osteosynthesematerials und starke Vernarbungen.*

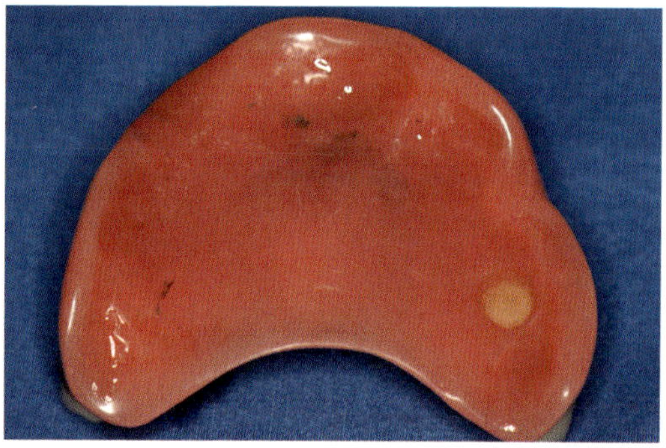

Abb. 4-71 *Abgeflachte und prothetisch ungünstige Prothesenbasis.*

Aus einem Röntgenbild, das 8 Wochen postoperativ angefertigt wurde, wird deutlich, dass nur noch 4 Implantate vorhanden waren. Zwei Implantate sind nicht mehr auffindbar, eines liegt quer im vorderen Bereich der rechten Kieferhöhle (Abb. 4-69).

Aufgrund der Infektion kam es zur entzündlichen Einschmelzung des Knochentransplantates, sodass das resultierende Knochenangebot immer noch unzureichend für eine Implantatinsertion war. Der schlechte Verlauf führte zum Vertrauensverlust und die Patientin wandte sich an einen Sachverständigen. Die Abbildungen 4-70 bis 4-72 zeigen den Zustand bei der gutachterlichen Schadensfeststellung.

Es musste festgestellt werden, dass die Entfernung des Osteosynthesematerials und aller im Oberkiefer eingebrachten Implantate unvermeidbar war. Die Implantate waren locker und nur narbig und bindegewebig im Oberkiefer integriert.

Hatte vor der Knochenaufbaumaßnahme eine konventionelle prothetische Versorgung noch eine denkbare Alternative dargestellt, so war es infolge der komplikationsträchtigen Behandlung unmöglich geworden, eine totale Oberkieferprothese einzugliedern: Der Alveolarfortsatz war vollständig abgeflacht, durch die Narbenbildung im Vestibulum oris war eine Ventilfunktion nicht mehr gegeben.

Der Vorwurf der Patientin an den sie behandelnden Chirurgen basierte auf dem dringenden

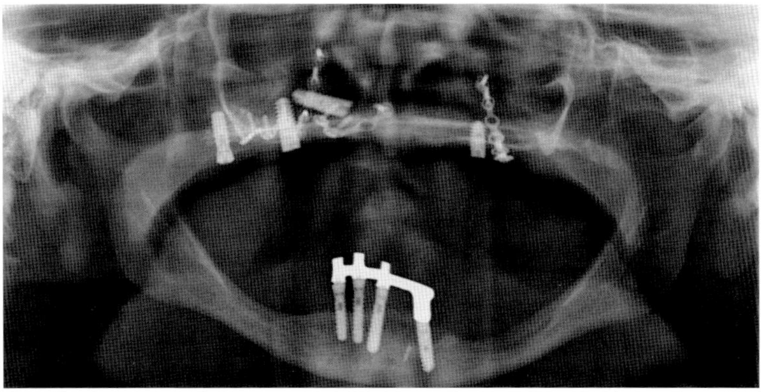

Abb. 4-72 *Zustand 2 Jahre später in der Panoramaschichtaufnahme.*

Verdacht einer Falschbehandlung sowie eines Aufklärungsverschuldens, da vor dem Eingriff keinerlei Aufklärung über mögliche Komplikationen erfolgt war. In diesem Zusammenhang wird verständlich, dass der Patientin im Gerichtsurteil die Behandlungskosten erlassen und ein finanzieller Schadensersatz zugesprochen wurde.

4.4 Wahl der Implantate

Heute gibt es mehrere Hundert verschiedener Implantatsysteme auf dem Markt. Nicht einmal der implantologisch erfahrene Zahnarzt, Oral- oder Mund-, Kiefer- und Gesichtschirurg kann die Vielfalt der unterschiedlichen Angebote überblicken.

Stets gilt die Forderung, das vorhandene Knochenangebot für die Verankerung des Implantates zu optimieren, sodass möglichst große Dimensionen bei Implantatdurchmesser und -länge verwendet werden können: Die Implantatdimension sollte immer so gewählt werden, dass eine möglichst große Verankerungsoberfläche im Knochen erreicht wird.

Auch eine große Diskrepanz zwischen dem Implantatdurchmesser und der Kronenlänge und -breite kann zu Misserfolgen in Form von Ermüdungsbrüchen führen (Abb. 4-73).

Misserfolge aufgrund falscher Implantatwahl sind alles andere als selten. Heute gelten die in der Tabelle 4-1 genannten Implantateigenschaften als Standards für die Anwendung in der Praxis. Abweichungen von diesen Implantateigenschaften sind möglich und bei speziellen Anforderungen zulässig.

Grundsätzlich können zweiteilige Implantate sowohl geschlossen als auch offen inseriert werden. Beide Konzepte sind gleichermaßen erfolgreich, wobei die geschlossene Anwendung in denjenigen Fällen Vorteile bietet, in denen eine völlig ungestörte Einheilung erwünscht ist. Dies kann bei ungünstigen Knocheneigenschaften (weicher Knochen) der Fall sein, oder wenn über der Implantationsstelle ein schleimhautgelagerter Zahnersatz getragen wird.

Die Vorteile der offenen Implantatinsertion liegen darin, dass die Implantatfreilegung entfällt und die Weichgewebsstrukturen geschont werden. Sie wird bei der prothetischen Sofortversorgung standardmäßig durchgeführt. Nachteilig kann sie sich auswirken, wenn über den frisch inserierten Implantaten ein provisorischer Zahnersatz eingesetzt wird und sie einer Belastung aussetzt. Ferner kann in der Frühphase der Einheilung eine Periimplantitis entstehen.

Nahezu alle Implantatsysteme erlauben eine unmittelbar nach der Zahnentfernung durchzuführende Sofortimplantation. Dies ist allerdings weniger vom Implantatsystem abhängig als von den Knocheneigenschaften und den anatomischen Voraussetzungen.

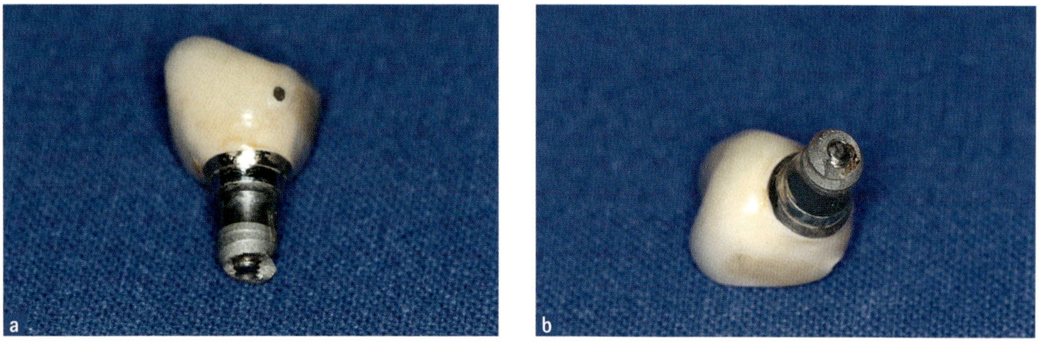

Abb. 4-73a, b *Bruch eines durchmesserreduzierten Implantates bei 26.*

Makrodesign	- Schraube konisch/zylindrisch - Zylinder
Material	- Titan, Titanlegierungen - Keramik
Mikrodesign	- glatt (maschiniert) für den Durchtritt durch die Schleimhaut; - mikrostrukturiert (additiv, z. B. TCP, oder ablativ, geätzt u. gestrahlt) sowie hydrophile Oberflächeneigenschaften für den intraossären Bereich
Abutmentverbindung	- fest (einteiliges Implantat) - verschraubt mit Außenverbindung - verschraubt mit Innenverbindung mit oder ohne Rotationssicherung - verschraubt mit Innenkonusverbindung - Innenkonusverbindung mit Sechs- oder Achtkant kombiniert - geklebt
Abutmentdesign	- Titan maschiniert, Titan mit Rotationssicherung, Titan trimmbar, Keramik - gerade, abgewinkelt - für verschraubte oder zementierte Suprastruktur

Tab. 4-1 *Klinisch ausreichend erprobte Eigenschaften von Implantaten.*

Bei gemischt-, d. h. implantat- und zahngetragenen Suprastrukturen sollten Implantatsysteme bevorzugt werden, die über die erforderlichen prothetischen Komponenten sowie Zubehör verfügen und komplexe Versorgungen auf Implantaten erlauben (Abb. 4-74).

Nicht selten stellt sich die Frage einer starren Verbindung zwischen Implantaten und natürlichen Zähnen durch den Zahnersatz. Langzeiterfahrungen zeigen, dass kleine (dreigliedrige) starre Brückenkonstruktionen unter Einbeziehung eines Implantates und eines natürlichen Zahnes meist keinerlei Nachteile aufweisen. Bei größeren Brücken, die von mehr als zwei Pfeilern getragen werden, sollte man jeweils kleinere Einheiten miteinander verbinden oder eine herausnehmbare Brückenkonstruktion herstellen. Dagegen ist eine starre Verblockung von mehreren Implantaten in einer Brückenkonstruktion oder einem Steg eher vorteilhaft und hat eine günstige Langzeitprognose.

Abnehmbarer Zahnersatz, der über Doppelkronen verankert wird erfordert eine besonders stabile knöcherne Verankerung der verwendeten Implantate, da hier der stabilisierende Effekt der Verblockung entfällt.

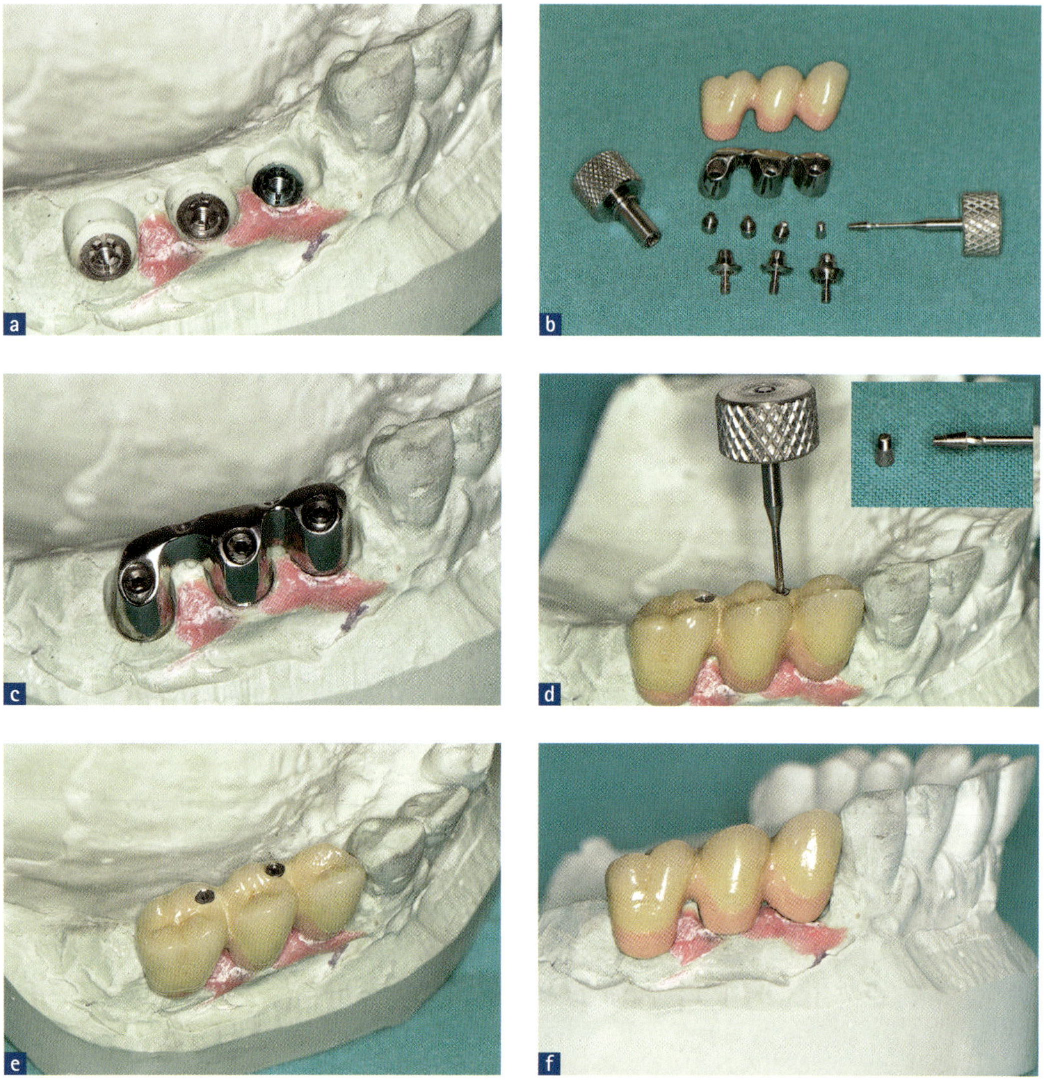

Abb. 4-74a–f *Mehrfach zusammengesetzte (verschraubte) Implantatteile bei komplexen Suprastrukturen.*

Mit ausreichend dimensionierten Implantaten ist in besonders gelagerten Fällen auch ohne umfangreiche Augmentationsmaßnahmen eine Extensionskonstruktion möglich. Gelingt es, im Restknochen eines atrophierten Kiefers ein stabiles implantologisches Fundament zu befestigen, kann darauf ein rein implantatgetragener Zahnersatz verankert werden.

Bei dem in den Abbildungen 4-75 und 4-76 vorgestellten Fall wurde als Zahnersatz eine volumenreduzierte Prothese hergestellt, die über einen individuell gefrästen Steg auf vier Implantaten im anterioren Oberkiefer verankert war.

Das Röntgenbild zeigt eine deutliche Atrophie des Oberkiefers der Patientin, wobei jedoch in der

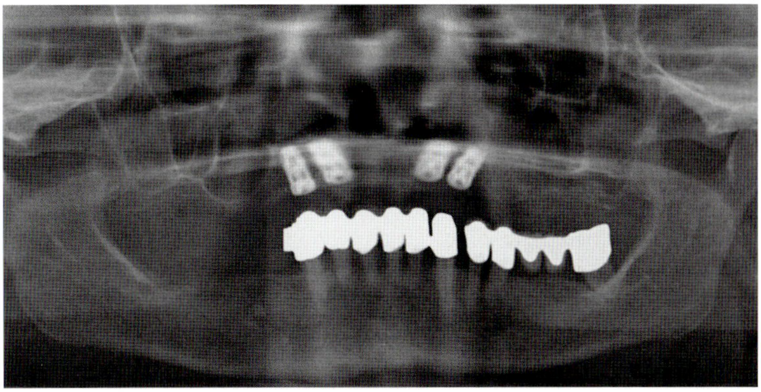

Abb. 4-75 *Zustand nach Insertion von besonders voluminösen Implantaten in der Frontzahnregion des Oberkiefers.*

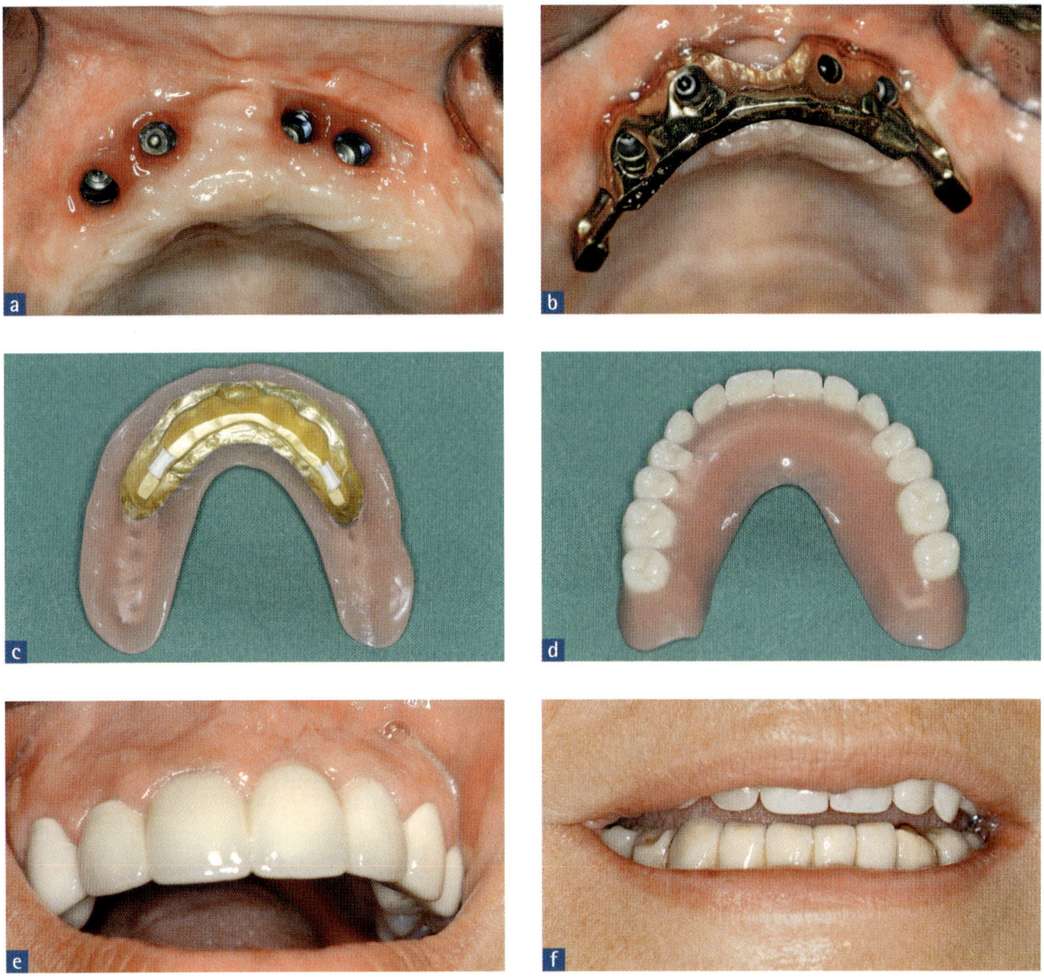

Abb. 4-76a–f *Klinische Bilder zu der Patientin aus Abbildung 4-75:* a *die freigelegten Implantate;* b *Verblockung über einen gefrästen Steg;* c, d *volumenreduzierte Prothese für den Oberk efer;* e *die Prothese in situ;* f *Lippenbild.*

Frontzahnregion ausreichend Knochen vorhanden ist. Die transversale Dimension des Alveolarfortsatzes war günstig, sodass besonders große Implantate mit einer entsprechend großen Verankerungsoberfläche im Knochen eingesetzt werden konnten.

Die ungünstige Achse der Implantate wurde mit dem nach distal extendierten Steg weitestgehend kompensiert. Der gaumenfreie herausnehmbare Zahnersatz konnte wegen der stabilen Verankerung auf dem Steg im sichtbaren vestibulären Bereich ohne Ventilrand und damit natürlich gestaltet werden.

Nicht selten kommt es vor, dass bei ein und demselben Patienten im Laufe der Zeit mehrere Implantatsysteme zum Einsatz kommen. Dies kann entweder daher rühren, dass der behandelnde Implantologe zu einem anderen Implantatsystem wechselt, oder daher, dass ein Behandlerwechsel vollzogen wird. Aus Gründen einer vereinfachten Langzeitbetreuung sollte die Verwendung von mehreren Implantatsystemen jedoch nach Möglichkeit vermieden werden.

Bei dem klinischen Fall der Abbildungen 4-77 und 4-78 wurden in einem Abstand von ca. 10 Jahren in der Region 22 und 21 enossale Implantate notwendig. In der Region 23 war bereits ein Implantat eines relativ alten Typs eingebracht worden, das nach fast 30 Jahren Liegedauer immer noch stabil osseointegriert war. Das zuletzt eingesetzte Implantat bei 21 wurde nach einer 3-monatigen Einheilungszeit in einem Kronenverbund mit den anderen, älteren Implantaten prothetisch versorgt.

Da aufgrund der verminderten transversalen Dimension des Alveolarfortsatzes durchmesserreduzierte Implantate zum Einsatz gekommen waren, entschloss sich der behandelnde Zahnarzt zu einer Verblockung der drei Kronen. Bei der prothetischen Versorgung der drei unterschiedlichen Implantate stellte sich heraus, dass eine Kombination bzw. ein prothetischer Verbund der neuen und älteren Implantattypen relativ unproblematisch war.

Gefahren bei der Kombination mehrerer Implantate ergeben sich am ehesten daraus, dass die Anzahl der Zubehörteile sehr groß ist und für das beteiligte Behandlungsteam und den Dentaltechniker unübersichtlich werden kann.

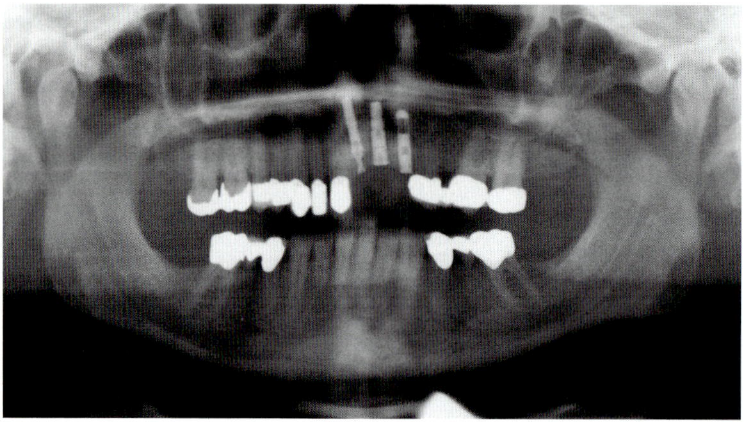

Abb. 4-77 *Unterschiedliche Implantattypen in einem Kiefer.*

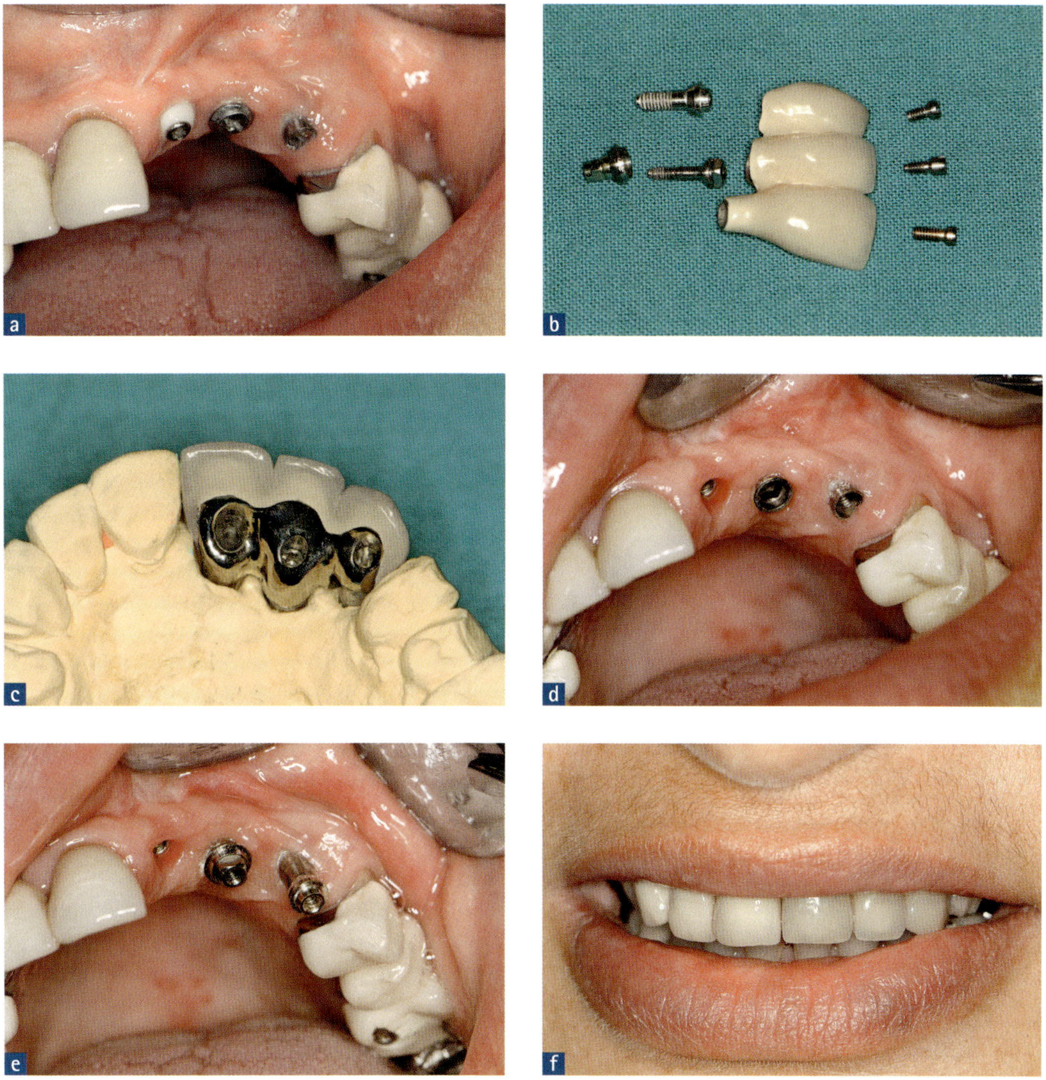

Abb. 4-78a–f *Klinische Bilder zum Fall der Abbildung 4-77.*

Bisweilen schlagen sich überzogene Ideen zur Implantaterhaltung in geradezu abenteuerlichen Behandlungsmaßnahmen nieder, die das Ergebnis skurril erscheinen lassen.

Ein Besucher aus einem osteuropäischen Land musste auf seiner Reise wegen einer akuten Infektion die Praxis eines implantologisch versierten Kollegen aufsuchen. Das Röntgenbild (Abb. 4-79) zeigt den verzweifelten Erhaltungsversuch einer prothetischen Versorgung. Dieser Fall und die „Implantationsmaßnahmen" bedürfen keiner weiteren Kommentierung.

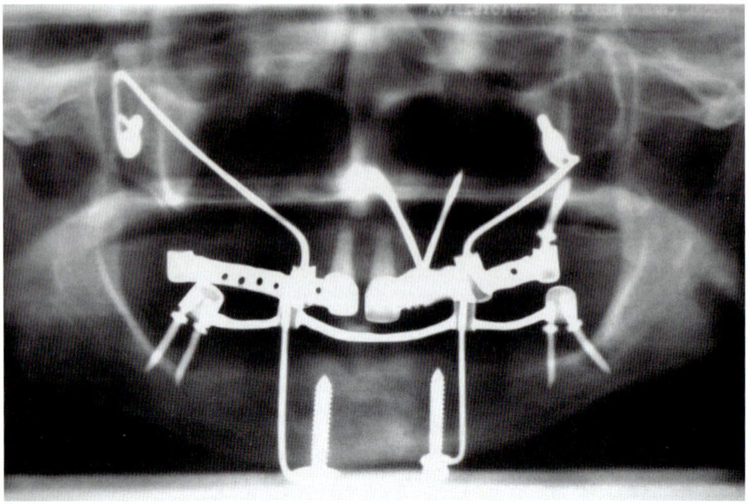

Abb. 4-79 *Überzogene Maßnahmen zur Implantaterhaltung.*

4.4.1 Implantatdimension zu gering

Bei der folgenden Patientin wurden in einer Sitzung insgesamt 14 Implantate nahezu atraumatisch bzw. minimalinvasiv und ohne Schleimhauteröffnung in die Kiefer inseriert (Abb. 4-80).

Die drei Brückenkonstruktionen zur Versorgung des Unterkiefers waren festsitzend und zementiert. Für den Oberkiefer wurde ein kombinierter Zahnersatz hergestellt. Infolge des unzureichenden Knochenangebotes kam hier ein festsitzender, rein implantatgetragener Zahnersatz nicht infrage. Aus diesem Grund wurden die sechs einteiligen Schraubenimplantate in einer zementierten Brückenkonstruktion miteinander verbunden. Distal wurde über ein starres Geschiebe die Oberkieferteilprothese verankert (Abb. 4-81). Die Versorgung war bis auf einen schmalen Gaumenbügel gaumenfrei und angenehm zu tragen. Die Patientin kam mit dem Zahnersatz gut zurecht.

Rund 1 Jahr später brachen die beiden Implantate in den Regionen 12 und 14 ab und mussten entfernt werden. Der Zahnersatz wurde um die Zähne 12, 13 und 14 erweitert und über eine gegossene Klammer relativ stabil an Zahn 11 fixiert.

Nach weiteren 4 Monaten brach die Brücke an den beiden Implantaten in den Regionen 22 und 26 auseinander und die Implantate 11 und 21 gingen wegen starker Lockerung verloren (Abb. 4-82).

Danach wurde eine totale Oberkieferprothese angefertigt, in der die beiden letzten Implantate als Stabilisierungselemente verwendet wurden (Abb. 4-83a, b). Die Prothese selbst wurde fehlerhaft hergestellt und mehrere Nachbesserungsmaßnahmen blieben erfolglos, sodass sich die Patientin schließlich an einen Rechtsanwalt wandte.

Im Rahmen der gerichtlichen Auseinandersetzung wurden Planungs- und Behandlungsfehler festgestellt und im Urteil der Patientin eine anteilige Rückerstattung der Behandlungskosten und ein Schadensersatz zugesprochen.

Im Rahmen einer späteren Behandlung wurden die beiden restlichen Implantate, die noch eine ausreichende Stabilität aufwiesen, mit einer Stegkonstruktion versorgt. Zusätzlich wurde in den Regionen 13 und 15 jeweils ein stabiles Schrauben-

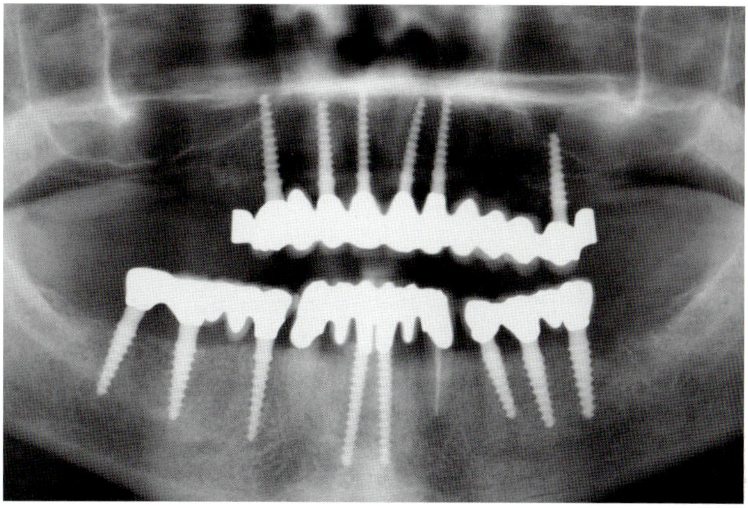

Abb. 4-80 *Zustand nach prothetischer Versorgung der Implantate.*

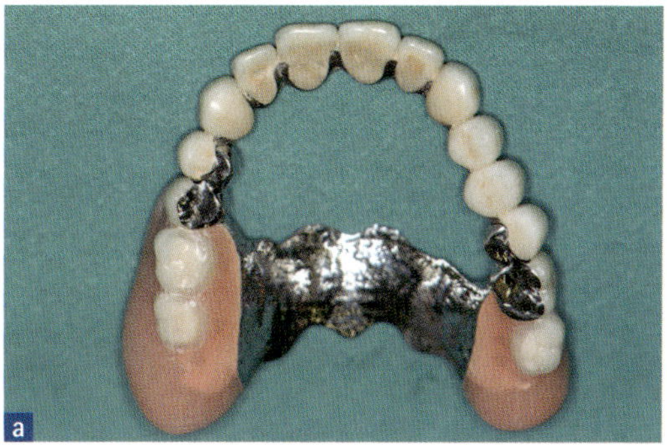

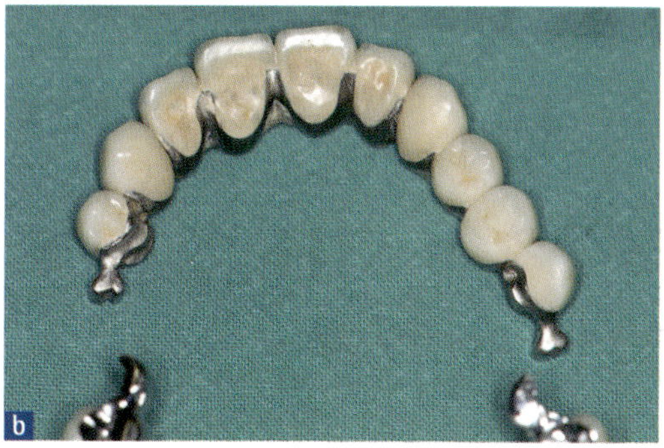

Abb. 4-81a, b *Ansicht des Zahnersatzes im Oberkiefer.*

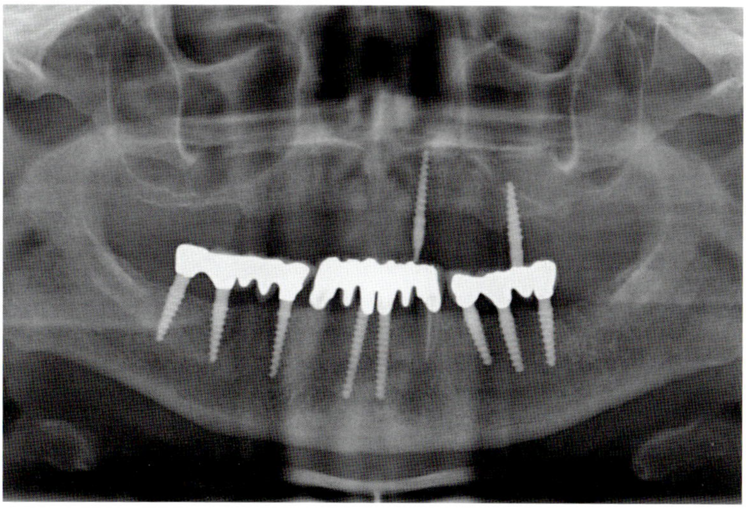

Abb. 4-82 *Panoramaschichtaufnahme nach Implantatverlust.*

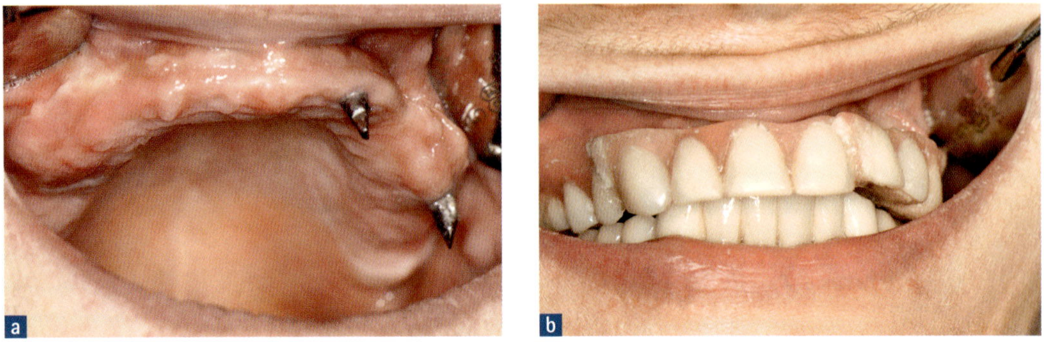

Abb. 4-83a, b *Zustand nach Verlust von 4 Implantaten im Oberkiefer.*

implantat eingesetzt. Die Prothese wurde mit zwei Zest-Steglokatoren zusätzlich stabilisiert. Bei der Kronenherstellung wurde dem reduzierten Durchmesser der Implantate dergestalt Rechnung getragen, dass die Kronen im distalen Bereich als Prämolarenkronen gestaltet wurden.

Im Unterkiefer blieb der Zahnersatz von Schwierigkeiten und Problemen frei.

4.4.2 Zu breites Implantat

Inzwischen sind Implantate in einer Vielzahl unterschiedlicher Dimensionierungen erhältlich. Die dem implantologisch tätigen Zahnarzt zur Verfügung stehende Angebotspalette umfasst Längen von 6 bis 18 mm und Durchmesser von 3 bis 8 mm. Dieses Angebot an Implantatdimensionen ermöglicht es, entsprechend dem Knochenvolumen eine möglichst große oder zumindest ausreichende Verankerungsoberfläche im Knochen zu erreichen.

Bei dem im Folgenden vorgestellten Fall kam es wegen einer längere Zeit bestehenden Parodontalerkrankung zu einer Schwächung des marginalen Knochens und zum Verlust des Zahnes 31.

Vor dem Ersatz des Zahnes durch ein Implantat musste eine Verbesserung des Knochenvolumens durchgeführt werden, da die transversale Dimension nur ca. 2 mm betrug und damit für eine Implantatinsertion zu gering war. Trotz einer oberflächlichen Infektion mit entzündlicher Einschmelzung der Schleimhaut heilte das mit einer Schraube fixierte Knochentransplantat vom Kinn ein, sodass die Breite des Alveolarfortsatzes auf rund 5 mm verbessert werden konnte (Abb. 4-84). Etwa 6 Monate später wurde ein Implantat inseriert und auch diesmal verlief die Wundheilung unkompliziert, sodass nach weiteren 3 Monaten die prothetische Versorgung in Angriff genommen werden konnte.

Erst jetzt, zum Zeitpunkt der prothetischen Versorgung, traten Probleme zutage, die eine zufriedenstellende Herstellung einer Krone verhinderten. Es zeigte sich, dass das Implantat zu tief und zu weit vestibulär eingesetzt worden war. Außerdem war der Implantatdurchmesser mit 4,8 mm zu groß gewählt, sodass die Kronenbasis eine größere Breite hatte als die Schneidekante. Dentaltechnisch konnte die Krone weitestgehend in den Zahnbogen integriert werden, aber der Durchmesser der Kronenbasis war nicht kompensierbar, was ein ästhetisch ungünstiges Ergebnis zur Folge hatte (Abb. 4-85 und 4-86).

Im Zuge der Nachbesserung wurde mit der Patientin eine Entfernung des Implantates diskutiert,

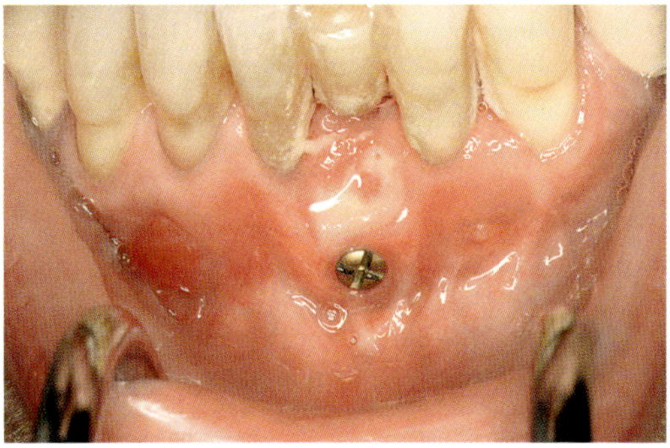

Abb. 4-84 *Zustand nach Augmentation in der Unterkieferfrontzahnregion (ein von der Patientin zum Sachverständigen mitgebrachtes Foto).*

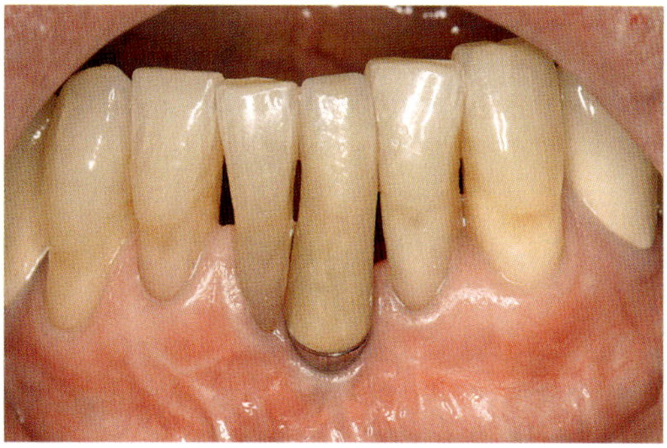

Abb. 4-85 *Krone 32 von vestibulär gesehen.*

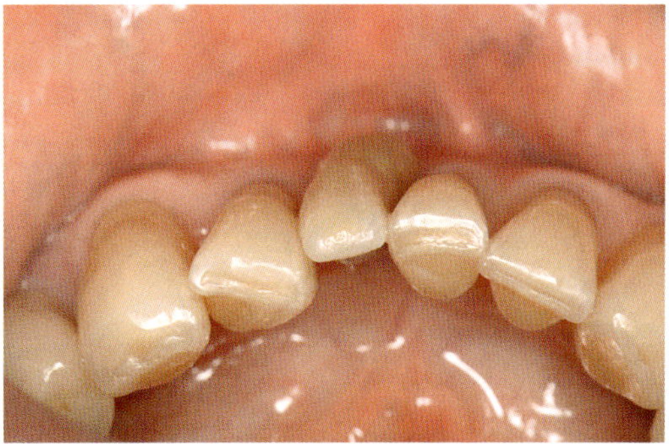

Abb. 4-86 *Gelungene Einordnung der Implantatkrone in den Zahnbogen.*

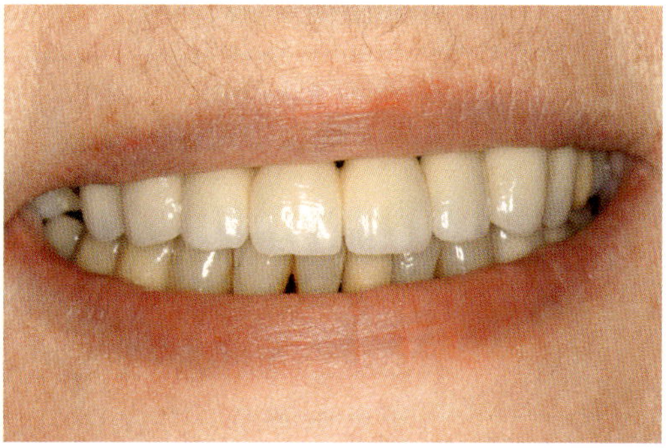

Abb. 4-87 *Abdeckung der Kronenbasis durch lange Unterlippe.*

aber wegen der möglichen Nachteile und Risiken, die damit verbunden gewesen wären, wurde die vorhandene Versorgung belassen.

Da die Unterlippe relativ lang war, blieb die Kronenbasis auch bei Bewegungen der Lippe unsichtbar (Abb. 4-87). Die Patientin klagte lediglich eine Zeit lang über die vorstehende Basis, die sie mehrere Monate lang wahrnahm. Eine intraorale Politur in diesem Bereich vermochte die Störung jedoch zu beseitigen.

Wegen der Schwierigkeit der Gesamttherapie und des chirurgischen Aufwandes wurde die ästhetisch ungünstige Krone im Sachverständigengutachten nicht als Behandlungsfehler eingestuft. Durch die Wahl eines kleineren Implantatdurchmessers wäre jedoch sicher ein wesentlich günstigeres Ergebnis möglich gewesen.

4.4.3 Implantat zu lang

Als gefürchtete Komplikation bei Implantationen im Unterkieferseitenzahnbereich gilt die Verletzung des N. alveolaris inferior. Aus diesem Grund sollte vor jeder Implantation im horizontalen Unterkieferast eine sichere Identifikation des Nervkanals im Röntgenbild erfolgen.

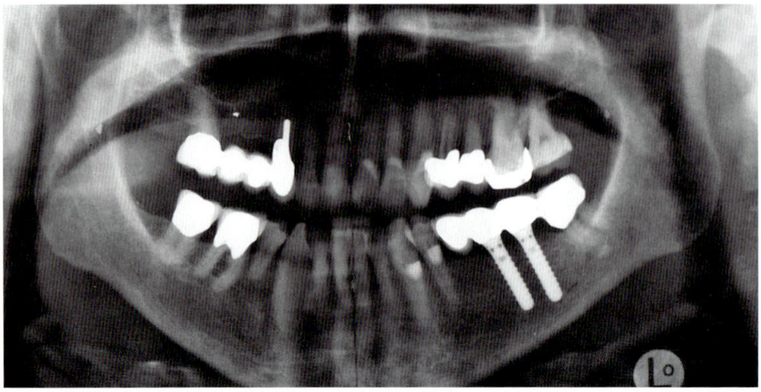

Abb. 4-88 *Panoramaschichtaufnahme des behandelnden Zahnarztes.*

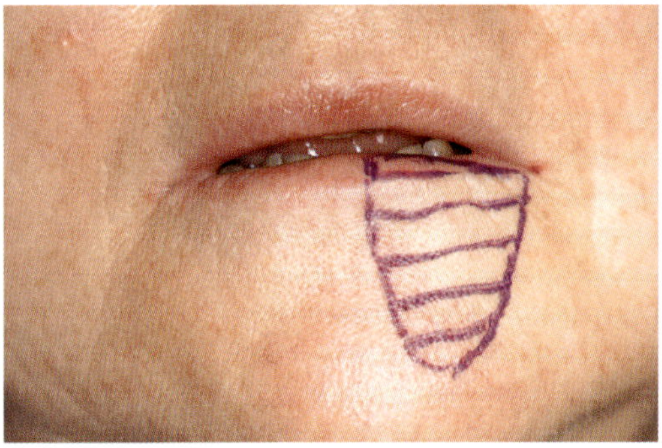

Abb. 4-89 *Totaler Sensibilitätsausfall in der linken Unterlippe (markierter Bereich).*

Bei der hier vorgestellten 65-jährigen Patientin wurden im linken Unterkiefer zwei enossale Implantate eingesetzt – mit nachfolgender Anästhesie des N. alveolaris inferior.

Der behandelnde Zahnarzt versicherte der Patientin, aufgrund der Röntgenanalyse in der Panoramaschichtaufnahme sicher zu sein, dass der Nerv nicht ernsthaft Schaden genommen habe und sich innerhalb weniger Monate erholen werde.

Auf einer nach der prothetischen Versorgung angefertigten Röntgenaufnahme (Abb. 4-88) stellte der Zahnarzt fest, dass die Implantate zwar relativ lang waren, aber den Nervkanal nur berührten. Aus diesem Grund stellte er eine optimistische Prognose für eine spontane Erholung des Nervs.

Nachdem über ein halbes Jahr keinerlei Besserung eingetreten war, verlor die Patientin das Vertrauen zu ihrem behandelnden Zahnarzt und beschritt den Rechtsweg.

Es bestand eine Anästhesie (Abb. 4-89), die Implantate waren aber bereits stabil eingeheilt und prothetisch versorgt, sodass mit einer Erholung des Nervs nach Entfernung der Implantate nicht mehr gerechnet werden konnte.

Kommt es zur Verletzung des Unterkiefernervs, so können daraus Sensibilitätsstörungen resultieren, die meist als Hyp-, Par- und Anästhesien einen bleibenden Schaden darstellen. Die Sensibilitätsstörungen betreffen nicht nur die Unterlippe, sondern werden von den geschädigten Patienten auch im Bereich des Unterkieferalveolarfortsatzes und an den Zähnen der betroffenen Seite wahrgenommen.

Auf der Panoramaschichtaufnahme, die vom Sachverständigen angefertigt wurde, konnte trotz guter Qualität des Röntgenbildes der Nervkanal nicht eindeutig identifiziert werden (Abb. 4-90). Aus diesem Grund war eine dreidimensionale radiologische Analyse der Lagebeziehung der Implantate zum Unterkiefernerv erforderlich. Auf dieser wurde eine komplette Perforation des Nervkanals konstatiert. Das distale Implantat war so ungünstig inse-

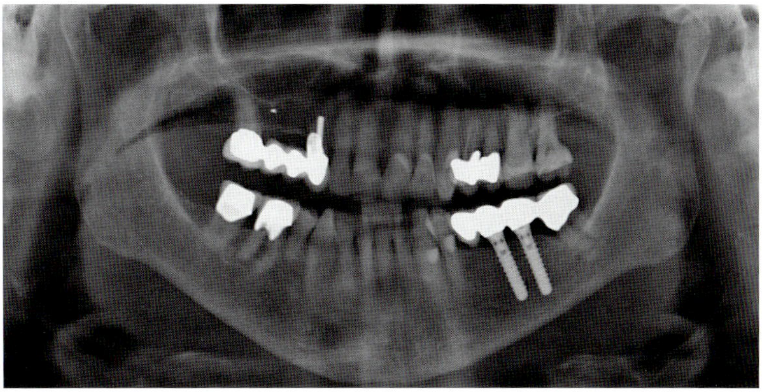

Abb. 4-90 *Schlecht bzw. nicht zu identifizierender Nervkanal.*

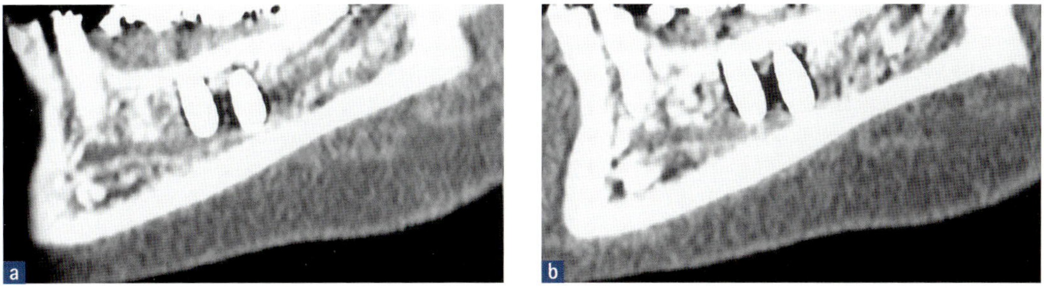

Abb. 4-91a, b *Sagittales CT des Unterkiefers mit Darstellung der Penetration des Canalis mandibulae.*

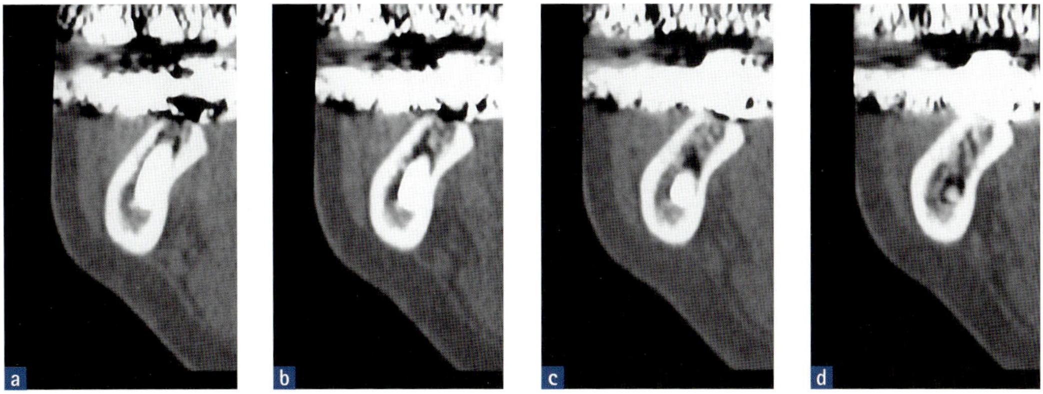

Abb. 4-92a–d *Transversales CT des Unterkiefers.*

riert worden, dass es den Canalis mandibulae bis zum Boden ausfüllte (Abb. 4-91 und 4-92).

Der Behandler konnte zwar eine Röntgenaufnahme zur Planung und Dimensionsfestlegung der Implantate vorlegen, aber auch auf diesem Röntgenbild war der Nervkanal nicht sicher zu erkennen.

Bei Osteoporose kann der Canalis mandibulae in der Panoramaschichtaufnahme oft nicht sicher aufgefunden werden. In diesem Fall und bei jeder

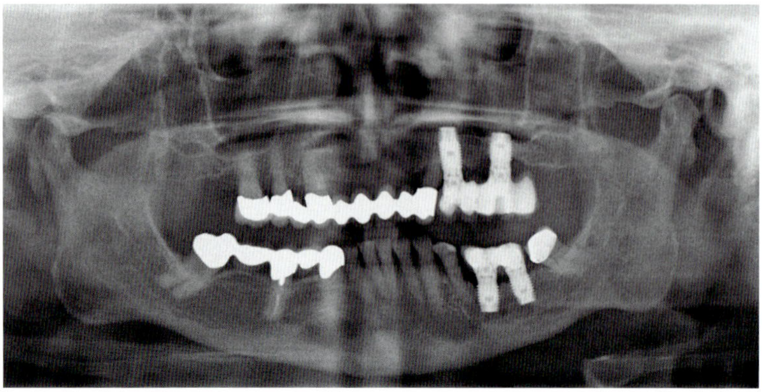

Abb. 4-93 *Enge Nachbarschaft des Implantates bei 24 zum Apex des Zahnes 23.*

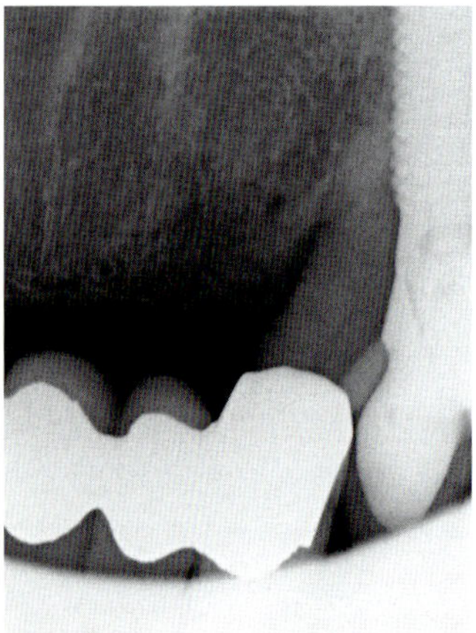

Abb. 4-94 *Apikale Region am Zahn 23 in der Einzelzahnaufnahme.*

anderen Unsicherheit der Nervkanaldarstellung sollte ergänzend eine dreidimensionale radiologische Diagnostik mit einem Computertomogramm (CT) oder einem digitalen Volumentomogramm (DVT) erfolgen. Bei dieser Patientin war eine mittelgradige Osteoporose zu Beginn der Behandlung bekannt.

Im vorliegenden Fall wurde dem behandelnden Zahnarzt als Versäumnis angelastet, zum einen eine unzureichende Röntgendiagnostik betrieben und zum anderen nach dem Schadensereignis nicht durch Entfernung oder Austausch der Implantate gegen kürzere eine Entlastung des Nervs herbeigeführt zu haben. Da er den Nervkanal in der Panoramaschichtaufnahme nicht sicher hatte festlegen können, wäre eine dreidimensionale Röntgendiagnostik notwendig gewesen. Die Patientin bekam einen Schadensersatz.

4.4.4 Folgenlose Zahnverletzung

Implantationen, die eng an benachbarten Zähnen vorgenommen werden, können zu Verletzungen der natürlichen Zahnwurzel führen. Oberflächliche Verletzungen der Zahnwurzeln haben gewöhnlich keine unmittelbaren Folgen für den Zahn oder das Implantat, wohingegen enge Nachbarschaft zum Zahnapex zu einer Pulpitis und apikalen Ostitis führen kann.

Bei dem vorliegenden Fall einer 76-jährigen Patientin wurde das Implantat in der Region 24 wegen des ungünstigen Knochenangebotes unmittelbar an den Apex des Zahnes 23 gesetzt. In der Panoramaschichtaufnahme konnte nicht sicher beurteilt werden, ob der Zahn selbst dabei verletzt worden war (Abb. 4-93).

Auch in der Einzelzahnaufnahme ließ sich die Beziehung des Implantates zum Zahnapex 23 nicht eindeutig klären. Der Zahn 23 reagierte schwach vital (Abb. 4-94).

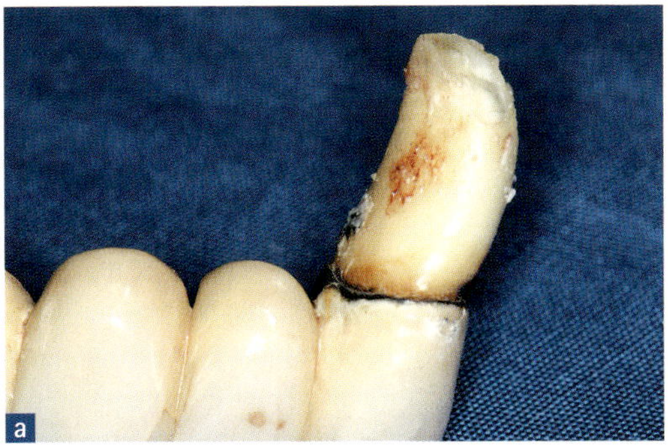

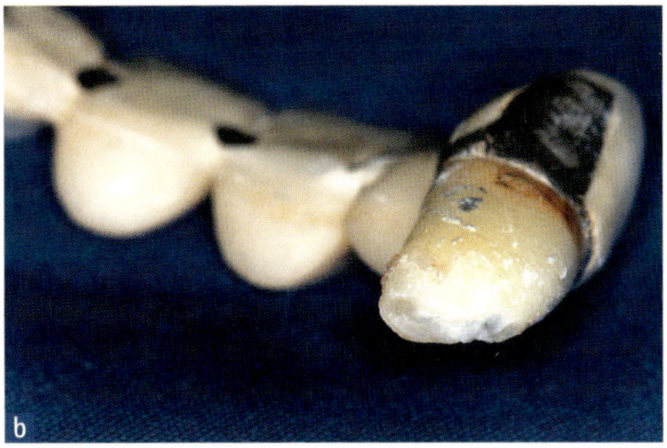

Abb. 4-95a, b *Sichtbare Verletzung des Apex von Zahn 23.*

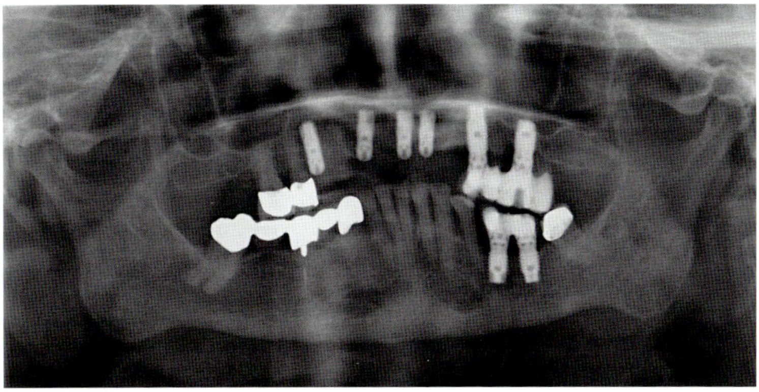

Abb. 4-96 *Postoperative Panoramaschichtaufnahme nach der Implantatinsertion im Oberkieferfrontzahnbereich.*

Da es während der Einheilungsphase zu keinerlei Komplikationen gekommen war, wurden die Implantate im linken Oberkiefer prothetisch versorgt. Sie blieben über 6 Jahre klinisch unauffällig.

Wegen tiefer Zahnfleischtaschen und Lockerung der Oberkieferfrontzahnbrücke wurde die Brücke schließlich entfernt und der Apex des Zahnes untersucht. Dabei zeigte sich, dass die Wurzelspitze des Eckzahnes komplett abgetragen (Abb. 4-95) und eine Devitalisierung der Zahnpulpa sicher anzunehmen war, auch wenn der Zahn reaktionslos blieb. Der Grund für das Ausbleiben einer entzündlichen Reaktion an Zahn 23 kann damit erklärt werden, dass die Zahnpulpa des verletzten Zahnes bereits obliteriert war. Der Rest an Weichgewebe mag mumifiziert und klinisch unauffällig gewesen sein.

Vier Monate später wurden in der Oberkieferfrontzahnregion weitere vier Implantate inseriert (Abb. 4-96) und die Patientin – inzwischen 84 Jahre alt – festsitzend mit einer implantatgetragenen Brückenkonstruktion versorgt. Der ursprünglich in regio 23 bestehende parodontale Knochendefekt war spontan vollständig ausgeheilt.

Dieser klinische Verlauf ist als Glücksfall anzusehen.

Generell gilt die Empfehlung, dass bei jedem Verdacht auf apikale Verletzung eines Nachbarzahnes bei einer Implantatinsertion der betreffende Zahn engmaschig kontrolliert werden sollte. Eine Aufklärung des Patienten zu möglichen Komplikationen gehört selbstverständlich ebenfalls dazu.

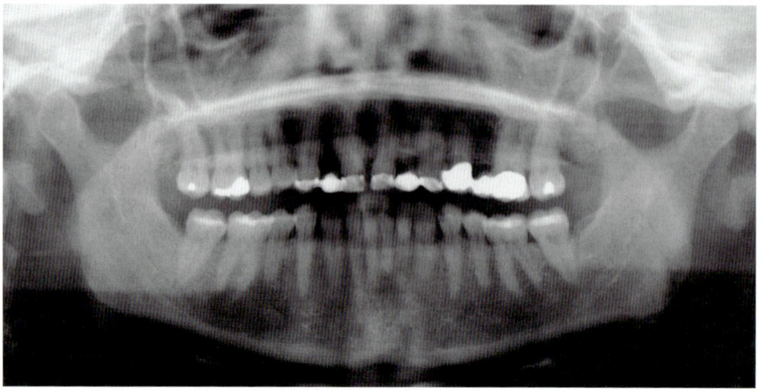

Abb. 4-97 *Röntgenbefund zu Beginn der Behandlung.*

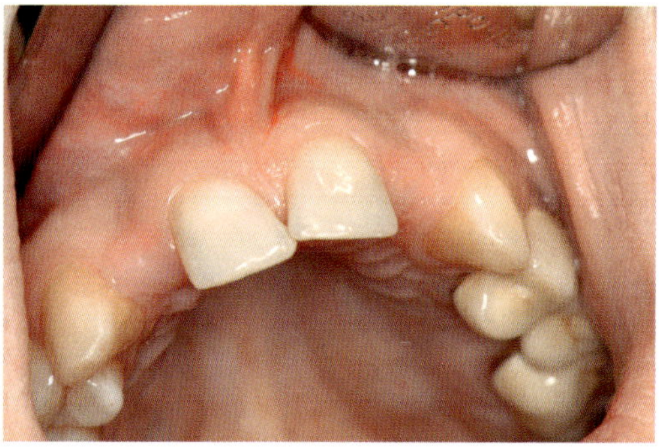

Abb. 4-98 *Intraoraler Ausgangsbefund vor der Implantatinsertion.*

4.4.5 Zahnverletzung durch Implantat

Einzelzahnimplantationen in schmale Einzelzahnlücken bergen nicht selten die Gefahr einer Komplikation durch Verletzung der apikalen Region eines der Zahnlücke benachbarten Zahnes.

Im folgenden klinischen Fall waren bei der zum Zeitpunkt der Implantatinsertion 25-jährigen Patientin nach kieferorthopädischer Behandlung zwei Klebebrücken zum Lückenschluss der infolge von Nichtanlage bestehenden Zahnlücken in den Regionen 12 und 22 eingegliedert worden.

Auf dem vor Beginn der Behandlung angefertigten Röntgenbild (Abb. 4-97) ist deutlich zu erkennen, dass die Einzelzahnlücken in den Positionen 12 und 22 apikal enger sind als koronal. Aus diesem Grund wurden sehr schmale einteilige Implantate (Durchmesser 3 mm) verwendet. Da der Alveolarfortsatz transversal eine ausreichende Dimension hatte (Abb. 4-98), wurde eine minimalinvasive transgingivale Implantatinsertion durchgeführt.

Nach dem Ausstanzen der Schleimhaut mit einer spezifischen Stanze und der Pilotbohrung unter dem Aspekt einer optimalen prothetischen Implantatposition wurden die beiden Bohrstollen angelegt und dann je ein einteiliges Schraubenimplantat der Länge 15 mm eingesetzt (Abb. 4-99).

Das postoperative Röntgenbild war unauffällig, sodass davon auszugehen war, dass die Implantatinsertion folgenlos bleiben würde (Abb. 4-100).

Der postoperative Wundheilungsverlauf gestaltete sich zunächst völlig unauffällig, die Patientin wurde unmittelbar nach der Implantatinsertion mit provisorischen Kunststoffkronen prothetisch versorgt (Abb. 4-99f).

Rund 4 Wochen postoperativ entwickelten sich leichte, aber zunehmende Schmerzen und ein „Druckgefühl" im Bereich der Implantationsstelle rechts. In der Region 12 folgte wenige Tage später eine Schwellung, die den Verdacht auf eine beginnende Infektion nährte.

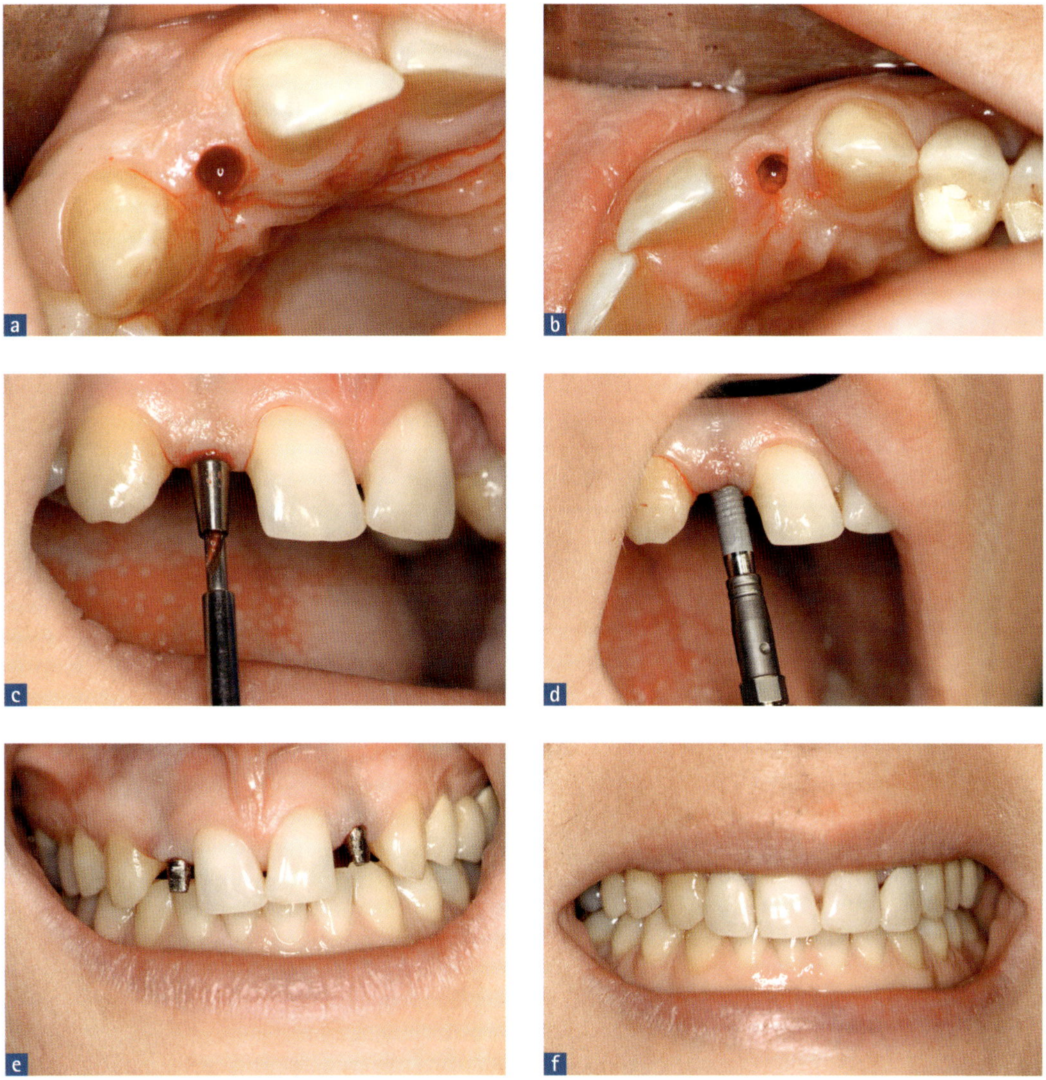

Abb. 4-99a–f *Implantatinsertion bei 12 und 22 step by step:* a, b *Ausstanzung der Schleimhaut;* c *Implantatbettpräparation regio 12;* d *Implantatinsertion;* e *die beiden Implantate in Situ;* f *Lippenbild mit provisorischen Kronen.*

Eine Einzelzahnaufnahme der Region 12 (Abb. 4-101) zeigte die enge Nachbarschaft des Implantates zum Apex des Zahnes 13 und eine apikale Parodontalspaltverbreiterung an diesem Zahn.

Unverzüglich wurde eine Wurzelspitzenresektion des Zahnes 13 vorgenommen, wobei sich intraoperativ an seinem Apex eine entzündliche Reaktion zeigte, die auch Anteile des Implantates erfasst hatte. Der Zahn 13 wurde orthograd mit einem apikalen Titanstift und Wurzelfüllungsmaterial verschlossen und reseziert, das Granulationsgewebe vollständig aus dem Knochen entfernt und die Wunde speicheldicht verschlossen (Abb. 4-102). Der postoperative Wundheilungsverlauf gestaltete

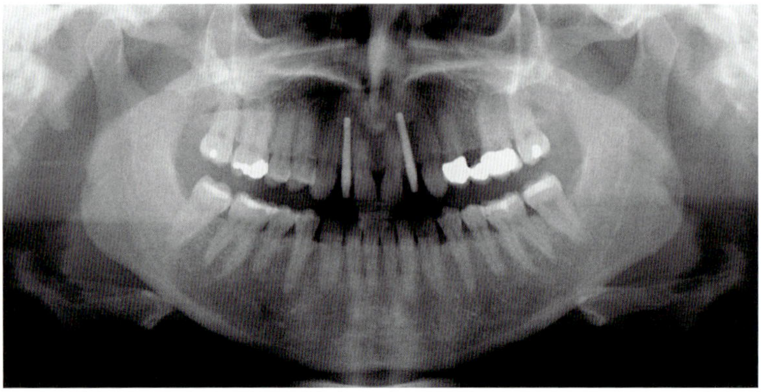

Abb. 4-100 *Postoperative Panoramaschichtaufnahme nach der Implantatinsertion.*

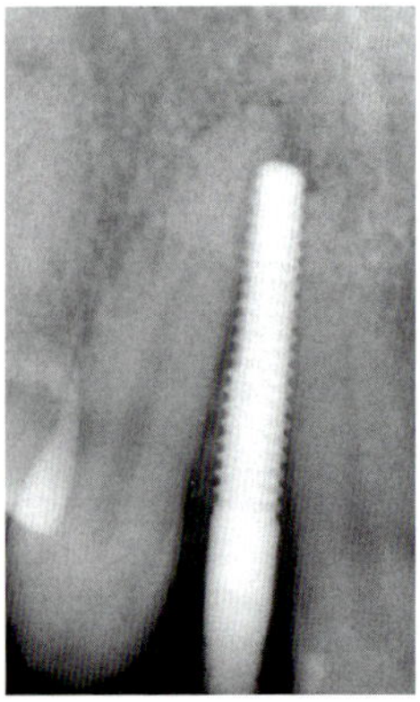

Abb. 4-101 *Einzelzahnaufnahme des Zahnes 13.*

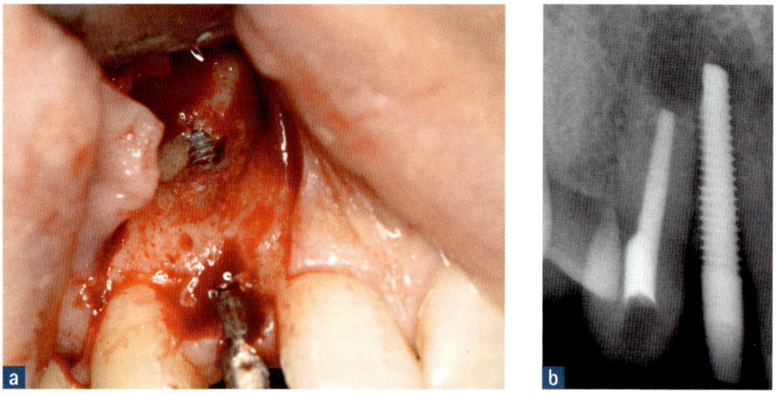

Abb. 4-102a, b *Entzündliche apikale Knocheneinschmelzung an Zahn 13 und postoperative Röntgenkontrolle.*

sich unkompliziert, sodass die Weichteilheilung nach rund 10 Tagen abgeschlossen war. Seit dem Eingriff hatte die Patientin auf der rechten Seite keine Beschwerden mehr.

Kurze Zeit später wurde der Zahn 21 perkussionsempfindlich und entwickelte Beschwerden wie bei einer Pulpitis. Bis etwa 6 Wochen nach der Implantation zeigte der Zahn eine vitale Reaktion auf den Kältetest. Da auch bei der Intervention dieser Komplikation Eile geboten war, wurde eine Vitalexstirpation vorgenommen, woraufhin die Beschwerden innerhalb weniger Tage geringer wurden und bald vollständig nachließen (Abb. 4-103).

Die Kooperation der Patientin war mustergültig und sicherlich auch darin begründet, dass sie über die Komplikationen und alle nachfolgenden Therapiemaßnahmen unterrichtet worden war.

Nach einer insgesamt 4-monatigen Einheilungszeit, die im Wesentlichen durch die Komplikationen verlängert war, wurde bei völliger Beschwerdefreiheit die prothetische Versorgung der Implantate mit vollkeramischen Kronen vorgenommen (Abb. 4-104).

Dieser Fall macht deutlich, dass es problematisch sein kann, wenn Implantate bei zu geringer Lückenbreite inseriert werden. Eine Implanta-

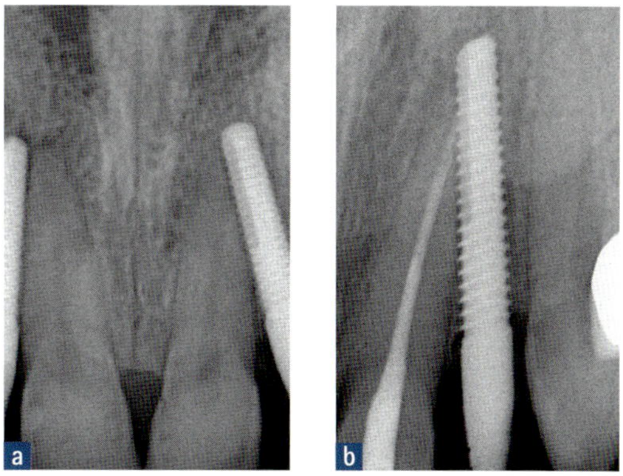

Abb. 4-103a, b *Röntgenbefunde vor und nach der Wurzelbehandlung des Zahnes 21.*

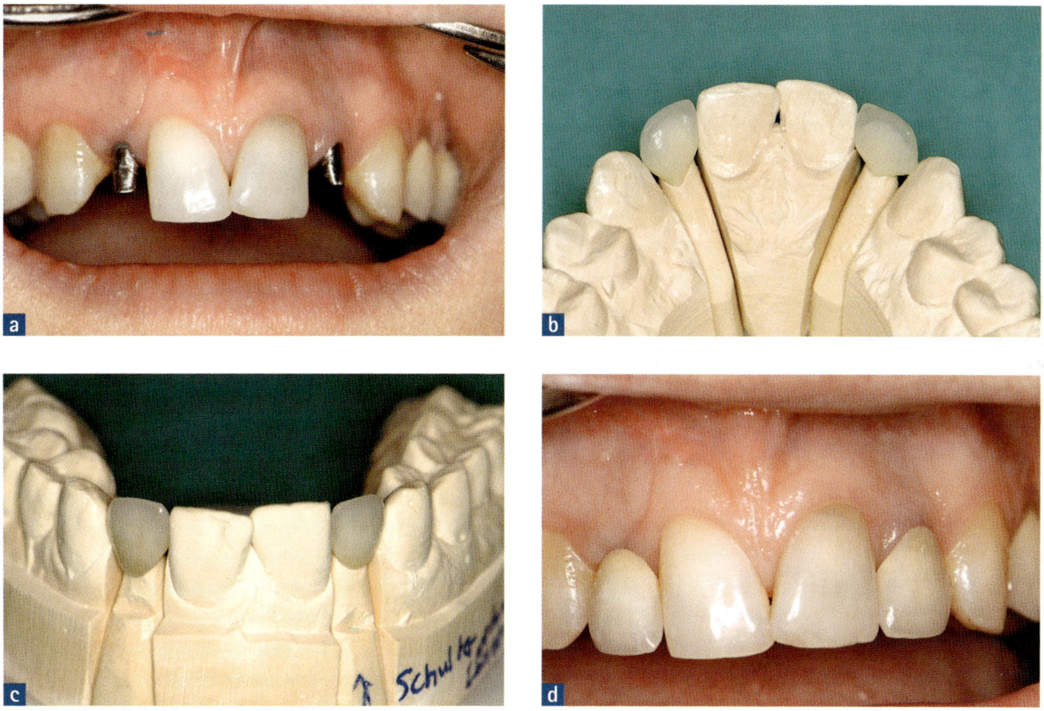

Abb. 4-104a–d *Definitive prothetische Versorgung.*

tinsertion unter Inkaufnahme eines Abstandes von weniger als 2 mm zum benachbarten Zahn oder Implantat muss als eine Ausnahmeindikation gelten. Wird eine solche Ausnahmeimplantation dennoch vorgenommen, sind engmaschige und sorgfältige Nachkontrollen zur frühzeitigen Erfassung von drohenden Komplikationen erforderlich.

In diesem Fall hätte außerdem eine dreidimensionale Röntgendiagnostik durchgeführt werden müssen.

4.5 Entzündliche Probleme

Im Zusammenhang mit einem Implantatverlust ist die Entzündung am Implantat ein Begleitsymptom, das praktisch immer vorliegt, auch wenn die Ursache des Implantatverlustes nicht primär entzündlicher Natur ist. In vielen Fällen ist unzureichende Mundhygiene die Ursache für eine entzündliche Komplikation (Abb. 4-105).

Einerseits können hygienische Defizite Folge einer unzureichenden Instruktion oder Motivation des Patienten bzw. einer Vernachlässigung der notwendigen Reinigungsmaßnahmen durch den Implantatträger sein, zum anderen können Plaquenischen oder ein hygieneunfreundlicher Zahnersatz Ursachen für entzündliche Komplikationen darstellen. Die schleichende und häufig unbemerkte Entstehung der Infektion wird zusätzlich dadurch ungünstig beeinflusst, dass die betroffenen Patienten bei einer chronischen Entzündung am Implantat keinerlei Beschwerden haben.

Gerade ältere Patienten sollten im Recall besonders intensiv betreut werden, da sich bei ihnen die altersbedingte Mindersichtigkeit und nachlassende manuelle Geschicklichkeit nachteilig auf die Durchführung notwendiger intraoraler Reinigungsmaßnahmen auswirken können.

Bei dem in den Abbildungen 4-106 und 4-107 vorgestellten Patienten handelt es sich um einen 87-jährigen Patienten, der in einem Altenpflegeheim lebte. Seit rund 3 Jahren waren keine zahnärztlichen Kontrolluntersuchungen an den Implantaten durchgeführt worden, bis schließlich im Zuge einer akuten Exazerbation der Periimplantitis heftige Beschwerden mit Schwellung und Abszessbildung eintraten.

Da eine implantaterhaltende Therapie an dem distalen Implantat im rechten Unterkiefer wegen der fortgeschrittenen entzündlichen Komplikation nicht mehr indiziert war, wurde die akute Infektion zunächst mit Antibiotika zum Abklingen gebracht. Anschließend wurde das Implantat entfernt.

Eine Periimplantitis kann und sollte immer behandelt werden. Auch wenn eine Rückgewinnung des periimplantären Knochens praktisch unmöglich ist, kann das Implantat in vielen Fällen nach einer entzündungsfreien Phase für längere Zeit im Knochen verbleiben.

Bei dem oben vorgestellten Patienten konnten die restlichen Implantate durch regelmäßige professionelle Reinigung und eine assistierte tägliche Mundhygiene für weitere 3 Jahre erhalten werden,

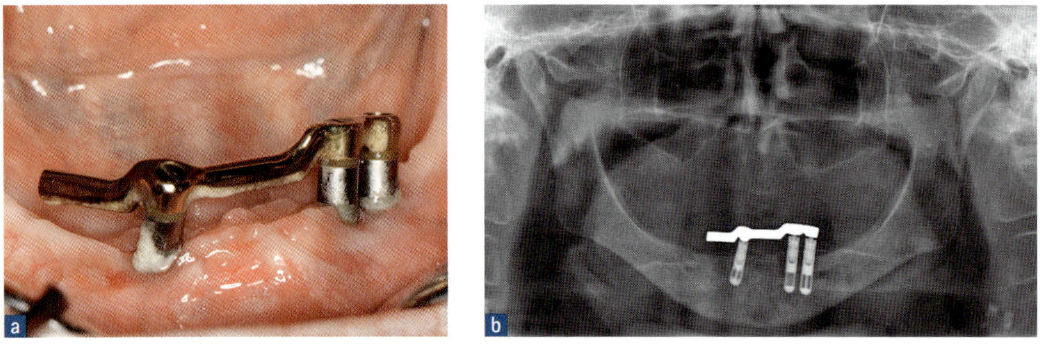

Abb. 4-105a, b *Schlechte Mundhygiene und marginaler Knochenverlust durch chronische Periimplantitis bei einer 86-jährigen Patientin mit relativ geringen Entzündungszeichen.*

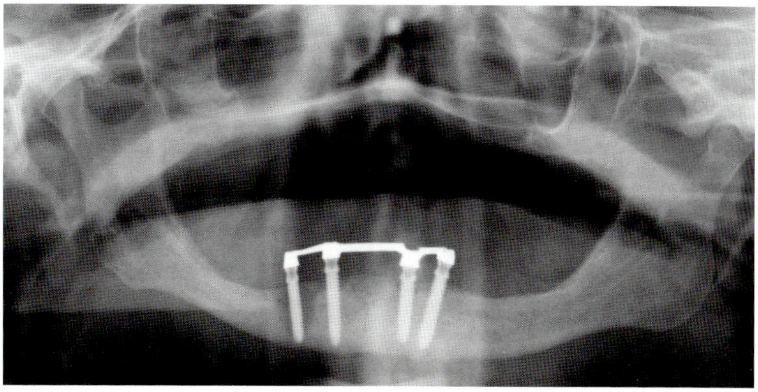

Abb. 4-106 *Massiver Knochenverlust am distalen Implantat rechts.*

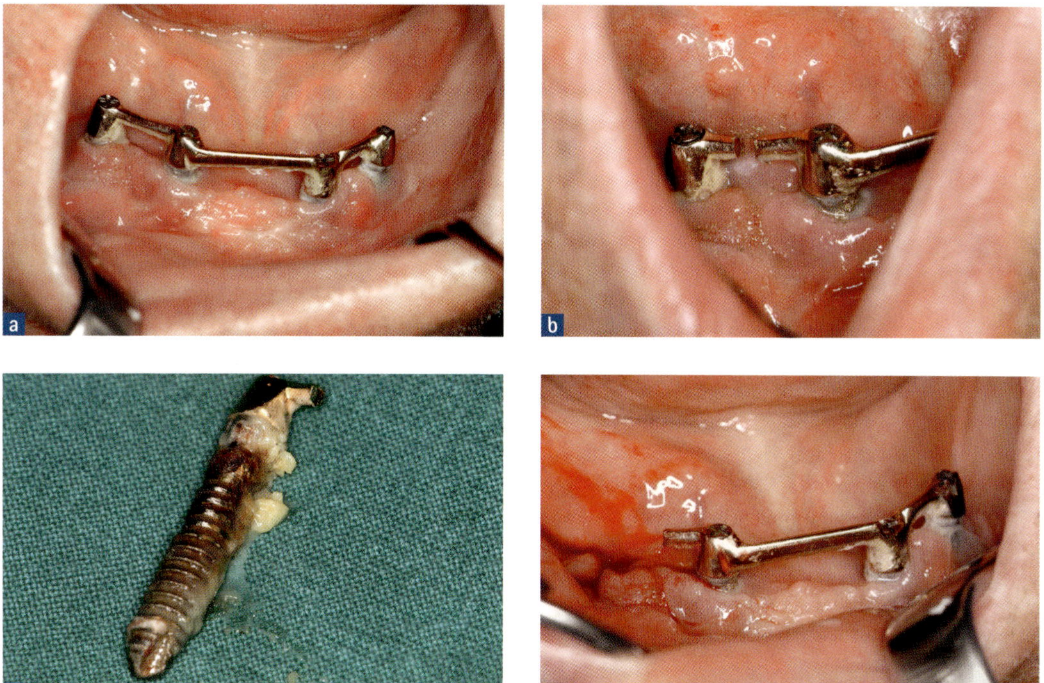

Abb. 4-107a–d *Unkomplizierte Entfernung eines komplett infizierten Implantates:* a *Ausgangssituation,* b *Durchtrennung der Stegkonstruktion,* c *das entfernte Implantat mit Pus und nekrotischen Gewebsresten,* d *Situation nach der Entfernung.*

bis zum Tod des Patienten im Alter von 91 Jahren. Die Tatsache, dass der implantatgetragene Steg eine Verweildauer von mehr als 20 Jahren erreichte und in dieser Zeit durch die Stabilisierung der Unterkieferprothese eine entscheidende Verbesserung der Kaufunktion bewirkte, belegt eindeutig, dass solche Maßnahmen zu einer Verbesserung der Lebensqualität bei älteren Patienten führen.

Die implantatgestützte prothetische Rehabilitation hat beim älteren Patienten ihre Grenzen dort, wo der Patient - entweder aufgrund seines hohen Alters oder durch Krankheit - nicht mehr in der Lage ist, entsprechende Hygienemaßnahmen am Implantat durchzuführen.

Bei dem folgenden, 82-jährigen Patienten war über viele Jahre ein implantatgestützter herausnehmbarer Zahnersatz im Ober- und im Unterkiefer in Funktion (Abb. 4-108), bis ein Apoplex des Patienten seine Unterbringung in einer Pflegeanstalt notwendig machte. Bedauerlicherweise hatte das Betreuungspersonal keinerlei Information zur notwendigen Pflege der Implantate erhalten, sodass praktisch keine Mundhygiene mehr erfolgte.

Vor der Krankheit waren in Abständen von mehreren Wochen professionelle Reinigungsmaßnahmen im Rahmen des Recall durchgeführt worden. Bereits damals hatte der Patient entzündliche Probleme an den Implantaten im Ober- und im Unterkiefer. Nun brachen innerhalb weniger Monate wegen fehlender Erfahrung und Unterweisung der Pflegekräfte die Implantate im Oberkiefer ab und verursachten nach kurzer Zeit erhebliche entzündliche Probleme (Abb. 4-109).

Im linken Oberkiefer musste das abgebrochene Implantat wegen Fistelung und rezidivierenden Abszessen entfernt werden (Abb. 4-110). Die übrigen Bruchfragmente wurden wegen fehlender entzündlicher Reaktion belassen.

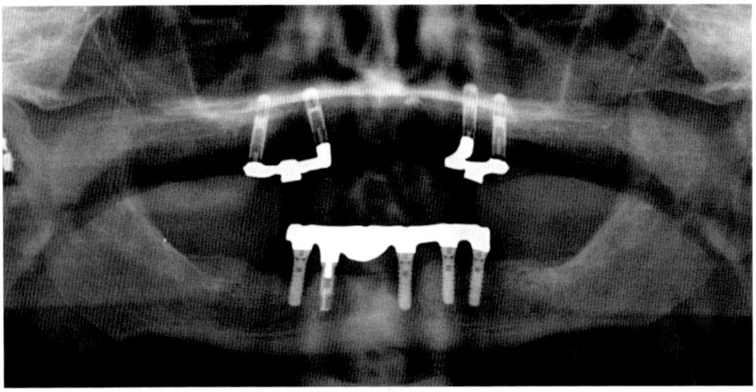

Abb. 4-108 *Röntgenbild vor Beginn der Erkrankung des Patienten.*

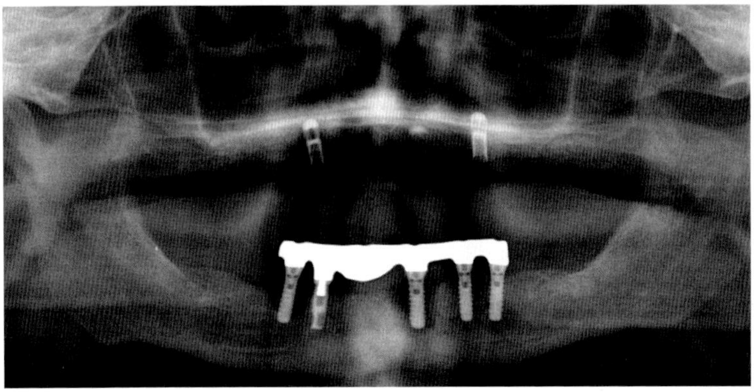

Abb. 4-109 *Ergebnis nach 3 Monaten Aufenthalt in einem Pflegeheim.*

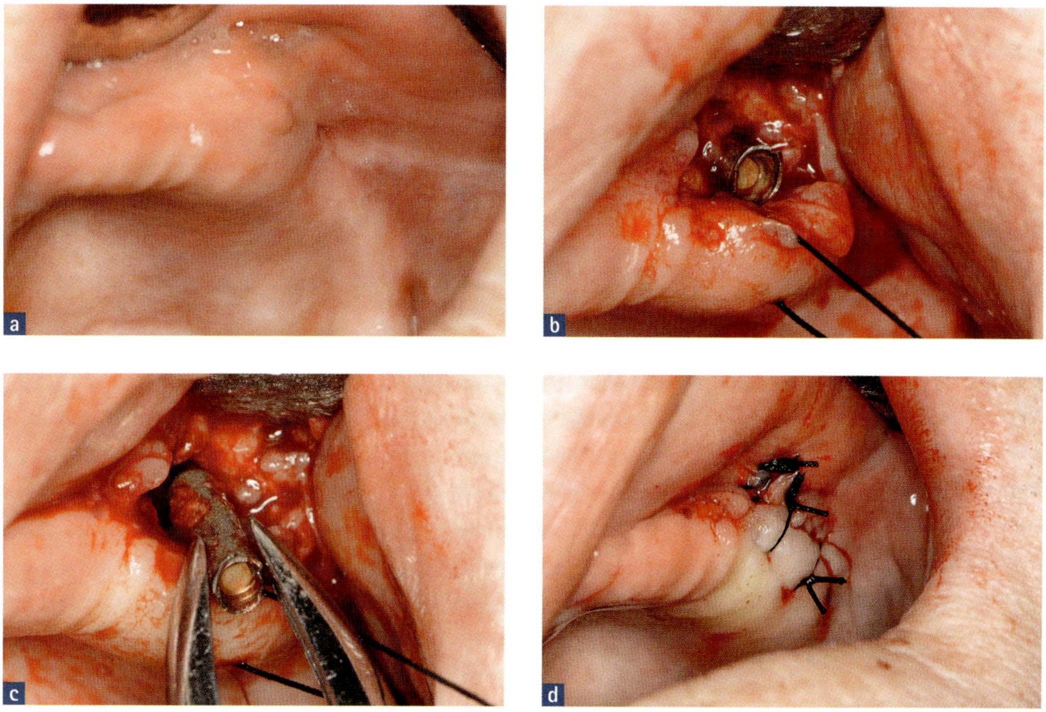

Abb. 4-110a–d *Entfernung des gebrochenen Implantates im linken Oberkiefer.*

Auch die Periimplantitis im Unterkiefer, die nach dem Eingriff im Rahmen des Recalls mit regelmäßigen lokalen Therapiemaßnahmen und kurzfristigen professionellen Reinigungen zunächst klinisch unauffällig blieb, exazerbierte schließlich akut und führte nach rund 4 Monaten zur Entfernung aller Implantate im Unterkiefer.

Dieser klinische Fall zeigt deutlich, dass die zahnärztliche prophylaktische Betreuung und Begleitung älterer und kranker Patienten mit Implantatversorgungen einen ganz besonderen Stellenwert hat.

Bei jedem Fall von Entzündung am Implantat muss die Therapie bzw. das weitere Vorgehen und auch die Indikation zur Implantatentfernung unter zahlreichen klinischen Aspekten individuell abgewogen werden. Zur Vermeidung eines größeren Knochenverlustes mit den entsprechenden ungünstigen Folgen für eine nachfolgende prothetische Versorgung sollte mit der Entfernung der Implantate, bei denen die Infektion nicht mehr beeinflusst werden kann, nicht zu lang gezögert werden. Die Entfernung selbst sollte dabei schonend und ohne unnötige Opferung von Hartgewebe erfolgen.

Nicht selten werden im entzündeten Knochenbett stehende Implantate nur über die Suprastruktur gehalten (Abb. 4-111 und 4-112).

Besonders ungünstig wirken sich entzündliche Prozesse am Implantat aus, wenn tiefe marginale Taschen bestehen oder das Implantat vollständig von Granulationsgewebe erfasst wurde und nur über den prothetischen Verbund in Posi-

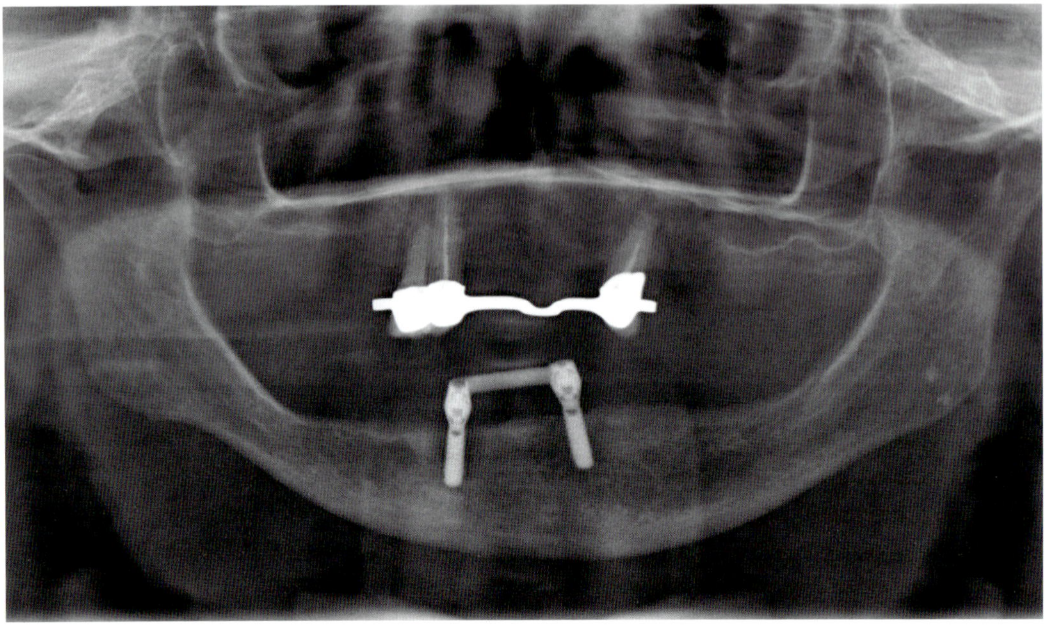

Abb. 4-111 *Tiefe, das ganze Implantat erfassende Periimplantitis in regio 43.*

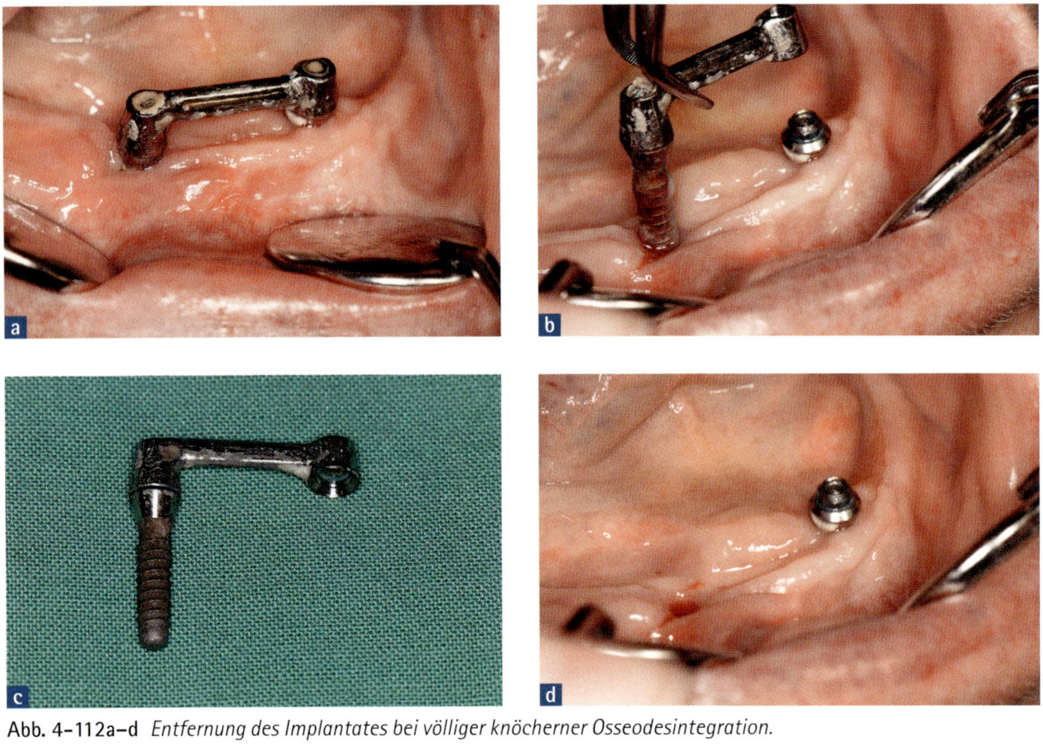

Abb. 4-112a–d *Entfernung des Implantates bei völliger knöcherner Osseodesintegration.*

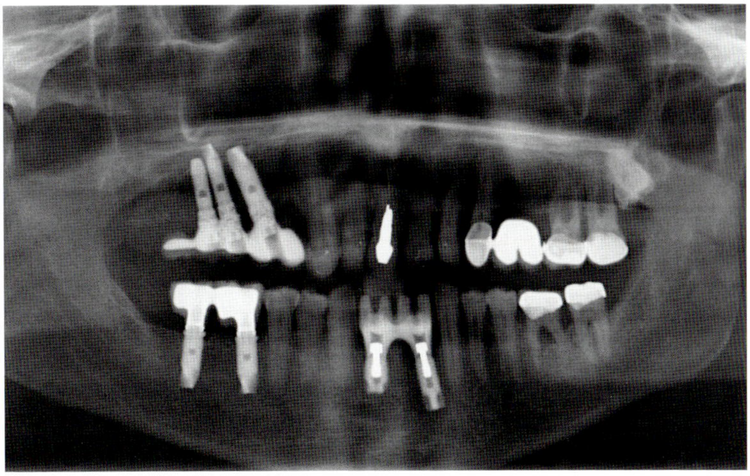

Abb. 4-113 *Zu eng gesetzte Implantate im rechten Oberkiefer.*

tion gehalten wird. Ich solchen Situationen kann es – namentlich im atrophierten Unterkiefer – in seltenen Fällen zu einer Spontanfraktur des Kiefers kommen.

Forensisch kann eine Periimplantitis dann bedeutungsvoll werden, wenn aufgrund der Implantatposition oder der Gestaltung des Zahnersatzes eine adäquate Reinigung nicht möglich ist. Dies kann der Fall sein, wenn zwei Implantate unter Nichteinhaltung des empfohlenen Mindestabstandes von 2 mm nah aneinander eingesetzt wurden.

Bei dem in den Abbildungen 4-113, 4-114 und 4-115 vorgestellten Fall waren die Implantate sehr nah aneinander eingesetzt worden. Der Patient, der bereits seit mehreren Jahren Implantatträger war, bemängelte mehrmals die Hygieneunfreundlichkeit der implantatgetragenen Brücke im rechten Oberkiefer, ohne dass der behandelnde Zahnarzt die Problematik erkannte.

Bereits nach wenigen Monaten kam es zu einer Periimplantitis und zur Abszessbildung mit Beteiligung der benachbarten Kieferhöhle, sodass eine Entfernung der Implantate unvermeidlich wurde. Nach Durchtrennung der Brücke konnten die beiden distalen Implantate mit der zahnärztlichen Pinzette entfernt werden, da sie vollständig bindegewebig bzw. granulationsbindegewebig eingeschieden waren (Abb. 114).

Wegen des umfangreichen Knochendefektes musste der Alveolarfortsatz vor einer erneuten Implantatinsertion wiederaufgebaut werden (Abb. 4-115).

Im Zuge einer rechtlichen Auseinandersetzung des Patienten mit seinem behandelnden Zahnarzt kam es zu einer teilweisen Rückzahlung der Behandlungskosten und zu einem Schadensersatz. Das Gericht sah ein Verschulden bei dem Behandler, weil dieser den hygieneunfreundlichen Zahnersatz hergestellt und die Problematik der Hygieneunfähigkeit nicht erkannt hatte.

Schwerwiegender aus forensischer Sicht sind durch entzündliche Komplikationen entstandene Dauerschäden.

Bei dem in den Abbildungen 4-116 und 4-117 gezeigten Fall wurde von dem behandelnden Chirurgen die Indikation zur Explantation zu spät ge-

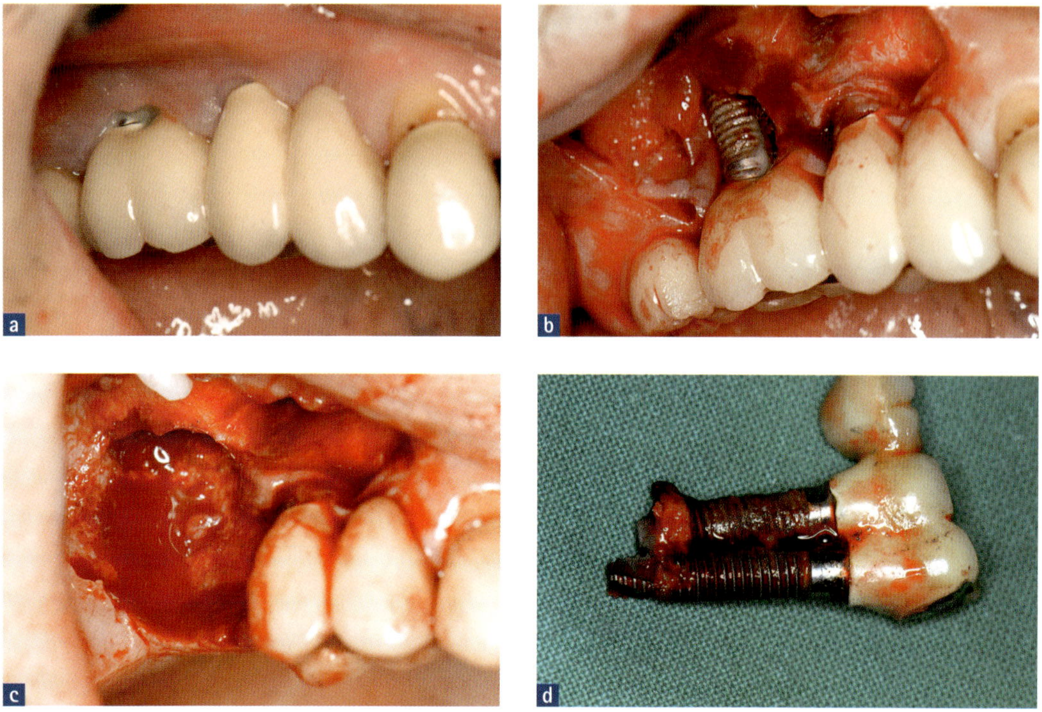

Abb. 4-114a–d *Verlust der beiden distalen Implantate durch Periimplantitis.*

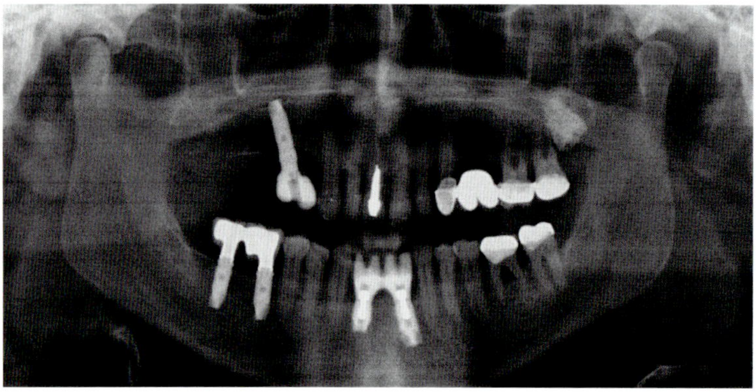

Abb. 4-115 *Zustand nach Implantatverlust und Augmentation des Kiefers.*

stellt. Die beiden im rechten Unterkiefer eingesetzten Implantate entwickelten bereits nach 1 Jahr entzündliche Komplikationen, die lokal mit medikamentösen Einlagen behandelt wurden. Auch mehrere Behandlungen mit Laser zur Sterilisation des periimplantären Bezirks wurden ohne dauerhaften Erfolg unternommen. Über fast 2 Jahre wurden „Rettungsversuche" an den Implantaten durchgeführt.

Schließlich klagte die Patientin über Parästhesien im Bereich des N. alveolaris inferior, die von dem behandelnden Zahnarzt trotz des vorliegen-

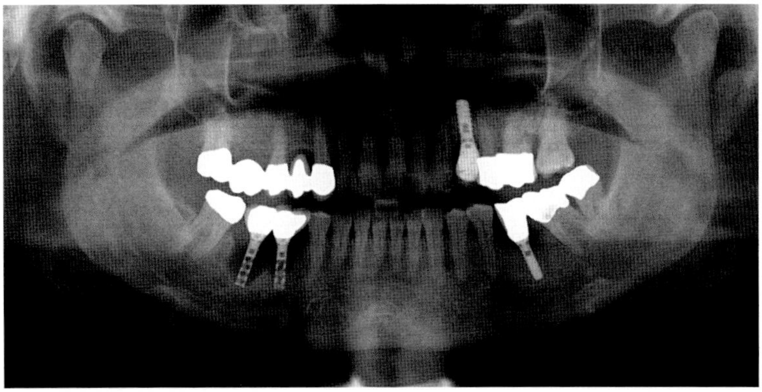

Abb. 4-116 *fortgeschrittene Periimplantitis an Implantaten im rechten Unterkiefer.*

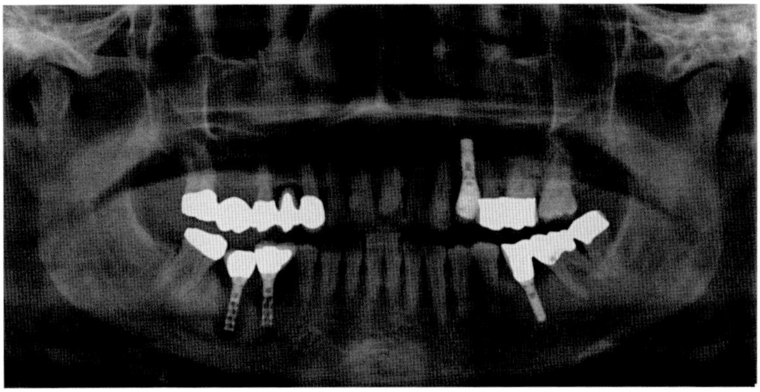

Abb. 4-117 *Schädigung des N. alveolaris inferior rechts durch Periimplantitis.*

den Röntgenbefundes (siehe Abb. 4-117) falsch interpretiert wurden.

Nachdem eine schmerzhafte Parästhesie der rechten Unterlippe eingetreten war, entfernte ein anderer Zahnarzt die beiden nicht erhaltungswürdigen Implantate. Danach verblieben Sensibilitätsstörungen, die in einem Gerichtsverfahren zu einem nicht unerheblichen Schadensersatz führten.

Auch dieser Fall macht deutlich, dass in der Phase der Betreuung der Implantatpatienten im Recall eine genaue Befunderhebung und Diagnostik von Beschwerden sowie deren Behandlung sehr wichtig sind.

4.5.1 Fistelbildung nach extraoral

Die folgende Patientin war seit vielen Jahren mit einer auf einem zweipfostigen Blattimplantat im Unterkieferfrontzahnbereich und den beiden natürlichen unteren Eckzähnen zementierten Brückenkonstruktion und im Seitenzahnbereich mit einer herausnehmbaren Teilprothese versorgt, welche über ein starres Geschiebe mit der Brücke verbunden war. Der Zahn 33 war ca. 2 Jahre vor der nachfolgenden entzündlichen Komplikation endodontisch behandelt und der rechte Eckzahn etwa zu demselben Zeitpunkt mit einer Transfixation endodontisch stabilisiert worden. Wegen einer Hautef-

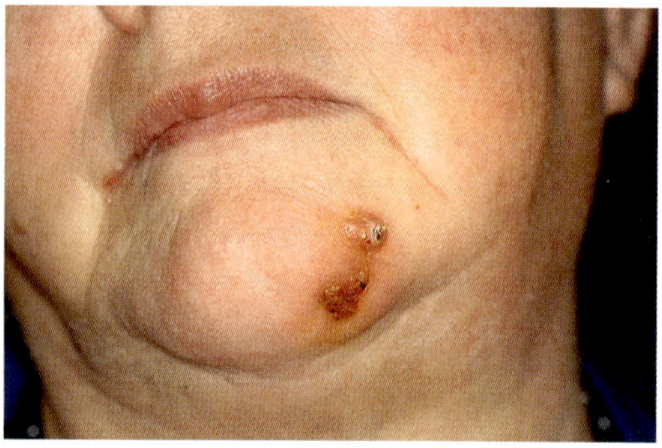

Abb. 4-118 *Entzündliche Hautbeteiligung, von einer Periimplantitis ausgehend.*

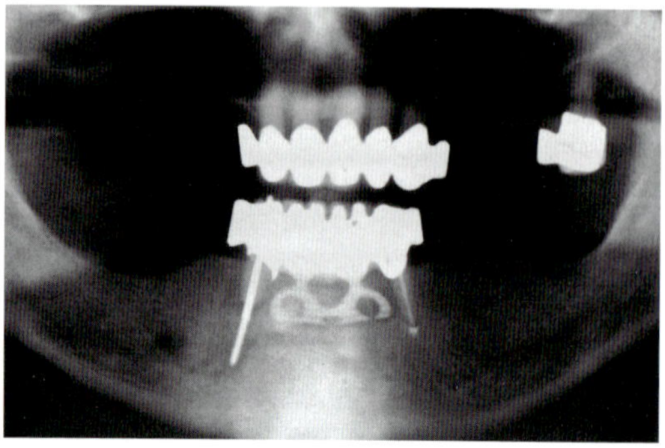

Abb. 4-119 *Röntgenbefund der desolaten Verhältnisse im Unterkiefer.*

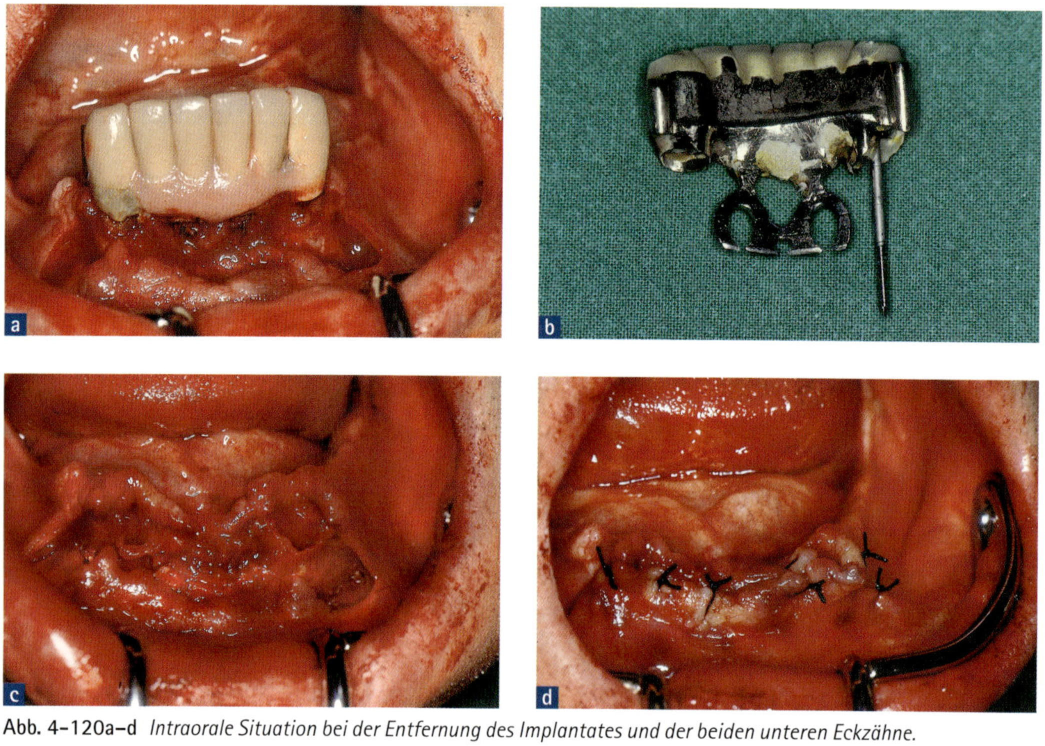

Abb. 4-120a–d *Intraorale Situation bei der Entfernung des Implantates und der beiden unteren Eckzähne.*

floreszenz im linken Kinnbereich (Abb. 4-118) suchte die Patientin einen Hautarzt auf, der zunächst eine topische konservative Behandlung mit verschiedenen Salben versuchte. Da diese Behandlung nicht zum gewünschten Erfolg führte, wurde von einem allgemeinen Chirurgen eine operative Revision der Hautveränderung und eine Exzision bis auf den Unterkieferknochen in Lokalanästhesie vorgenommen. Erst nachdem es zu einem Rezidiv gekommen war, folgte eine Untersuchung des Gebisses der Patientin, wobei die Infektion am Implantat und an den Zähnen diagnostiziert wurde (4-119).

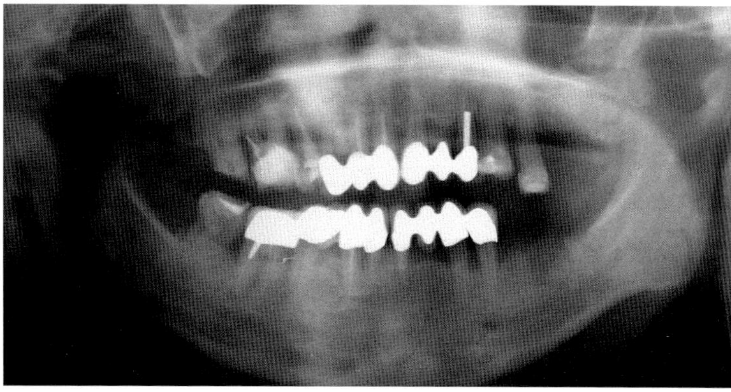

Abb. 4-121 *Röntgenbefund zu Beginn der Behandlung.*

Nach der Entfernung des Blattimplantates und der devitalen Eckzähne im Unterkiefer (Abb. 4-120) heilten die Fistel und die begleitenden entzündlichen Hautveränderungen innerhalb weniger Tage aus. Bei der Entfernung der Brücke und der prothetischen Pfeiler zeigte sich auch ein ungünstiger Knochendefekt in diesem Bereich, der einer weiteren Atrophie des Unterkiefers und damit einer Verschlechterung des Prothesensitzes Vorschub leistete.

Trotz der hygieneunfreundlich gestalteten Brücke und daraus resultierenden Plaquenischen war die Suprakonstruktion fast 10 Jahre in Funktion geblieben.

Nach Ausheilung der Knochenwunde wurden ca. 1 Jahr später in der regio interforaminalis 4 einteilige Implantate eingesetzt und mit einem Dolder-Steg versorgt. Damit konnte eine kaufunktionelle Verbesserung erreicht werden.

4.5.2 Perforation der Kieferhöhle

Eine Patientin hatte eine Geldsumme geerbt, die sie für eine prothetische Neuversorgung ihres Gebisses verwenden wollte. So suchte sie ihren Zahnarzt auf, der ihr empfahl, alle noch vorhandenen natürlichen Zähne wegen ihres desolaten Zustandes (Abb. 4-121) entfernen und eine implantatgetragene festsitzende Brücke im Oberkiefer eingliedern zu lassen.

Er überwies sie aus diesem Grund an einen stadtbekannten Implantologen, der zunächst im Oberkiefer eine chirurgische Totalsanierung und wenige Wochen später die Implantation von 8 enossalen Schraubenimplantaten und 4 provisorischen Implantaten in Intubationsnarkose durchführte. Auf der Kontrollröntgenaufnahme erkennt man, dass die beiden distalen Implantate im rechten Oberkiefer ca. 5 mm tief in den Sinus maxillaris ragen. Auch auf der linken Seite besteht der Verdacht auf eine Penetration (Abb. 4-122). Zunächst blieben jegliche Komplikationen aus, sodass dieser Befund nicht weiter beachtet wurde. Am Tag nach der Implantation wurde eine im Gaumen reduzierte Oberkiefervollprothese eingesetzt, die von den provisorischen Implantaten gehalten wurde.

Da die Patientin eine sehr starke Raucherin war (ca. 20 bis 25 Zigaretten pro Tag) wurde sie mehrfach auf die ungünstige Auswirkung des Nikotins auf die Implantate hingewiesen und ermahnt, den Zigarettenkonsum deutlich einzuschränken.

Nach einer Einheilungszeit von ca. 5 Monaten wurde nach Freilegung der Implantate der Zahnersatz hergestellt. Bei der Freilegung wurden die

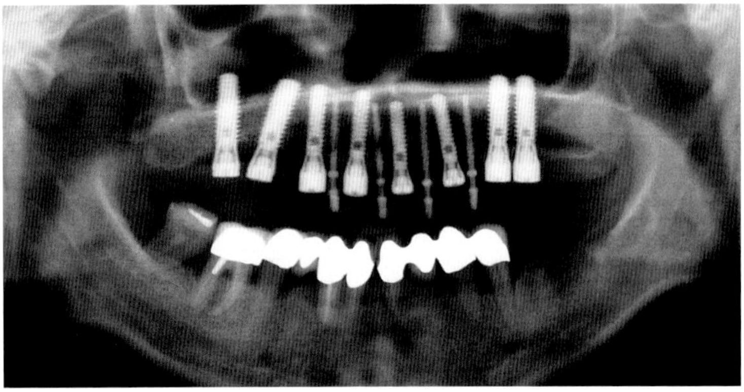

Abb. 4-122 *Postoperatives Röntgenbild nach der Implantatinsertion.*

provisorischen Implantate entfernt. Danach folgte eine Abformung für die prothetische Versorgung. Wenige Tage später wurde eine einteilige zementierte mit Polyglas verblendete Brückenkonstruktion eingegliedert.

Da die Unterkieferzähne ebenfalls in einem desolaten Zustand waren, wurde auch im Unterkiefer eine implantatprothetische Lösung geplant.

Rund 2 Monate später folgte im Unterkiefer die Entfernung der natürlichen Restzähne bis auf den Zahn 46 und eine Implantation von sechs Schraubenimplantaten sowie drei provisorischen Implantaten, auf denen eine provisorische Brücke befestigt wurde.

Nach weiteren 4 Monaten erfolgte die Freilegung der Unterkieferimplantate, wobei sich zeigte, dass eines von ihnen (regio 35) nicht eingeheilt war und entfernt werden musste.

Vierzehn Tage später wurden auch das Implantat 45 sowie der Zahn 46 entfernt. In gleicher Sitzung wurden zwei Implantate jeweils im rechten und linken Unterkiefer in der Region des zweiten Molaren eingesetzt.

Nach dieser chirurgischen Maßnahme heilten die eingesetzten Implantate komplikationslos ein, sodass 3 Monate später die prothetische Versorgung folgen konnte. Die drei Interims-Implantate wurden entfernt und Abdrücke für den neuen Unterkieferzahnersatz angefertigt. Eine einteilige zementierte kunststoffverblendete Brückenkonstruktion wurde eingesetzt (Abb. 4-123).

Leider bestand nur für insgesamt 8 Monate Beschwerdefreiheit, denn es bildete sich eine Schwellung im Bereich der rechten Gesichtshälfte aus, die sehr hartnäckig und auch mit Breitspektrumantibiotika nicht zu beeinflussen war. Kurze Zeit später wurde die Oberkieferbrücke abgenommen, wobei das distale Implantat rechts wegen einer tiefen Tasche entfernt werden musste. Die Patientin wurde danach zum wiederholten Mal auf die Problematik ihres Nikotinkonsums angesprochen und zur Mundhygiene instruiert. Sie konnte jedoch den Nikotinkonsum nicht einschränken. Nach weiteren 4 Wochen trat an einem weiteren Implantat im rechten Oberkiefer eine Entzündung auf. Da die Infektion abszedierte, musste auch dieses Implantat entfernt und die Brücke anschließend um zwei Kronen gekürzt werden (Abb. 4-124).

Danach trat eine heftige eitrige Sinusitis maxillaris auf, die nochmals operativ und antibiotisch behandelt werden musste, bis es zur Ausheilung kam (Abb. 4-125).

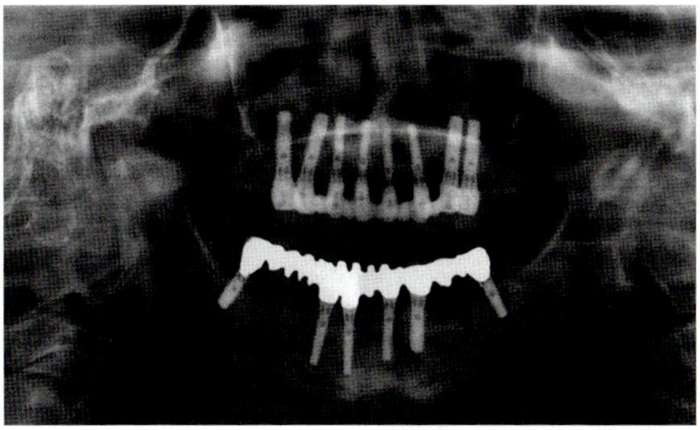

Abb. 4-123 *Zustand nach den Implantationsmaßnahmen im Unterkiefer.*

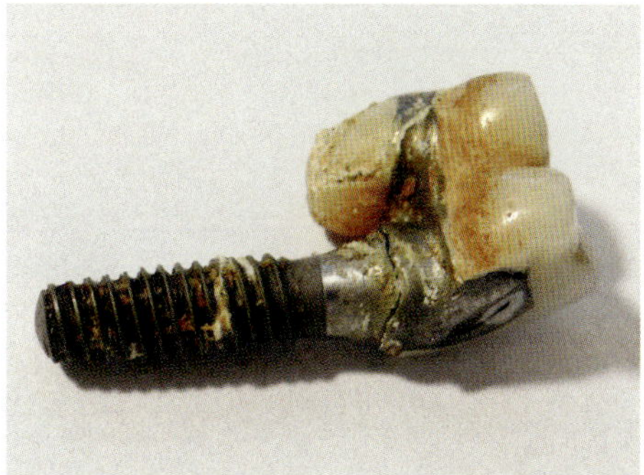

Abb. 4-124 *Explantat aus dem rechten Oberkiefer.*

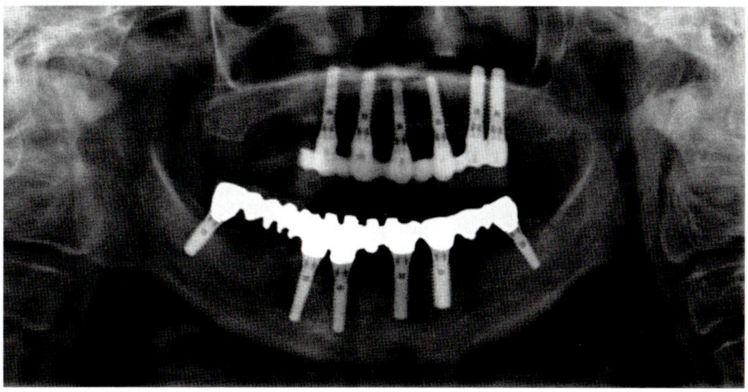

Abb. 4-125 *Zustand nach Abheilung des rechten Sinus maxillaris.*

An dem Explantat (Abb. 4-124) ist deutlich zu erkennen, dass nicht die Perforation in die Kieferhöhle primär die Ursache für den Verlust der beiden Implantate und die entzündlichen Komplikationen in der rechten Kierferhöhle darstellte. Vielmehr hatten sich infolge der ungünstigen Hygienefähigkeit des Zahnersatzes zunächst tiefe Taschen an den Implantaten und danach die bis zur Kieferhöhle aufsteigende Infektion entwickelt.

Nach diesem langen Leidensweg klagte die Patientin den Implantologen wegen des Verdachts auf einen Behandlungsfehler an, um mithilfe des Sachverständigengutachtens eine Klärung herbeizuführen.

Dem Vorwurf des Behandlungsfehlers in Gestalt einer Perforation der Kieferhöhle durch die Implantate wurde der relativ hohe Nikotinkonsum entgegengehalten, sodass man im Rahmen eines Vergleichs übereinkam, den Zahnersatz zu einer herausnehmbaren Brückenkonstruktion umzugestalten.

Die Frage nach der Zulässigkeit von Perforationen der Kieferhöhle durch Implantate bei der Insertion im Oberkieferseitenzahnbereich wurde anhand der Befragung des Sachverständigen dahingehend beantwortet, dass eine Perforation nicht geplant werden dürfe und allenfalls eine punktuelle Eindringtiefe der Implantate von bis zu 2 mm tolerierbar sei. Leider gibt es zu dieser Frage

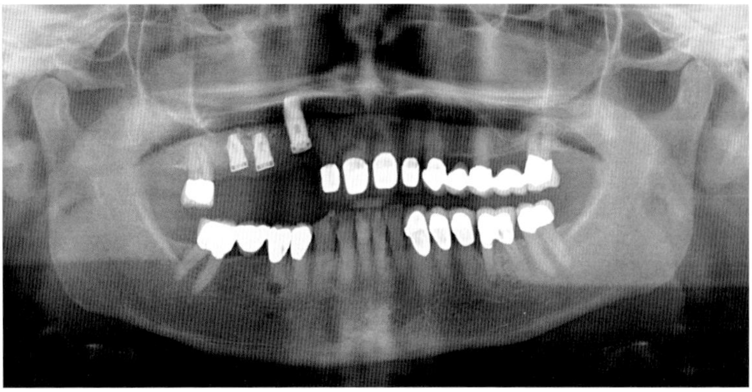

Abb. 4-126 *Röntgenkontrolle nach der Implantatinsertion im rechten Oberkiefer.*

keine evidenzbasierten Daten, sodass eine klinisch gesicherte Aussage dazu nicht getroffen werden kann.

Als weitere Problematik kam die erschwerte Hygiene hinzu, da die Infektion von der tiefen Zahnfleischtasche ausgehend aufgestiegen und schließlich in die Kieferhöhle eingebrochen war.

4.5.3 Implantat in der Kieferhöhle

Die Luxation eines Implantates in die Kieferhöhle ist eine mögliche Komplikation bei der Insertion. Ein nach der prothetischen Versorgung im Sinus maxillaris vorgefundenes Implantat hingegen stellt eine unerwartete Komplikation dar.

Bei der hier vorgestellten Patientin war 6 Jahre zuvor eine festsitzende Versorgung der im rechten Oberkiefer verkürzten Zahnreihe durchgeführt worden. Wegen des geringen vertikalen Knochenangebotes in der Prämolarenregion des rechten Oberkiefers von ca. 8 mm wurden dort Implantate mit dem Durchmesser von 5 mm verwendet. Gleichzeitig mit der Implantation wurde bei beiden distalen Implantaten ein geschlossener Sinuslift durchgeführt (Abb. 4-126).

Die Implantate heilten reizlos ein und wurden 3 Monate später prothetisch versorgt. Die verschraubte Brückenkonstruktion wurde mit 3 Halteschrauben in den Implantaten befestigt. An Zahn 17 wurde eine mesiale Auflage hergestellt.

Die Patientin war im Anschluss an die implantatprothetische Versorgung rund 5 Jahre im Ausland und wurde in dieser Zeit nicht zahnärztlich kontrolliert.

Nach ihrer Rückkehr kam die Patientin wegen Schmerzen im linken Unterkiefer in die Sprechstunde, wo ein apikales Granulom an der mesialen Wurzel des Zahnes 36 festgestellt wurde. Eine am gleichen Tag hergestellte Panoramaschichtaufnahme zeigte das distale Implantat in der Kieferhöhle (Abb. 4-127). Die Patientin hatte zu keinem Zeitpunkt Beschwerden an der Implantatbrücke gehabt und belastete sie regelmäßig bei der Kaufunktion.

Über die Ursachen dieser Komplikation kann nur spekuliert werden, zumal das knöcherne Implantatlager reizlos verheilt war und weder in der Kieferhöhle noch im Mund irgendwelche Entzündungszeichen vorlagen: Die zur Befestigung des Abutments verwendete Halteschraube war völlig reizlos osseointegriert und ließ sich nur unter Anwendung eines hohen Drehmoments von 55 Ncm mit der Systemratsche entfernen.

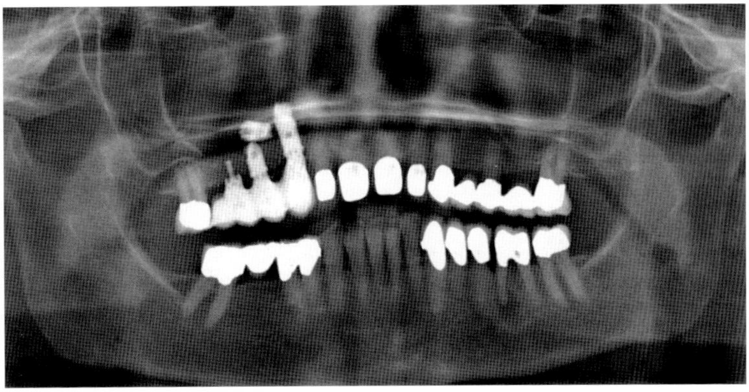

Abb. 4-127 *Luxation des Implantates bei 16 in den Sinus. Röntgenbefund nach 6 Jahren Belastung der festsitzenden Versorgung im Oberkiefer.*

Eine denkbare Erklärung für diese Implantatluxation wäre eine Federwirkung im distalen Bereich des Zahnersatzes, die bei Kaubewegungen zur Intrusion des distalen Anteils der Brücke am natürlichen Zahn 17 unter der Kaubelastung geführt haben könnte. Unter der Voraussetzung einer Lockerung der Halteschraube könnte das Implantat dabei völlig reizlos in die Kieferhöhle bewegt worden sein.

Bei der Entfernung des Implantates wurde festgestellt, dass das Implantat von Kieferhöhlenschleimhaut bedeckt war und unbeweglich am Kieferhöhlenboden lag.

Nach Ausheilung des Knochens wurde die distale Implantatkrone zum Brückenglied umgestaltet und die Brücke ohne weitere Veränderungen wieder eingegliedert.

4.5.4 Sofortimplantation und simultane Augmentation

Es entspricht meist den Wünschen des Patienten, die Behandlung mit wenigen, am besten sogar mit einem einzigen chirurgischen Eingriff durchzuführen, anstatt das Ziel in mehreren Sitzungen zu erreichen.

Im folgenden Fall war der Zahn 21 endodontisch vorbehandelt, aber schließlich wegen einer Wurzelfissur als nicht erhaltungsfähig eingestuft worden.

Infolge der Unentschlossenheit der Patientin, die vor dem Behandlungsbeginn mehrere Implantologen konsultierte, kam es zu einer ausgeprägten entzündlichen parodontalen Infektion am Zahn 21, zu einer entzündlichen Einschmelzung des marginalen Knochens und zu einem kraterförmigen Defekt. Der schließlich mit der Behandlung betraute Zahnarzt, ein ausgewiesener Spezialist für Implantologie, beschloss, dem Wunsch der Patientin folgend alle erforderlichen chirurgischen Maßnahmen zeitgleich mit der Implantatinsertion vorzunehmen.

Der gelockerte Zahn wurde extrahiert, die Wunde sorgfältig von Granulationsgewebe gesäubert und ein Implantat inseriert, wobei etwa ein Drittel der Implantatlänge im Knochen verankert werden konnte (Abb. 4-128). Der Behandler dokumentierte jeden chirurgischen Behandlungsschritt fotografisch. Dies erwies sich später bei der gerichtlichen Auseinandersetzung als hilfreich für den Sachverständigen.

Das Implantat hatte eine hohe Primärstabilität und war in seiner Achsneigung nahezu optimal auf die geplante Krone ausgerichtet. Mit einem Knochenmineral (Bio-Oss®, Geistlich, Woll-

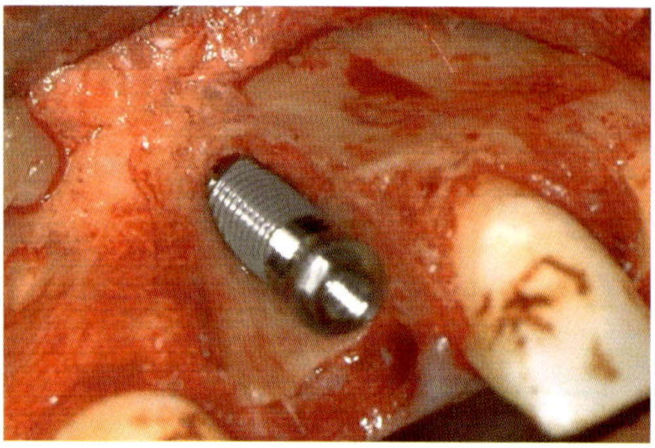

Abb. 4-128 *Insertion des Implantates in den großen Knochendefekt.*

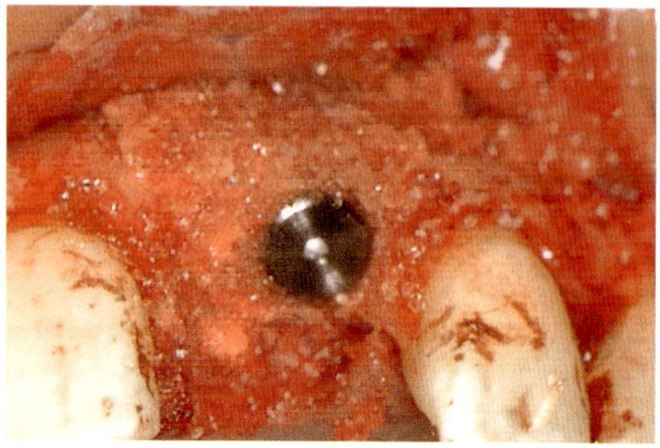

Abb. 4-129 *Aufbau des Knochendefektes mit einem Knochenmineral.*

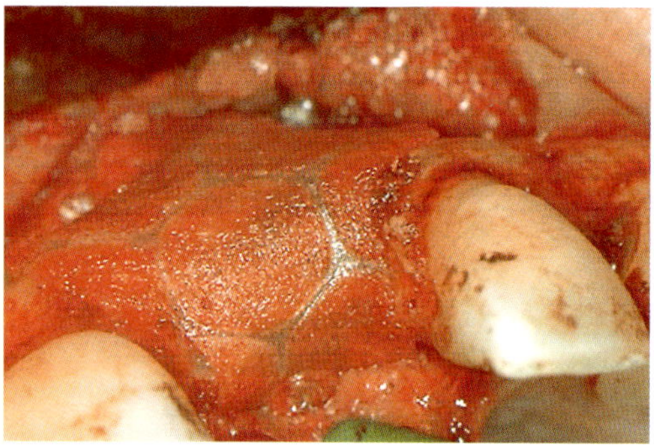

Abb. 4-130 *Auflagerung der Augmentationsmembran.*

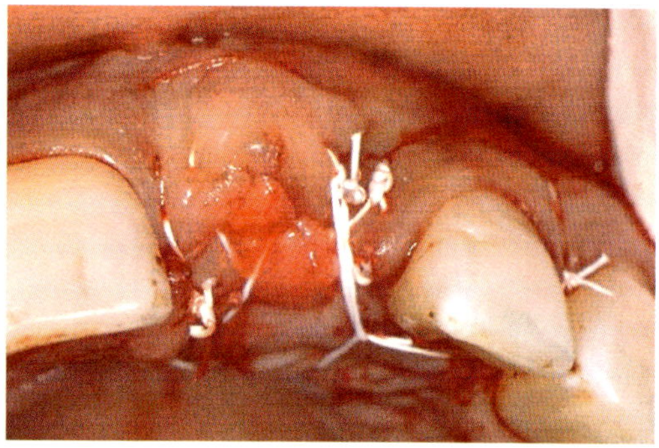

Abb. 4-131 *Wundverschluss nach der Operation.*

husen, Schweiz) wurde der fehlende Alveolarfortsatz aufgebaut und schließlich mit einer resorbierbaren Membran (Resolut®, W. L. Gore, Flagstaff, Arizona, USA) abgedeckt (Abb. 4-129 und 4-130). Das Knochenersatzmaterial wurde mehrschichtig aufgetragen und leicht komprimiert. Die Membran wurde zugeschnitten und glatt über dem Augmentat positioniert. Wegen der günstigen Applikation auf der blutigen Unterlage war eine zusätzliche Fixierung der Membran nicht erforderlich. Zudem wurde sorgfältig darauf geachtet, dass die Membran nicht in den Sulkus der Nachbarzähne reichte und vollständig auf dem Knochenersatzgranulat bzw. dem natürlichen Knochen zu liegen kam.

Die besondere chirurgische Herausforderung bestand darin, das augmentierte Areal bei bestehendem Schleimhautdefizit spannungsfrei abzudecken. Nach einer umfangreichen Mobilisation des sehr dünnen Mukoperiostlappens und einer Periostschlitzung konnte die Alveole vollständig verschlossen werden (Abb. 4-131).

Leider kam es bereits nach wenigen Tagen zu einer Infektion des Augmentationsmaterials und schließlich zum Totalmisserfolg. Rettungsversuche mit einer hohen Gabe von Breitspektrumantibiotika und lokale desinfizierende Maßnahmen schlugen fehl.

Im Anschluss daran kam es zu einer rechtlichen Auseinandersetzung zwischen der Patientin und

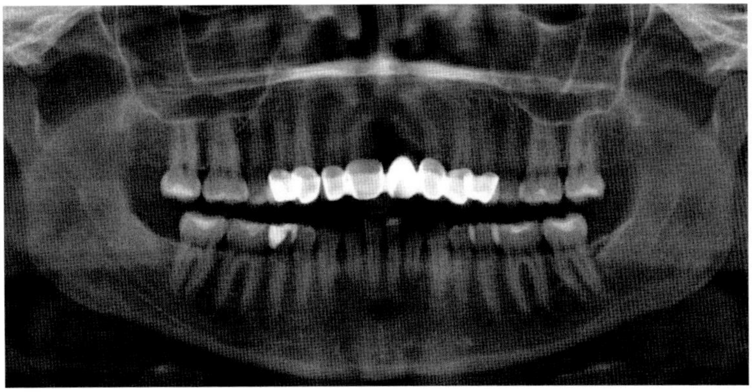

Abb. 4-132 *Endergebnis der Behandlung im Röntgenbild.*

dem Behandler, da mehrere Vorwürfe hinsichtlich der Durchführung der Behandlung erhoben wurden. Zum einen sei es nicht statthaft gewesen, nach der Entfernung eines chronisch infizierten Zahnes eine derart umfangreiche chirurgische Therapie vorzuschlagen. Zum anderen hätte die Patientin nach eigener Aussage nicht eingewilligt, wenn sie zuvor detailliert über die Risiken des Eingriffs unterrichtet worden wäre.

Das Aufklärungsverschulden führte schließlich zu einem Urteil, nach dem die Patientin keine Behandlungskosten zu zahlen hatte und ein relativ hohes Schmerzensgeld zugesprochen bekam. Sie wurde später alio loco mit einer konventionellen Brückenkonstruktion zum Ersatz des Zahnes 21 versorgt (Abb. 4-132).

4.5.5 Implantatinsertion ohne Vorbehandlung

Bei dem folgenden Patienten handelt es sich um einen Fall, der von zwei Kollegen gemeinsam geplant wurde. Der Patient hatte sich für die Verwendung von Implantaten nur unter der Voraussetzung entschieden, dass er festsitzend versorgt werden könne.

Die Analyse der anatomischen Daten zeigte, dass die Kieferknochenverhältnisse sehr ungünstig waren, andererseits hatte der Patient umfangreichen Vorbehandlungsmaßnahmen, z. B. einer Verbesserung des Knochenangebotes durch eine Augmentation oder Sinusbodenelevation, nicht zustimmen wollen. Der chirurgisch versierte Zahnarzt urteilte daraufhin, dass das vorliegende Knochenangebot ausreichen würde, und setzte in Intubationsnarkose insgesamt neun enossale Schraubenimplantate an prothetisch sinnvollen Stellen ein.

Unter der Antibiotikaprophylaxe gestaltete sich der Wundheilungsverlauf zunächst reizlos, doch nach ca. 14 Tagen traten an mehreren Implantationsstellen submuköse Infektionen und Abszesse auf.

Die Schleimhautdecke über den Implantaten und auch der marginale periimplantäre Knochen waren nach kurzer Zeit entzündlich zerstört, sodass die Implantate zum Teil mit dem strukturierten intraossären Anteil in die Mundhöhle hineinragten (Abb. 4-133 und 4-134).

Durch die komplizierte Wundheilung war der Patient verunsichert und suchte schließlich einen weiteren implantologisch ausgewiesenen Zahnarzt auf, der ihm eröffnete, dass eine festsitzende

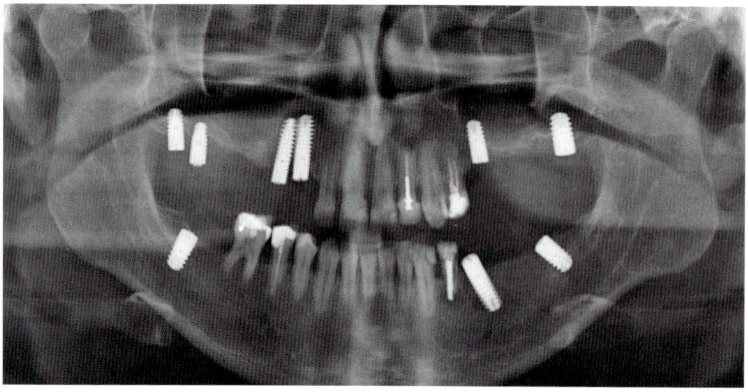

Abb. 4-133 *Postoperatives Röntgenbild ca. 3 Monate nach der Implantatinsertion.*

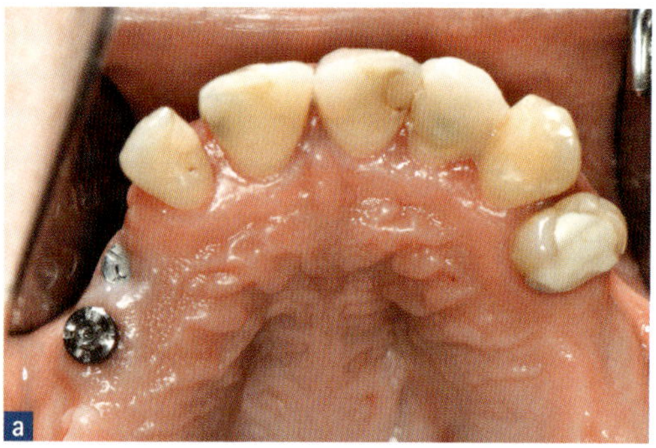

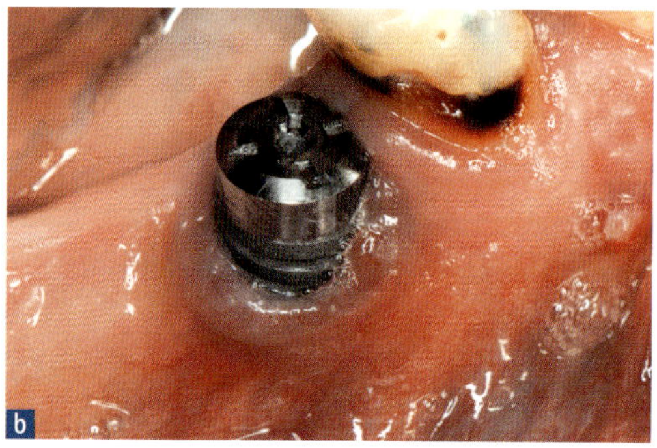

Abb. 4-134a, b *Klinischer Zustand in der Mundhöhle.*

Versorgung, wie sie ursprünglich ins Auge gefasst worden war, nicht durchführbar sei. Nach weiteren Konsultationen, die diese Aussage bestätigten, beschritt der Patient den Rechtsweg, in dessen Verlauf der vom Gericht bestellte implantologische Sachverständige ein Gutachten erstellte.

Wie aus den Abbildungen unschwer zu erkennen ist, bestand zum Zeitpunkt der Befundung dringender parodontaler und restaurativer Behandlungsbedarf, der in jedem Fall vor der Durchführung einer Implantation hätte abgeschlossen werden müssen (Abb. 4-134 und 4-135). Im Röntgenbefund wird die klinische Beurteilung des Zustandes der natürlichen Restzähne bestätigt (Abb. 4-133). Hier lässt sich zusätzliche eine parodontale Knochenreduktion feststellen und auch die Erhaltungswürdigkeit der Zähne 22 und 34 erscheint fraglich.

Die beiden sehr eng benachbart inserierten Implantate bei 13 und 14 lassen im Röntgenbild eine periimplantäre Demarkation erkennen. Eine ähnliche Narbenbildung wird ebenfalls am Implantat in der Region 35 vermutet. Die beiden Implantate im distalen rechten Oberkiefer sind nicht suffizient im Kieferknochen verankert. Das vordere Implantat ist mit nur ca. einem Drittel seiner Länge und das hintere bis etwa zur Hälfte in den Knochen eingesetzt. Bei den beiden Implantaten im linken Oberkiefer liegt der Verdacht nahe, dass sie mit einem größeren Anteil in den Sinus maxillaris hineinragen. Lediglich die beiden distalen Implantate im Unterkiefer erscheinen weitestgehend unauffällig.

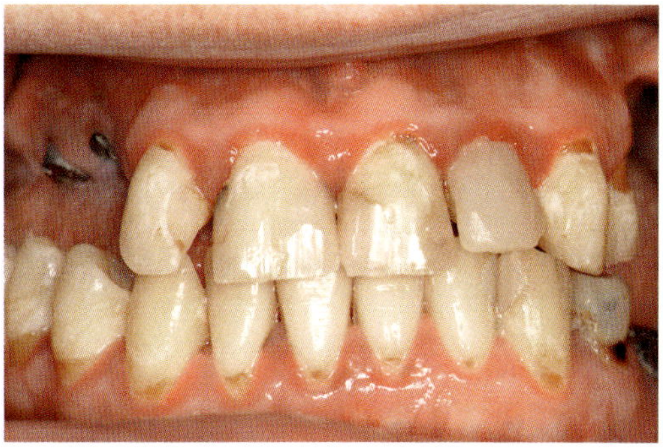

Abb. 4-135 *Marginale Parodontopathie und restaurativer Behandlungsbedarf.*

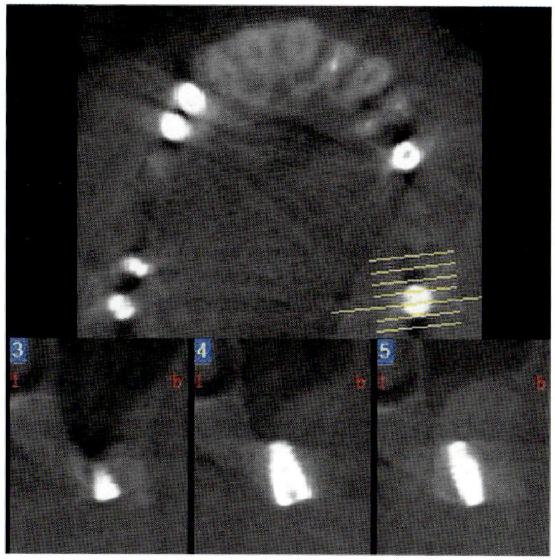

Abb. 4-136 *DVT des Implantates im Bereich des distalen linken Oberkiefers.*

Mithilfe einer digitalen Volumentomografie (DVT) konnte festgestellt werden dass das distale Implantat im linken Oberkiefer eine lokale entzündliche Reaktion im Bereich des Kieferhöhlenbodens verursacht hatte (Abb. 4-136). Klinisch zeigte das Implantat eine geringe Lockerung, sodass es als prothetischer Pfeiler ungeeignet schien und schließlich entfernt wurde. Auch die Vermutung, dass das Implantat bei 35 nicht erhaltungsfähig sei, bestätigte sich, denn hier bestand neben einem Spalt um das Implantat herum auch ein vestibuläres Knochendefizit (Abb. 4-137).

Im Endergebnis wurden im Oberkiefer alle Implantate bis auf dasjenige in regio 25 entfernt, im Unterkiefer wurden die beiden Implantate im Molarenbereich belassen. Auch die beiden natürlichen Zähne 22 und 34 mussten geopfert werden, weil ihre Eignung als prothetische Pfeiler prognostisch als unsicher eingestuft werden mussten.

Im Ausgang des Rechtsverfahrens wurde den beiden Kollegen eine mangelhafte Planung und Durchführung der Behandlung vorgehalten. Ihr Verweis auf die überzogenen Wünsche und Vorstellungen des Patienten vermochte nicht, die Höhe der Entschädigung und des Schmerzensgeldes zu verringern.

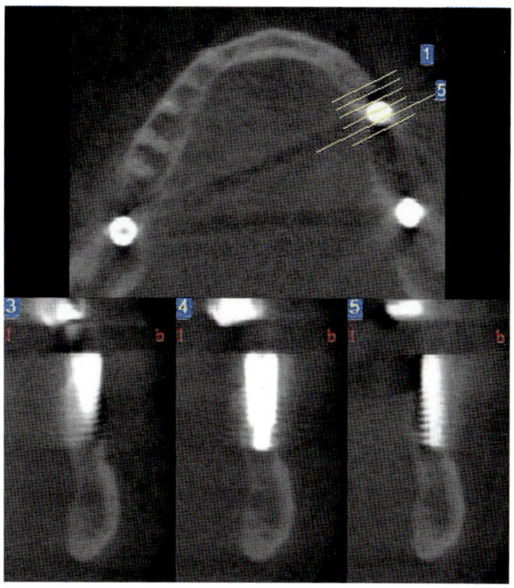

Abb. 4-137 *DVT des Implantates in der Region 35.*

Der Patient wurde danach im Ober- und im Unterkiefer mit einem kombinierten Zahnersatz mit Doppelkronen und Druckknopfattachments auf den Implantaten prothetisch versorgt.

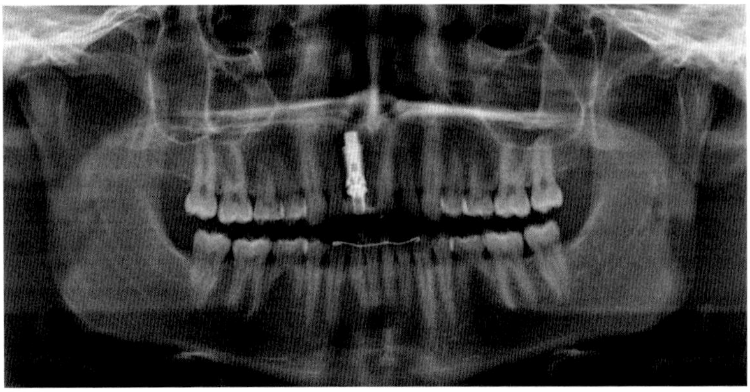

Abb. 4-138 *Röntgenologischer Befund ca. 4 Wochen nach der Schienung.*

4.5.6 Schienungsmaßnahmen am Implantat

Bei einem jungen Mann (Alter etwa 25 Jahre) wurde ca. 6 Wochen nach einem traumatischen Verlust des natürlichen Zahnes 11 ein Implantat inseriert. Nach einer Einheilungszeit von 3 Monaten folgte die prothetische Versorgung mit einer Einzelkrone.

Etwa 5 Jahre später erlitt der Patient eine Sportverletzung beim Rasenhockey und suchte wenige Tage später seinen Zahnarzt wegen einer diskreten Lockerung des Implantates auf. Der behandelnde Zahnarzt bestätigte die Lockerung des Implantates und stellte eine marginale Infektion fest. Da die Krone gespalten war, wurde eine konfektionierte provisorische Kone eingepasst und das Implantat über ein Komposit an den Nachbarzähnen immobilisiert.

Trotz der starren Fixierung an den Nachbarzähnen war 4 Wochen später im Röntgenbild eine narbige Einscheidung des Implantates festzustellen (Abb. 4-138). Die beiden natürlichen Zähne 12 und 21 waren vital und fest. Die vestibuläre Schleimhaut am Implantat war tiefrot gefärbt und entzündlich verändert (Abb. 4-139a). Aus der Tasche konnte trübes Sekret exprimiert werden.

Diese Befunde machten deutlich, dass das Implantat nicht erhalten werden konnte, weshalb im Anschluss an die Indikationsstellung zur Implantatentfernung die provisorische Krone entfernt und damit die Immobilisierung aufgehoben wurde (Abb. 4-139b). Das Implantat hatte danach keine Stabilität mehr, sodass es praktisch ohne Kraftanwendung aus der Alveole herausgenommen werden konnte (Abb. 4-140).

Aufgrund des entzündlichen Geschehens war der Knochendefekt nach dem Implantatverlust relativ groß (Abb. 4-141). Da die Weichteile nicht kollabiert waren, wurde keine Indikation für zusätzliche, das Knochenangebot verbessernde Augmentationsmaßnahmen gestellt. Der Patient wurde mit einem herausnehmbaren Kunststoffprovisorium versorgt und stellte sich regelmäßig in Abständen von einigen Wochen zu Nachkontrollen vor.

Nach der Ausheilung des Knochens wurde 9 Monate nach dem Implantatverlust an derselben Stelle ein neues Implantat eingesetzt und nach weiteren Monaten mit einer Einzelkrone prothetisch versorgt.

Dieser Fall demonstriert die Unterschiede im biologischen Charakter von Zahn und Implantat und zeigt deutlich, dass die therapeutische Breite

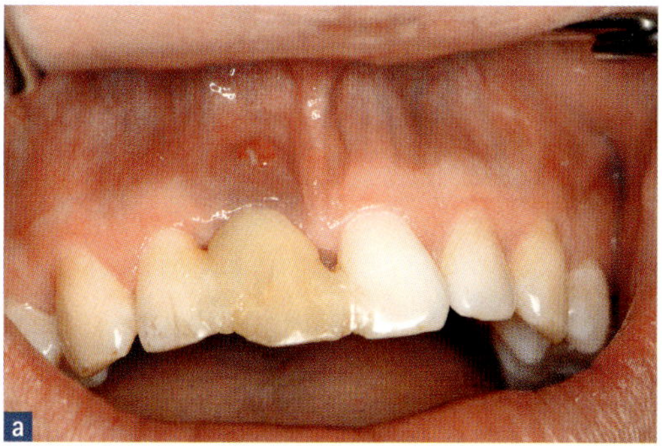
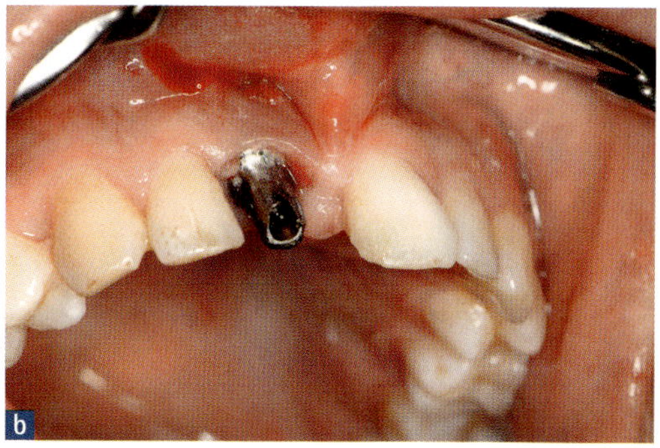

Abb. 4-139a, b *Klinischer Befund:* a *vor und* b *nach Abnahme der provisorischen Krone.*

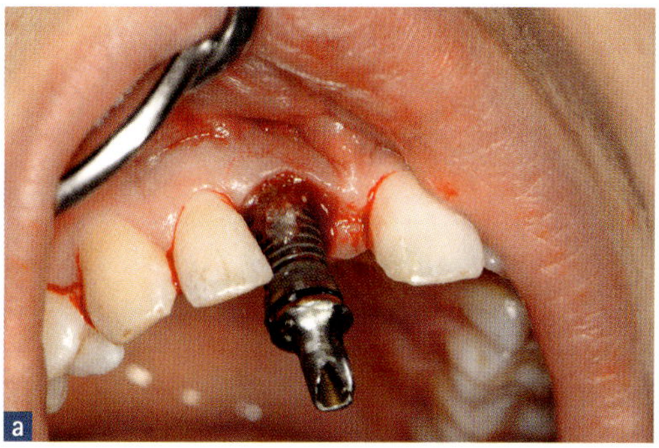
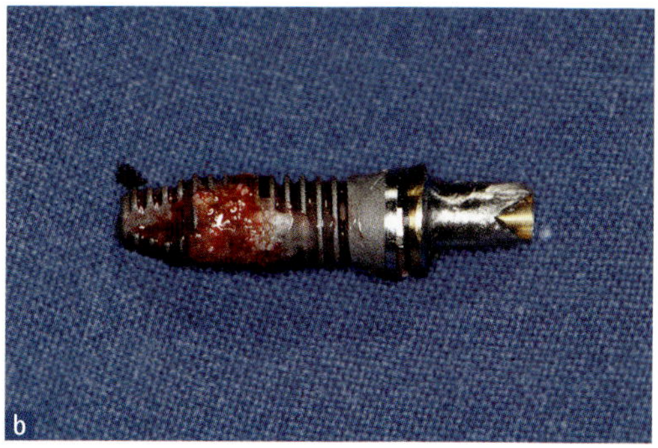

Abb. 4-140a, b *Komplette Osseodesintegration des Implantates.*

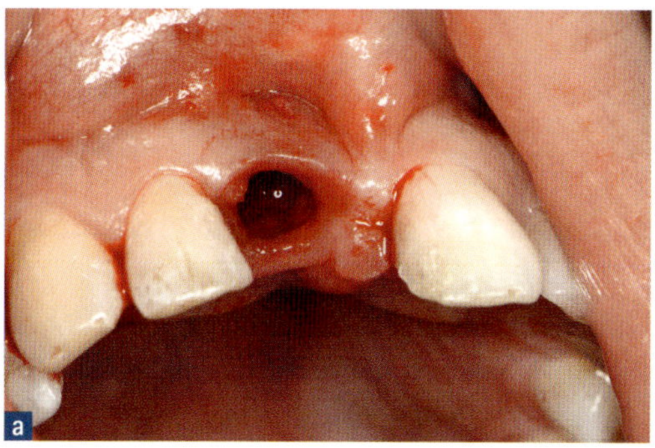
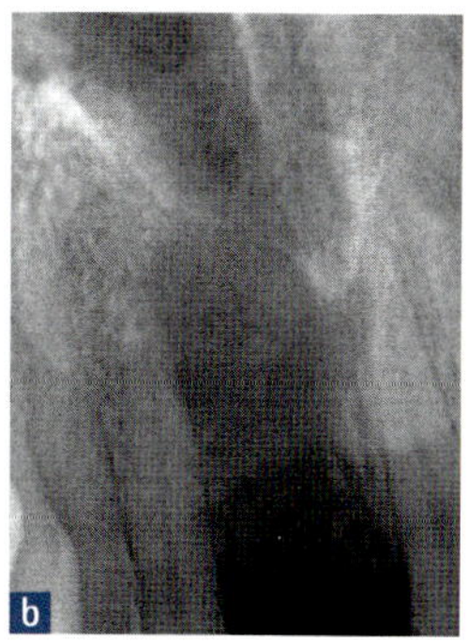

Abb. 4-141a, b *Defekt nach Entfernung des Implantates.*

beim Implantat geringer ist als bei einem natürlichen Zahn und dass die Einheilung eines luxierten Implantates zurückhaltend bewertet werden muss.

Als Behandlungsalternative hätten die Abnahme von Krone und Abutment und die komplette Ruhigstellung des Implantates – analog zu der Situation nach einer Insertion – in Betracht gezogen werden können.

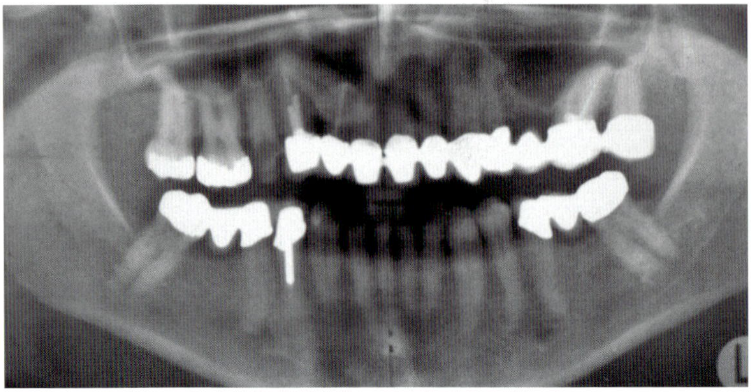

Abb. 4-142 *Röntgenologischer Ausgangsbefund.*

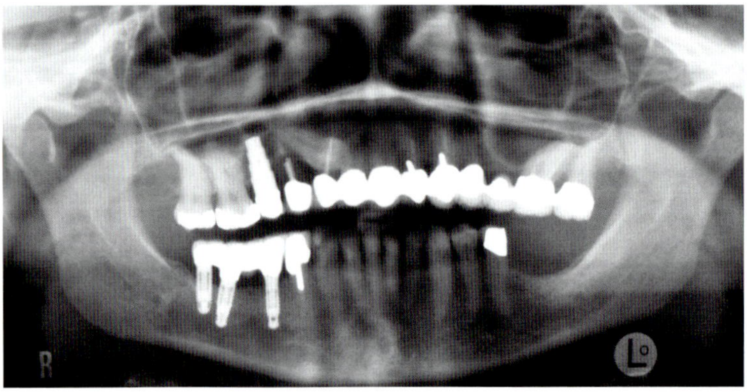

Abb. 4-143 *Röntgenologischer Befund nach Abschluss der Behandlung und Verlust des distalen Molaren 37.*

4.5.7 Verlust von augmentiertem Knochen

Die Patientin suchte die Sprechstunde ihres Zahnarztes wegen Schmerzen im rechten Unterkiefer auf. Dort wurde eine tiefe Karies unter den Kronen 45 und 47 festgestellt (Abb. 4-142). Nach Abnahme der Kronen stellte sich heraus, dass die beiden Zähne nicht erhalten werden konnten. Sie wurden noch am gleichen Tag entfernt.

Im Zuge der anschließenden prothetischen Gesamtrehabilitation wurde zunächst der Zahn 15 entfernt. Anschließend wurden im rechten Unterkiefer drei Implantate und in der Region 15 ein Sofortimplantat eingesetzt. Nach einer Einheilungszeit von ca. 3 Monaten folgte die prothetische Versorgung. Auch die umfangreiche Brückenkonstruktion im Oberkiefer von 12 bis 23 wurde erneuert. Zum Zeitpunkt des Behandlungsabschlusses (ca. 8 Monate nach der Erstuntersuchung) ging der Brückenpfeiler 37 verloren, sodass eine verkürzte Zahnreihe im linken Unterkiefer entstand (Abb. 4-143).

Wegen ungünstiger anatomischer Verhältnisse wurde eine chirurgische Maßnahme zur Verbesserung des Knochenangebotes im linken Unterkiefer geplant. Sie kam jedoch nicht zur Ausführung, da neue Beschwerden auftraten.

Rund 1 Jahr nach der Versorgung ging der Zahn 14 durch Fraktur verloren und wurde zusammen mit dem retinierten und verlagerten rechten oberen Eckzahn entfernt. Nach der Eckzahnent-

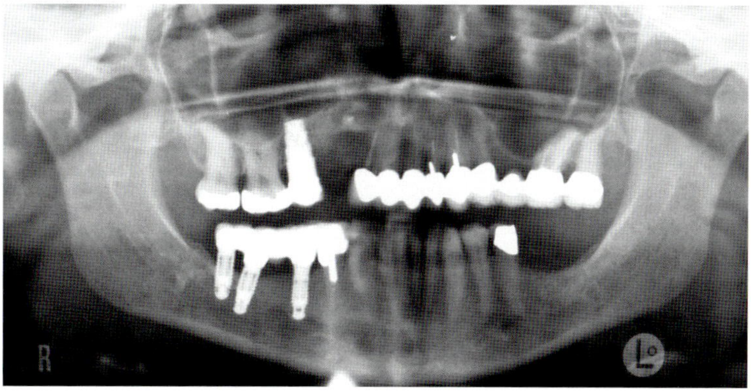

Abb. 4-144 *Zustand nach Entfernung 14 und Knochenaufbau im Röntgenbild.*

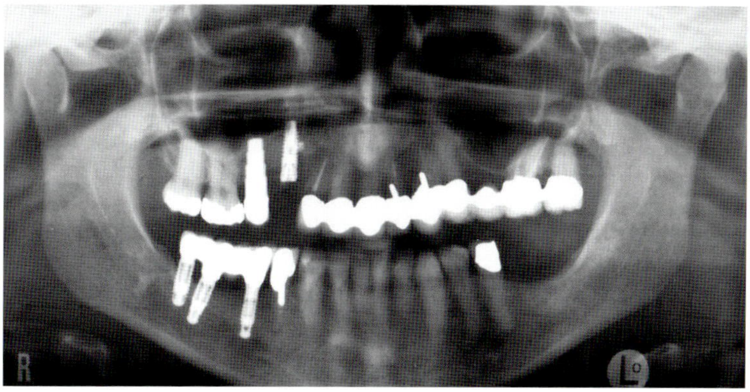

Abb. 4-145 *Zustand nach Implantatinsertion in regio 14.*

fernung wurde der bestehende knöcherne Defekt chirurgisch unter Verwendung von resorbierbarem Knochenaufbaumaterial und einer Membran, die mit Titanpins fixiert wurde, aufgebaut (Abb. 4-144). Fünf Monate später folgte die Implantatinsertion in der Region 14 (Abb. 4-145).

Noch während der Einheilungszeit des Implantates stellten sich Beschwerden und eine Entzündung im Bereich des wurzelbehandelten Zahnes 12 ein.

Etwa 2 Monate vor der Versorgung des Implantates wurde der Zahn 12 entfernt sowie eine Neuversorgung der Zähne 14 bis 21 geplant, die schließlich als Brückenkonstruktion 14-b-11-21 ausgeführt wurde. Die beiden Zähne 22 und 23 wurden aus dem Brückenverbund getrennt und verblieben als verblockte Kronen im Mund (Abb. 4-146). Die Patientin stimmte dem Behandlungsvorschlag zu, obwohl die vorhandene Brückenkonstruktion erst seit etwas mehr als 2 Jahren fertig gestellt war. Wenige Wochen nach Eingliederung der Brückenkonstruktion, bekam die Patientin eine Schwellung und einen Abszess im Bereich der Zähne 22 und 23 im linken Oberkiefer.

Wegen Korrosion des Aufbaustiftes in Zahn 22 schlug der behandelnde Zahnarzt der Patientin vor, auf dem Kulanzwege die restlichen Oberkieferfrontzähne zu entfernen, den Kieferknochen im gesamten Frontzahnbereich mit einer Augmentationsmaßnahme zu verbessern und drei zusätzliche Implantate einzusetzen, um später darauf einen stabilen festsitzenden Zahnersatz herzustellen. Sie

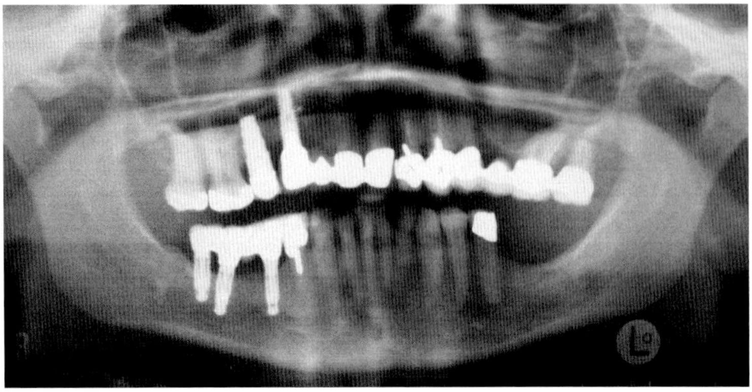

Abb. 4-146 *Zustand nach Eingliederung der Brückenkonstruktion 14 bis 21.*

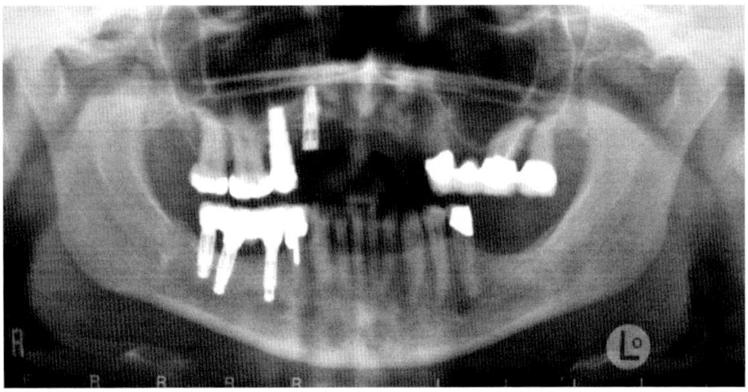

Abb. 4-147 *Zustand nach Entfernung der natürlichen Oberkieferfrontzähne.*

müsse nur den zusätzlich entstandenen Behandlungsaufwand bezahlen.

Nachdem die Patientin eingewilligt hatte, wurden die Zähne entfernt (Abb. 4-147) und der Alveolarfortsatz mit einem resorbierbaren synthetischen Knochengranulat und einer Membran wiederaufgebaut. Im Zuge der Augmentationsmaßnahme wurde eine beginnende Periimplantitis bei 14 und 15 gleichzeitig mitbehandelt, indem die Oberfläche der beiden Implantate mit diamantierten Küretten abgetragen und die marginalen Defekte mit einem Knochenaufbausubstrat aufgefüllt wurden.

Das Implantat 14 wurde mit einer Verschluss-Schraube verschlossen und der augmentierte Bereich mit einer Membran und einem Mukoperiostlappen speicheldicht verschlossen. Die zementierte Krone, mit der das Implantat 15 versorgt war, konnte nicht abgenommen werden, sodass an dieser Stelle keine dichte Wundnaht erfolgen konnte.

Sechs Monate später wurden Implantate in den Regionen 11, 21 und 23 eingesetzt (Abb. 4-148).

Nach einer Einheilungszeit von weiteren 3 Monaten wurde eine rein implantatgetragene, bedingt abnehmbare (verschraubte) Brückenkonstruktion hergestellt und eingesetzt (Abb. 4-149).

Die Patientin hatte über mehrere Monate keinerlei Probleme mit ihren Zähnen, insbesondere nicht mit der neuen Implantatbrücke, bis ihr eines Tagen auffiel, dass die metallischen Anteile

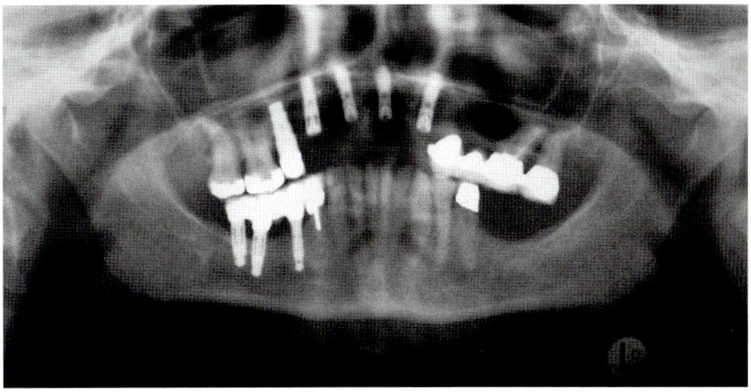

Abb. 4-148 *Implantatinsertion im Oberkieferfrontzahnbereich nach einer ca. 6 Monate zuvor durchgeführten Augmentationsmaßnahme.*

der Implantate im rechten Oberkiefer zunehmend sichtbar wurden. Sie wandte sich an einen anderen implantologisch tätigen Zahnarzt, der ihr eine fachliche Begutachtung der Behandlung durch die zuständige Zahnärztekammer empfahl.

Nach den bisherigen umfangreichen Behandlungsmaßnahmen fasste sie den Verdacht, fehlerhaft behandelt worden zu sein, und suchte Klärung in einem Gerichtsverfahren.

Der Vorwurf des Behandlungsfehlers betraf bereits die Vorbehandlungen, Schadensersatzansprüche wurden jedoch erst an die zuletzt durchgeführte Behandlung geknüpft, da sich bei der Befunderhebung herausstellte, dass auch die implantatgetragene Brückenkonstruktion wegen des starken marginalen Knochenverlustes um die Implantate eine ungünstige Prognose hatte und in absehbarer Zeit verloren gehen würde.

Anhaltspunkte für diese Prognose lieferten die Röntgenbilder, die im Zusammenhang mit der Erstellung des Gerichtsgutachtens angefertigt wurden (Abb. 4-150 und 4-151). Die Einzelröntgenbilder bestätigen die Befunde der Panoramaschichtaufnahme. Auffällig ist ein fortgeschrittener marginaler Knochenabbau insbesondere an den Implantaten in den Regionen 13 und 23. Der

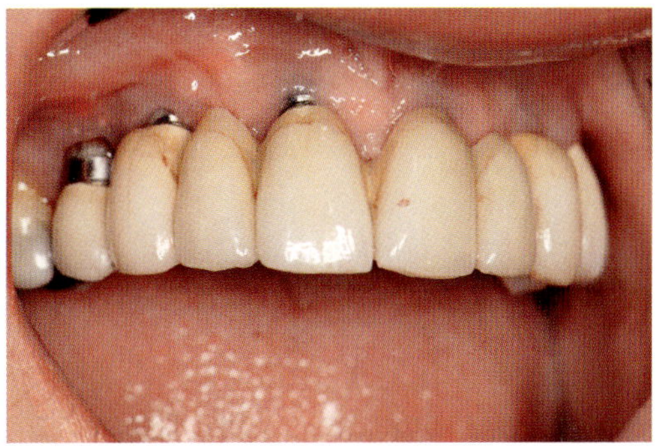

Abb. 4-149 *Intraorale Ansicht der Oberkieferbrücke.*

marginale Knochen war hier bis zur halben Implantatlänge verloren gegangen. Die Sondierungstiefe betrug teilweise 8 mm.

Zur Überprüfung der Stabilität wurde die verschraubte Brückenkonstruktion abgenommen. Dabei zeigte sich, dass die Hohlräume zwischen den Abutments und den Kronen relativ groß waren und sich dort ein Brei aus Speiseresten und Plaque angesammelt hatte, der über den Kronenspalt inflammatorische Toxine in die Umgebung abgab (Abb. 4-152).

Die marginalen Schleimhäute waren leicht teigig geschwollen, aber nicht gerötet. An dem Implantat 15 lag ein Teil der strukturierten Oberfläche des intraossären Abschnittes des Implantates über

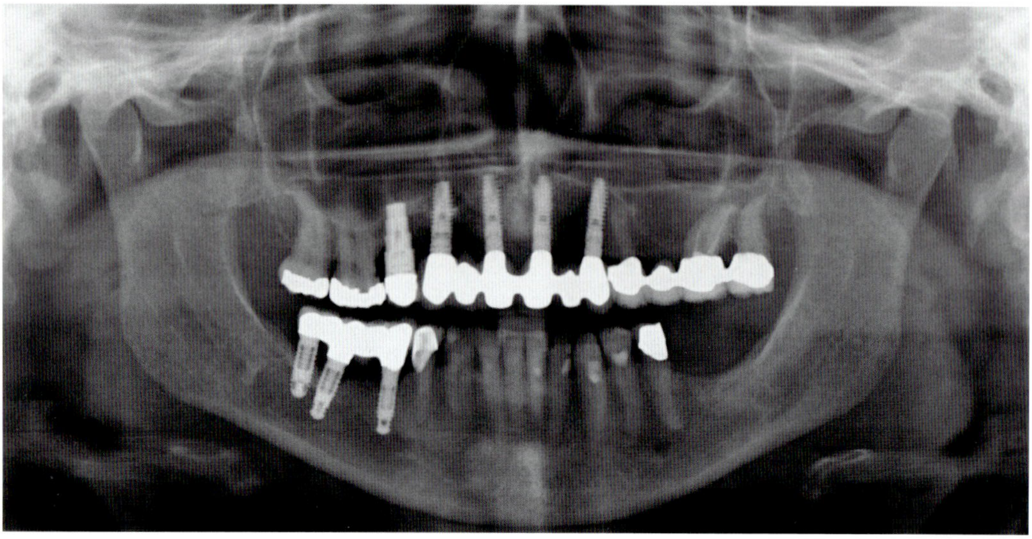

Abb. 4-150 *Röntgenbefund ca. ein halbes Jahr nach Eingliederung der Oberkieferbrücke.*

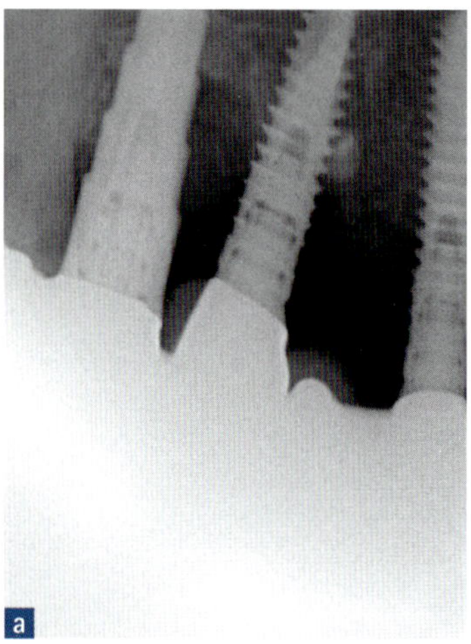

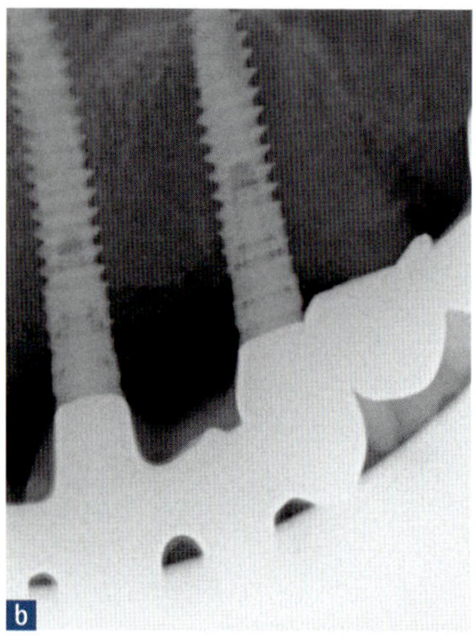

Abb. 4-151a, b *Einzelzahnaufnahmen der Implantate.*

dem Gingivaniveau. Bei Kompression entleerte sich jeweils an den Implantaten 15, 13 und 23 putrides Sekret aus den Taschen.

Im Sachverständigengutachten wurde für die Implantatbrücke im Oberkieferfrontzahnbereich und für das Implantat 15 eine ungünstige Prognose gestellt. Um die Explantation hinauszuzögern wurde die Brücke nach sorgfältiger Säuberung der Implantatpfosten und der Kronen mit einem speziellen Implantatzement wiederbefestigt, der mit einem Desinfektionsmittel versetzt war. Auf lange Sicht jedoch war der hergestellte Zahnersatz für die Patientin nicht brauchbar und eine umfangreiche Weiterbehandlung stand noch aus, sodass der wirtschaftliche Schaden relativ hoch war.

Es kam zur Einigung zwischen den Parteien: die Behandlungskosten wurden der Patientin erstattet, und sie erhielt ein Schmerzensgeld.

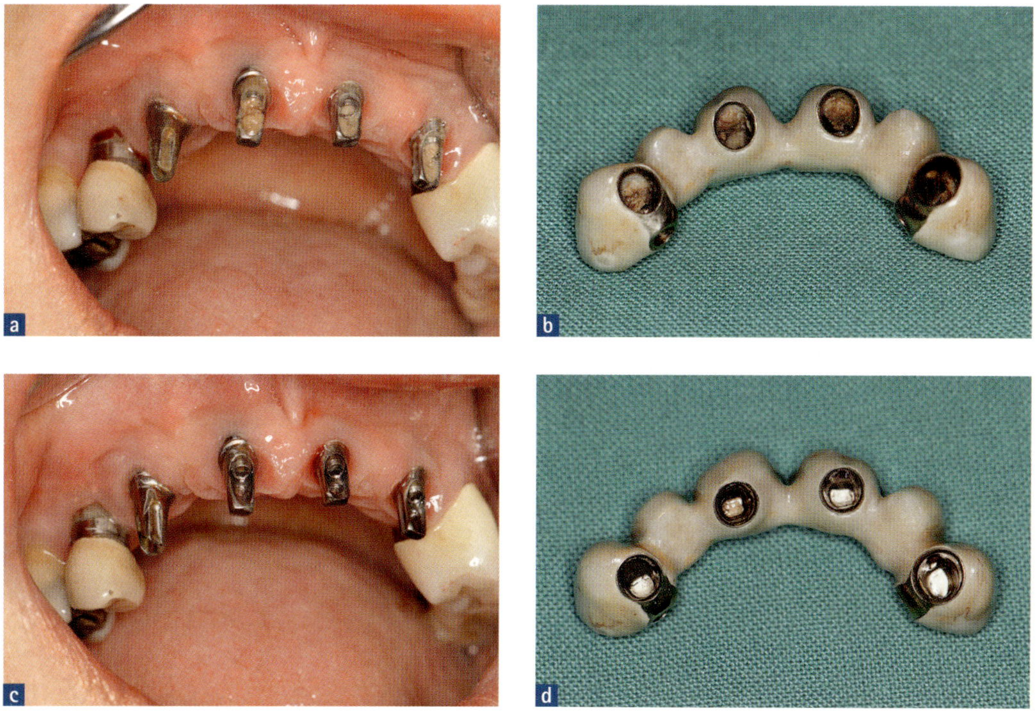

Abb. 4-152a–d *Bedingt abnehmbare mit den Implantaten verschraubte Brückenkonstruktion.* a, b *Schmutzeinlagerung zwischen Abutments und Implantatkronen;* c, d *Abutments und Brücke nach der Reinigung.*

4.6 Prothetische Misserfolge

Die Voraussetzungen zur Vermeidung prothetischer Misserfolge lassen sich bereits in der Planungsphase schaffen, wenn die in Tabelle 4-1 dargestellten Konstruktionsmerkmale und Gesichtspunkte berücksichtigt werden.

Bei umfangreichen Rehabilitationen muss grundsätzlich gemeinsam mit dem Patienten vorab entschieden werden, ob der Zahnersatz festsitzend (zementiert oder verschraubt) oder herausnehmbar gestaltet werden soll.

Die Abneigung insbesondere der weiblichen Patienten gegen einen herausnehmbaren Zahnersatz ist überwiegend psychogener Natur. Bei jüngeren Patienten ist sie durchaus verständlich. Die Vorteile einer herausnehmbaren Suprastruktur gegenüber fixiertem Zahnersatz liegen jedoch auf der Hand. Sie bestehen in der Möglichkeit einer günstigen Umgestaltung im Falle des Verlustes eines prothetischen Pfeilers, in der Reparaturfreundlichkeit, der Erreichbarkeit einer besseren Phonetik und besonders in der Erleichterung der Hygiene.

Kleinere Bezirke von bis zu sechs Zähnen werden eher festsitzend mit einem zementierten oder verschraubten Zahnersatz versorgt werden, auch wenn in besonders gelagerten Fällen eine Erweiterung oder Änderung der prothetischen Versorgung absehbar sein kann.

Bei entsprechender Kompetenz des Dentallabors und einer grazilen Gestaltung des herausnehmbaren Zahnersatzes werden dessen ungünstige Eigenschaften weitestgehend kompensiert, sodass der Patient keine Nachteile gegenüber dem festsitzenden Zahnersatz bemerkt (Abb. 4-153). Selbstverständlich muss bei einer Reduktion des Zahnersatzvolumens die Stabilität des Metallgerüstes und der Verblendmaterialien gewährleistet bleiben, um einen sicheren Gebrauch der

Voraussetzungen zur Vermeidung prothetischer Misserfolge

- dem Patienten individuell Rechnung tragen – wenn möglich und sinnvoll keine Umstellung der Art des Zahnersatzes
- Implantatdimensionen der voraussichtlichen Belastung anpassen
- hygienefreundliche Zahnersatzgestaltung
- Umstellungskonzept bei Ausfall von prothetischen Pfeilern planen
- optimale Abstimmung von Hygiene, Funktion, Phonetik und Ästhetik
- starre Verblockung von natürlichen Zähnen und Implantaten nur innerhalb kleiner prothetischer Strukturen
- komplizierte Verbindung vermeiden (z. B. verschraubte Geschiebe)
- sekundäre Verblockung von natürlichen Zähnen und Implantaten möglich
- bei der Versorgung des gesamten Kiefers festsitzenden und herausnehmbaren Zahnersatz gegeneinander abwägen
- Behandlungsaufwand und Kosten der Behandlung mit den Vorteilen des implantatgetragenen Zahnersatzes abwägen
- sämtliche Risiken abschätzen und Patienten detailliert aufklären (mögliche Dauerschäden?)
- konventionelle Alternativen gegenüberstellen
- geeignete und klinisch sichere Implantate verwenden
- Instruktion und Motivation zur erforderlichen Mundhygiene

Tab. 4-2 *Einige Gesichtspunkte zum Zahnersatz auf Implantaten*

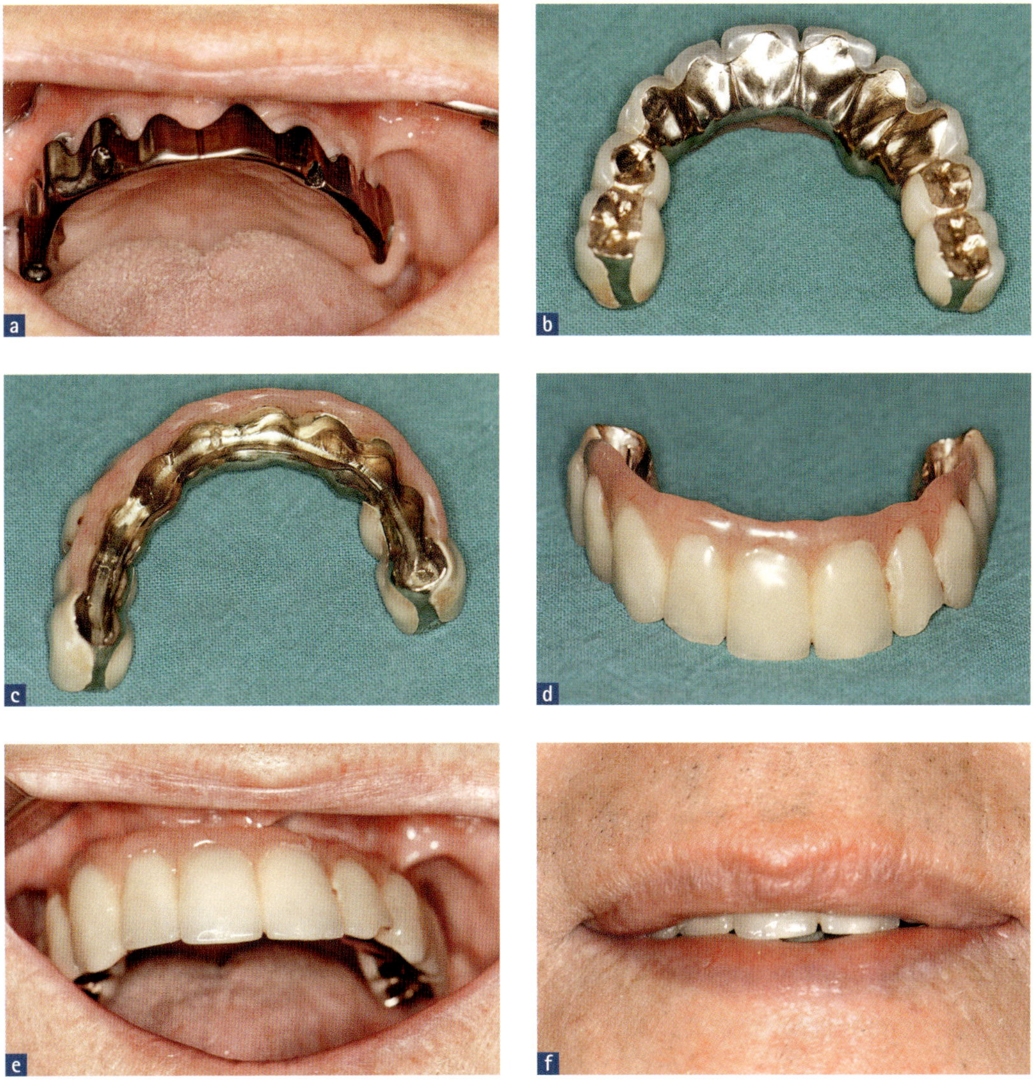

Abb. 4-153a–f *Beispiel für einen grazilen herausnehmbaren Zahnersatz auf Implantaten.*

Suprastruktur zu garantieren und häufige Reparaturen zu vermeiden.

Nicht selten muss der behandelnde Zahnarzt bestehende Widerstände seitens des Patienten überwinden und Überzeugungsarbeit leisten, um die Compliance des Patienten zu gewinnen.

Um Scherkräfte an den Implantaten und Ermüdungsbrüche zu vermeiden, kann bei einem herausnehmbaren Zahnersatz die Zahnreihe meist um ein oder zwei Zähne reduziert werden, häufig so, dass man im Seitenzahnbereich nur einen Prämolaren und einen Molaren ersetzt. Eine Zahnaufstel-

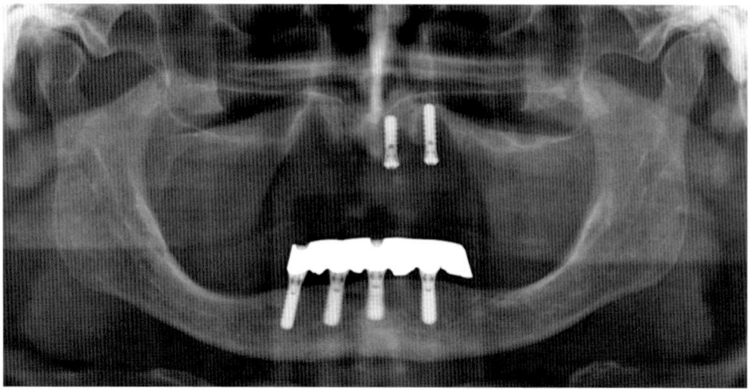

Abb. 4-154 *„Ausbruch" von Implantaten bei übermäßigen Scherkräften.*

Abb. 4-155 *Ausgangsbefund für eine implantatprothetische Planung.*

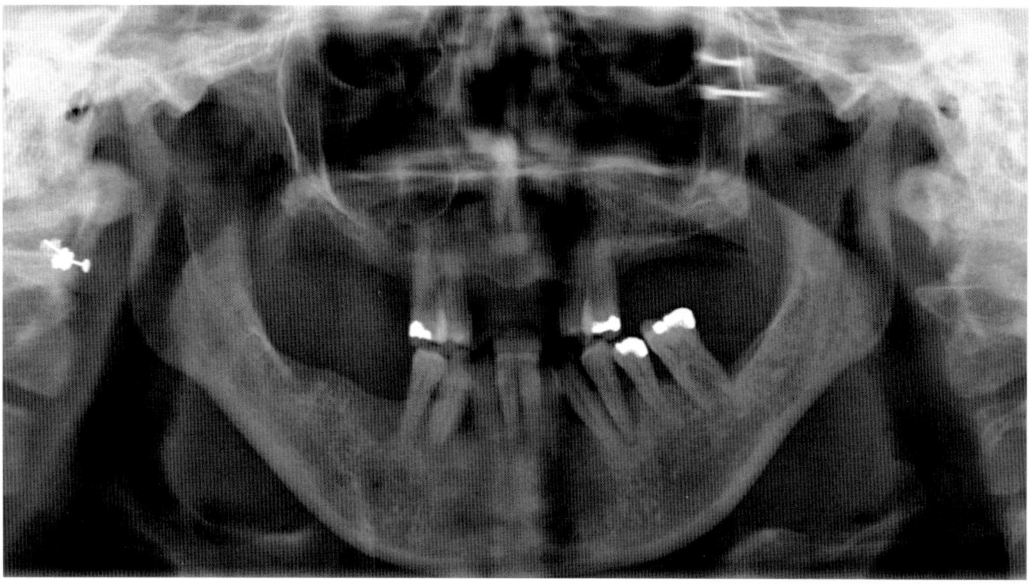

lung über den ersten Molaren hinaus ist dagegen nur selten erforderlich. Wirken bei rein implantatgetragenen Suprastrukturen beim Kauen zu hohe Scherkräfte auf zu wenige Implantate, können diese brechen oder im Knochen Osteolysen verursachen und so verloren gehen (Abb. 4-154).

In manchen Fällen kann die implantatprothetische Planung durch die subjektiven Vorstellungen der Patienten in erheblichem Umfang erschwert sein.

Bei dem folgenden Fall bestand bei der Patientin der ausgeprägte Wunsch, die parodontal desolaten Zähne im Ober- und im Unterkiefer (Abb. 4-155) zu erhalten.

Mit Rücksicht auf die Lockerung der natürlichen Restzähne im Oberkiefer wurde mit der Patientin dahingehend eine Übereinkunft erzielt, dass die Oberkieferzähne entfernt, im Unterkiefer dagegen eine systematische Parodontaltherapie mit dem Ziel durchgeführt werden sollte, den Verlust der natür-

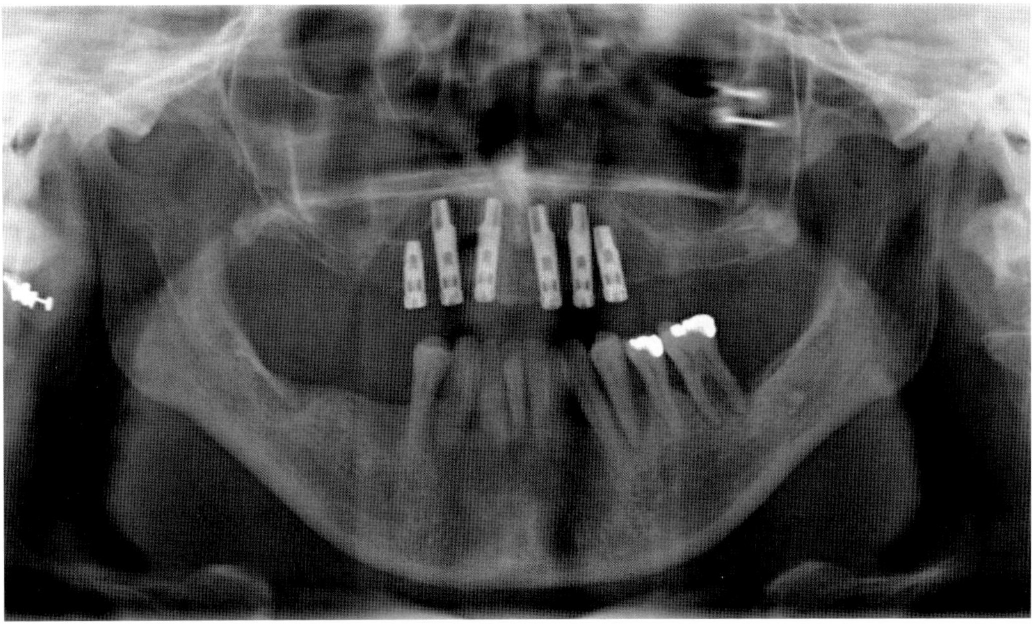

Abb. 4-156 *Oberkieferimplantate in der Einheilungsphase.*

lichen Unterkieferzähne zeitlich hinaus zu schieben. Zunächst sollte der implantatgetragene Zahnersatz für den Oberkiefer hergestellt und eingegliedert und erst nach Abschluss der Behandlung im Oberkiefer der Unterkiefer prothetisch versorgt werden.

Zur Verbesserung der Prognose des neuen Zahnersatzes und der phonetischen Funktion wurde trotz großer Widerstände seitens der Patientin ein herausnehmbarer Zahnersatz geplant und auch hergestellt, wobei sich dieser aufgrund der ästhetischen Ansprüche der Patientin zu einer besonderen Herausforderung für den Dentaltechniker entwickelte.

Nach der Entfernung der Oberkieferzähne wurde eine totale Interims-Prothese hergestellt, die wegen des stark abgeflachten Kiefers mit einem Prothesenkleber befestigt werden musste.

Nach Ausheilung der Extraktionswunden wurden im Oberkieferfrontzahnbereich sechs enossale Schraubenimplantate inseriert (Abb. 4-156) und nach einer Einheilungszeit von weiteren 4 Monaten prothetisch versorgt. Die herausnehmbare prothetische Versorgung erwies sich als besonders vorteilhaft und wurde schließlich auch von der Patientin akzeptiert (Abb. 4-157).

Bei herausnehmbarem Zahnersatz sollte die Friktion der prothetischen Elemente stets so eingestellt sein, dass es bei der funktionellen Belastung nicht zu einer Lockerung oder unkontrollierten Ablösung des Zahnersatzes kommt. Hierzu sollten dentaltechnische Möglichkeiten genutzt und konfektionierte Friktionsteile eingesetzt werden, die dem Patienten ein sicheres Tragen und Nutzen des Zahnersatzes gestatten. Heute stehen Friktionselemente zur Verfügung, bei denen die teilweise aus Gummi oder Kunststoffen bestehenden frikativen Teile ohne größeren technischen Aufwand ausgetauscht werden können.

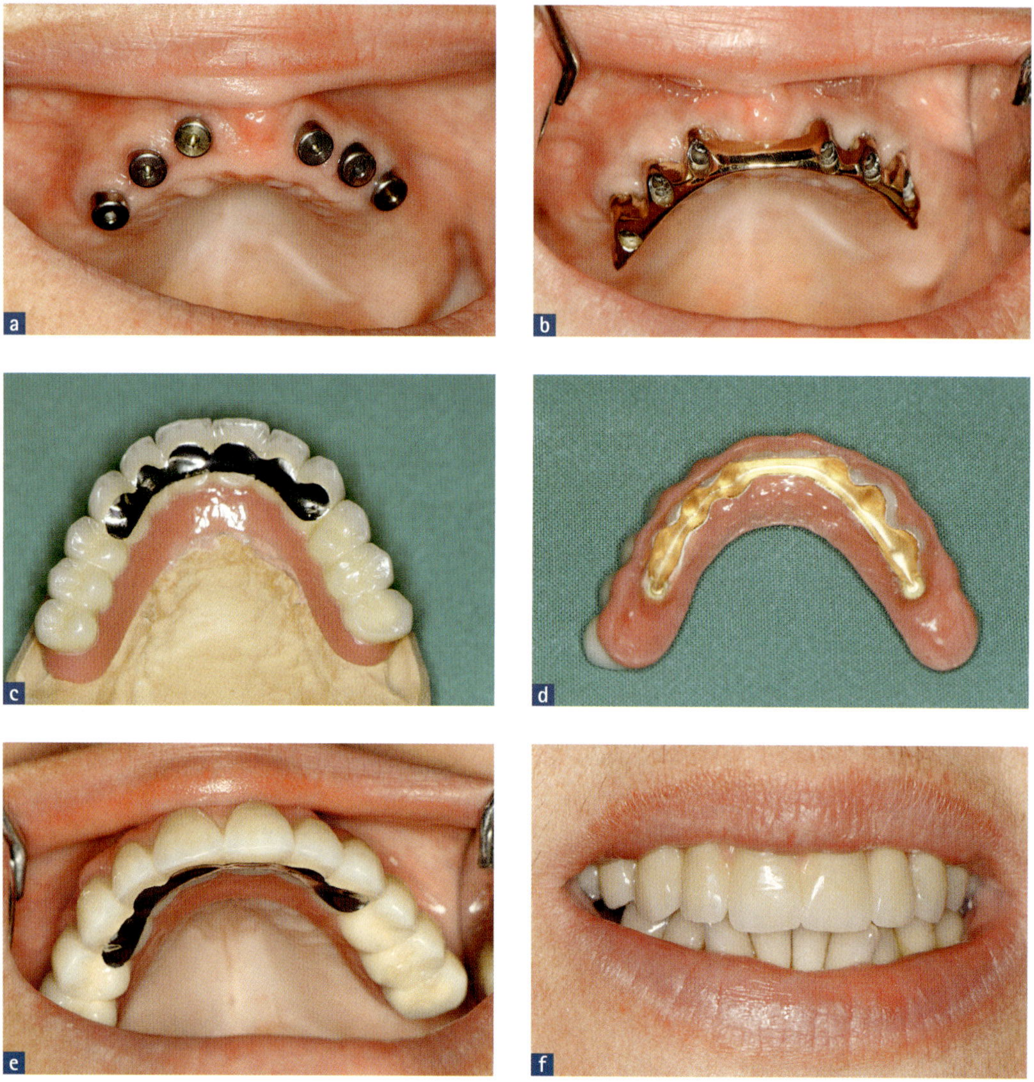

Abb. 4-157a–f *Rein implantatgetragene herausnehmbare Versorgung.*

Für die zementierte Befestigung von Brückenkonstruktionen auf Implantaten gilt analog die Forderung nach einer sicheren und stabilen Fixierung der Kronen mit Zementen, die bei Bedarf eine erhaltende Abnahme der Suprakonstruktion erlauben.

Bei dem im Folgenden vorgestellten klinischen Fall wurde eine Brückenkonstruktion auf drei Implantaten im linken Oberkiefer hergestellt und zunächst provisorisch zementiert. Nachdem sich die Brücke bereits in den ersten 3 Wochen nach der Eingliederung zweimal gelöst hatte (Abb. 4-158), wurde sie mit einem Zinkphosphatzement definitiv zementiert.

Auch in den darauffolgenden Monaten kam es regelmäßig immer wieder zur Lockerung und Ablösung

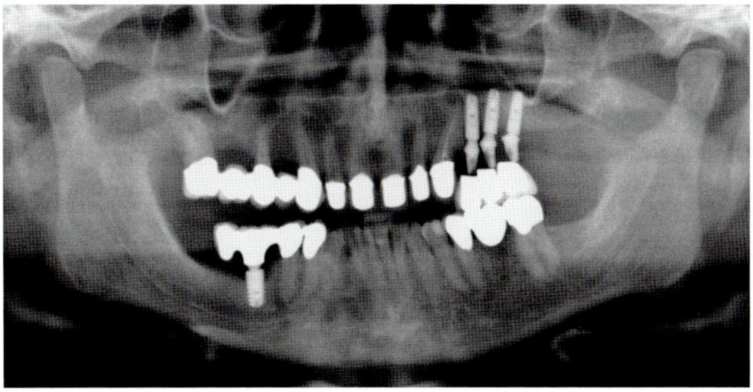

Abb. 4-158 *Gelöste Brücke im linken Oberkiefer im Röntgenbild.*

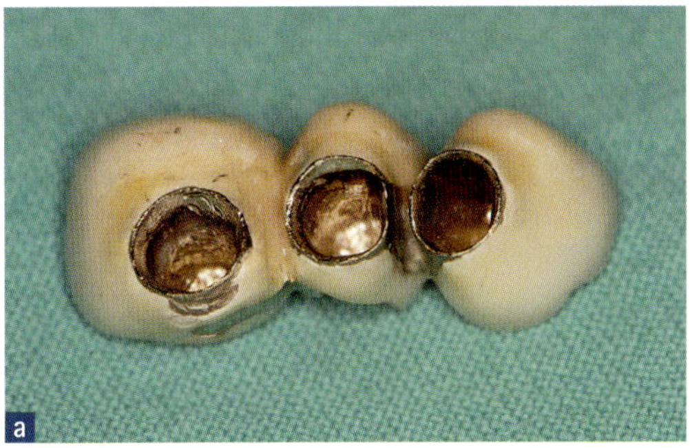

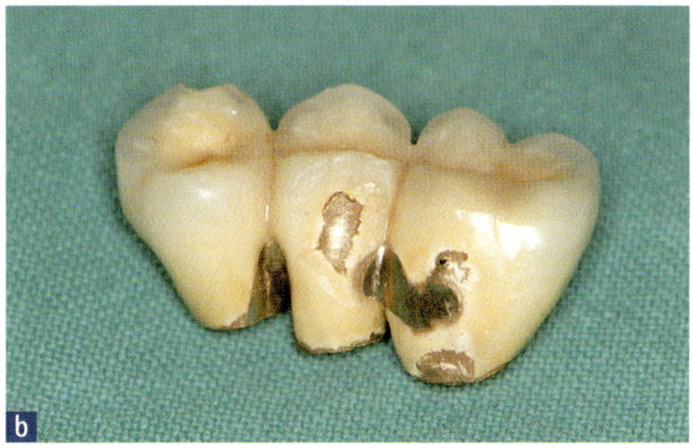

Abb. 4-159a, b *Mangelhafte Brückenkonstruktion.*

der Brücke von den Implantatabutments, bis der Patient schließlich eine Nachbesserung bzw. Behebung des unzureichenden Haltes der Brücke von seinem Zahnarzt verlangte. Dieser verwies auf die sehr starke Kaubelastung der Brückenkonstruktion und lehnte eine Nachbesserung ab, da er keine Möglichkeit zur Verbesserung der zementierten Befestigung der Brücke sah.

Erst im Gerichtsverfahren wurde vom Sachverständigen die mangelhafte dentaltechnische Herstellung der Brücke als Ursache für den unzureichenden Halt herausgestellt. Zusätzlich wurde festgestellt, dass das mittlere Abutment zu hoch war und die Brücke über dieser Erhöhung schaukelte. Auf diese Weise kam es bei der Kaufunktion zur Fraktur des Zementfilms und zu dessen Verlust. Infolge der mangelhaften Befestigung der Kronen brach auch die keramische Verblendung ab (Abb. 4-159).

Nach Neuherstellung der Brücke gab es keine Probleme mehr.

Im Falle umfangreicher Suprastrukturen sowie bei Patienten, bei denen eine Erweiterung des Zahnersatzes bereits eingeplant oder in absehbarerer Zeit zu erwarten ist, empfiehlt es sich, einen herausnehmbaren Zahnersatz oder einen festsitzenden verschraubten Zahnersatz herzustellen, der bei Bedarf relativ leicht und ohne Zerstörung der bereits bestehenden prothetischen Versorgungen abgenommen und gegebenenfalls erweitert werden kann.

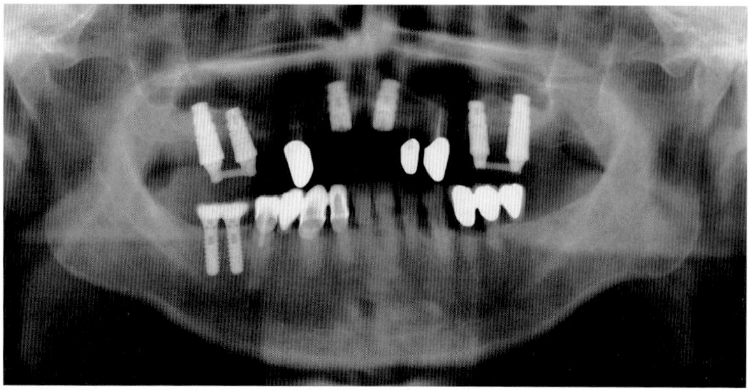

Abb. 4-160 *Röntgenbild nach Extraktion der Zähne 11 und 21 und Insertion von zwei Sofortimplantaten.*

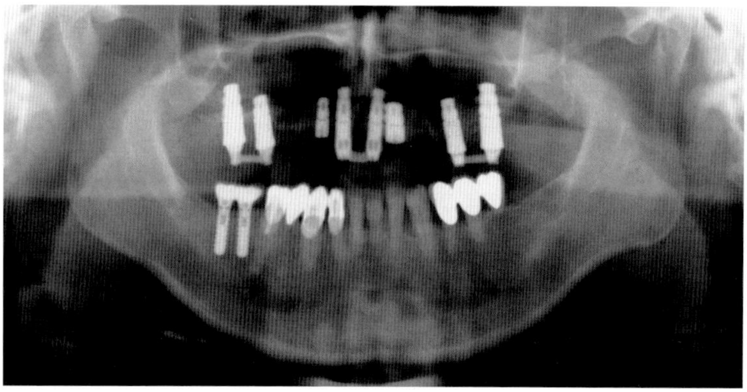

Abb. 4-161 *Zustand nach Entfernung der restlichen Zähne im Oberkiefer.*

Viele prothetische Probleme resultieren aus unvorhergesehenen Pfeilerverlusten, die umfangreiche und insbesondere kostspielige Umbaumaßnahmen des Zahnersatzes nach sich ziehen.

Bei dem folgenden klinischen Fall wurden über ca. 10 Jahre drei Umbaumaßnahmen an einer ursprünglich auf acht parodontal geschwächten Zähnen getragenen herausnehmbaren Brückenkonstruktion durchgeführt. Da es sich bei dem Patienten um eine Persönlichkeit aus der Medienbranche handelte, mussten die Phasen, in denen der Umbau vorgenommen wurde, mit einem stabilen und ästhetisch ansprechenden Interimszahnersatz überbrückt werden, um einen längeren Arbeitsausfall zu vermeiden.

Zuerst wurden die natürlichen Zähne 11 und 21 entfernt Hier wurden jeweils Sofortimplantate eingesetzt (Abb. 4-160). Drei Monate später wurde über den Implantaten ein Steg eingesetzt und die ursprüngliche herausnehmbare Suprastruktur wieder eingegliedert. Nach ca. 1 Jahr mussten auch die verbliebenen Oberkieferzähne 13, 22 und 23 wegen starker Lockerung entfernt werden (Abb. 4-161).

Nachdem im Oberkiefer mit insgesamt 8 stabil osseointegrierten Implantaten eine sichere Basis für einen rein implantatgetragenen Zahnersatz geschaffen worden war, entschied sich der Patient für einen festsitzenden verschraubten Zahnersatz, sodass eine neue Suprakonstruktion hergestellt werden musste (Abb. 4-162).

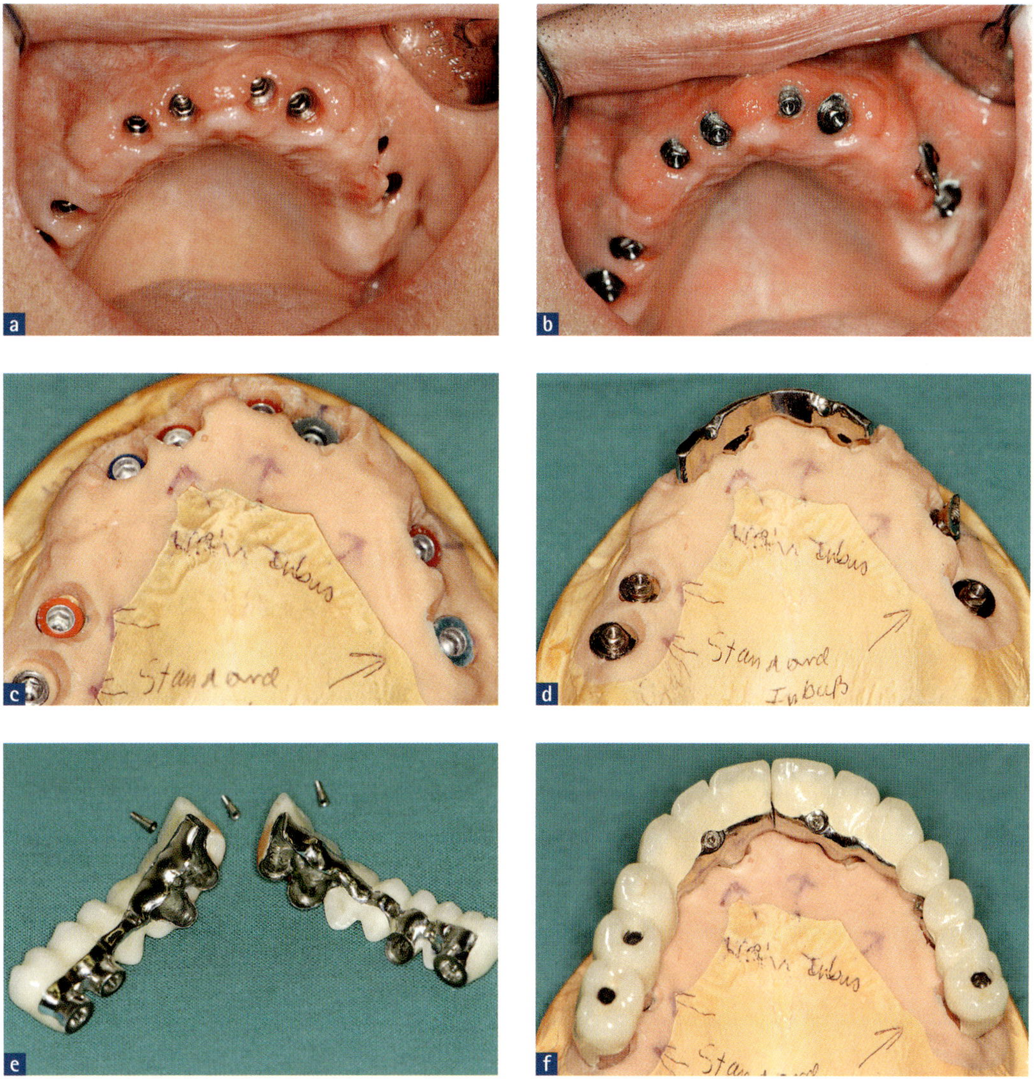

Abb. 4-162a–j *Festsitzender verschraubter Zahnersatz im Oberkiefer.*

Es ist außerordentlich schwierig, bei einer Umstellung des Zahnersatzes alle Möglichkeiten künftiger Änderungen der Verfügbarkeit der prothetischen Pfeiler zu berücksichtigen. Das prothetische Konzept sollte nicht nur die vier Kernkriterien (Funktion, Hygienefähigkeit, Phonetik und Ästhetik), sondern nach Möglichkeit auch die Belastbarkeit des implantologischen Fundaments berücksichtigen. In umfangreichen und kritischen Fällen sollte bei größeren implantatprothetischen Therapiemaßnahmen dem herausnehmbaren oder bedingt herausnehmbaren (verschraubten) Zahnersatz vor einer festsitzenden Konstruktion der Vorzug gegeben werden.

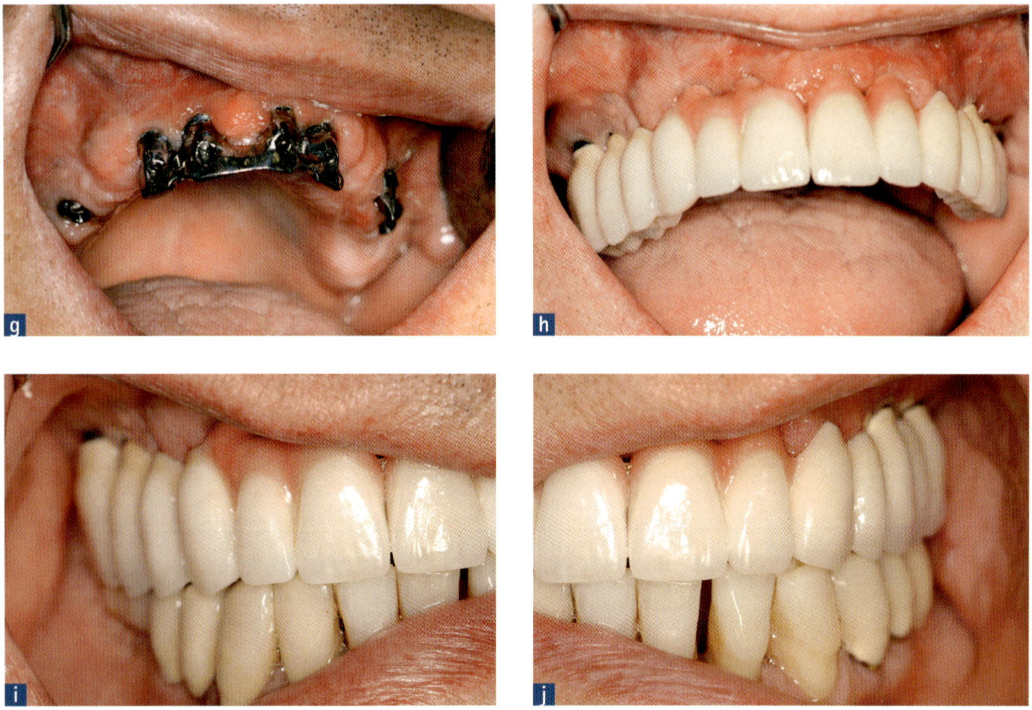

Abb. 4-162a–j *(Fortsetzung) Festsitzender verschraubter Zahnersatz im Oberkiefer.*

4.6.1 Festsitzend statt herausnehmbar

Der hier vorgestellte Patient litt seit vielen Jahren an einer Parodontalerkrankung, wegen der nach und nach mehrere Zähne entfernt werden mussten, bis schließlich nur noch einige wenige natürliche Zähne im Oberkiefer vorhanden waren.

Zum Zeitpunkt der Planung einer Zahnsanierung und Abstützung des Zahnersatzes auf Implantaten wurde von dem behandelnden Zahnarzt zusätzlich vorgeschlagen, den Oberkieferknochen mit einem synthetischen Knochenaufbaugranulat zu verbessern.

Die Behandlung begann mit der Augmentation des Oberkiefer-Alveolarfortsatzes beiderseits. Nach der Augmentationsmaßnahme verlor der Patient immer wieder Teile des eingebrachten Granulats, vermutlich aufgrund einer undichten Naht.

Nach ca. 5 Monaten wurden die restlichen natürlichen Zähne im Oberkiefer entfernt. Auch im Unterkiefer wurden alle natürlichen Zähne bis auf zwei Prämolaren entfernt.

Anschließend wurde im Ober- und im Unterkiefer ein provisorischer herausnehmbarer Zahnersatz eingegliedert. Dieser war aber nicht einwandfrei funktionstüchtig, sodass wiederholte Änderungen erforderlich wurden. Das Hauptproblem war der Raum für die Zunge. Der Patient hatte sowohl Kaustörungen als auch phonetische Probleme.

Ein halbes Jahr später wurden im Oberkiefer acht Schraubenimplantate (FRIALIT® 2, Dentsply Friadent, Mannheim, Deutschland) eingesetzt. Die posterioren Implantate konnten dabei nicht an der im Plan vorgesehenen Stelle inseriert werden und mussten noch weiter nach distal gesetzt werden.

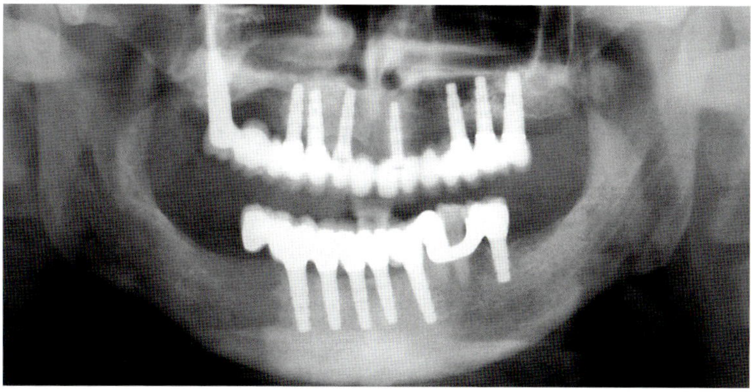

Abb. 4-163 *Abschlussröntgenkontrolle nach Eingliederung des Zahnersatzes.*

Vier Wochen später folgte die Implantation im Unterkiefer, bei der eine Bohrschablone verwendet wurde, die an den beiden Restzähnen befestigt war. Während der Einheilungsphase traten keine besonderen Probleme auf, sodass nach weiteren 3 Monaten eine Freilegung der Implantate im Unterkiefer durchgeführt werden konnte. Danach wurden Abdrücke genommen und ca. eine Woche später wurde eine Gerüstanprobe des Zahnersatzes im Unterkiefer durchgeführt.

Nach weiteren 14 Tagen erhielt der Patient die fertige Brücke im Unterkiefer, die er wegen der Stellung der Zähne bemängelte. Die Unterkieferfrontzähne standen sehr weit labial und wurden in der Position nicht akzeptiert. Da auch zweimaliges Nachbessern im Dentallabor keine merklichen Verbesserungen brachte, wurden die Frontzähne so eingeschliffen, dass sie an der Schneidekante sehr dünn und messerscharf waren.

Wegen der anhaltenden Unzufriedenheit des Patienten wurde auf Empfehlung der Krankenkasse eine Begutachtung der Versorgung durch einen Prothetik-Sachverständigen vorgenommen. Dieser beanstandete einige Mängel, wollte aber eine endgültige Stellungnahme erst nach Fertigstellung des Oberkieferzahnersatzes abgeben.

Kurze Zeit später wurden die Implantate im Oberkiefer freigelegt, eine Woche danach die Abdrücke genommen und nach Ablauf von weiteren 14 Tagen das Brückengerüst einprobiert. Nach drei weiteren Einproben und angeblichen Korrekturen des Brückengerüstes wurde schließlich eine Rohbrandanprobe durchgeführt. Dabei waren die Meinungen des Zahnarztes und des Patienten zur Aufstellung der Brückenzähne völlig entgegengesetzt. Nach einer weiteren Anprobe folgten schließlich die Fertigstellung und die Eingliederung der Oberkieferbrücke (Abb. 4-163 und 4-164).

Danach stellte sich der Patient erneut bei dem implantologischen Sachverständigen vor, der folgende Fehler an dem Zahnersatz feststellte und dokumentierte:

- Die Kauebene der Unterkieferbrücke verlief schräg und behinderte dadurch die Kaufunktion auf der rechten Kieferseite.
- Ein überkronter Zahn im linken Unterkiefer war über einen Bügel mit der Implantatbrücke verbunden (Abb. 4-165), was sich hygienisch nachteilig auswirkte.
- Der Abstand zwischen der Oberkieferbrücke und dem Kieferkamm war zu groß und hygienisch nachteilig.

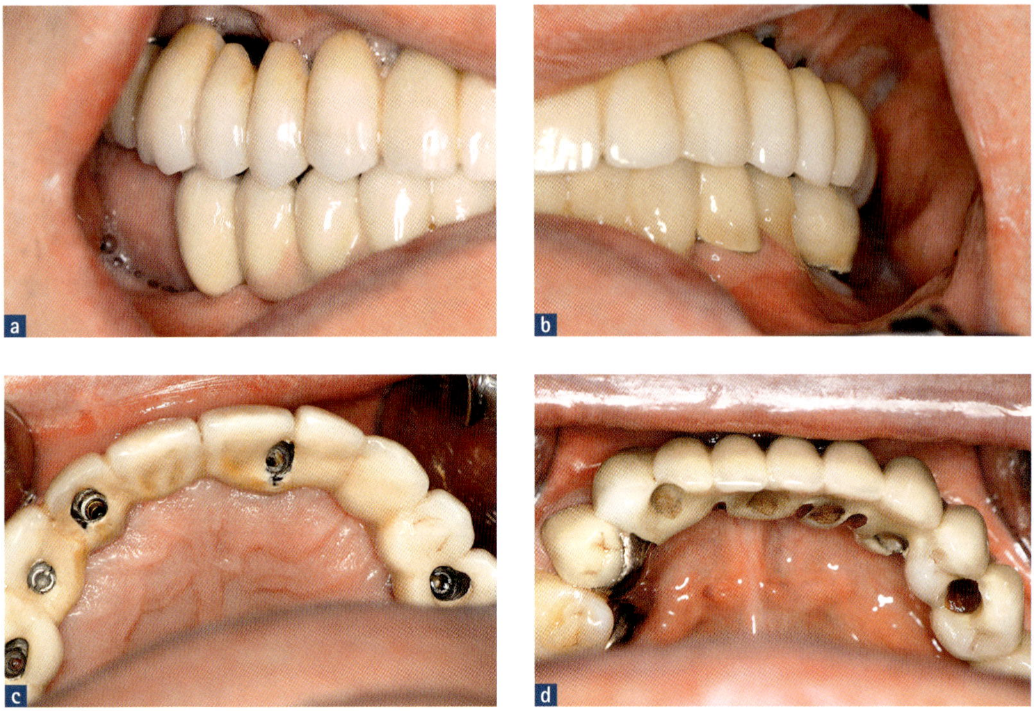

Abb. 4-164a–d *Ansichten des Zahnersatzes.*

- Die Zahnfarbe der Zähne in der Ober- und Unterkieferbrücke war unterschiedlich.
- An zwei Schneidezähnen der Unterkieferbrücke waren die Keramikverblendungen abgesplittert.

Aufgrund dieses Gutachtens entstand eine angespannte Situation zwischen dem Patienten und seinem Zahnarzt, wobei sich der Patient weigerte, einen größeren Rechnungsbetrag zu begleichen.

Nach einer Aussprache und der Versicherung des Behandlers, Änderungen und Nachbesserung vornehmen zu wollen, wurde die Rechnung beglichen. Als etwa ein halbes Jahr später immer noch keine Nachbesserungen am Zahnersatz vorgenommen worden waren, suchte der Patient einen anderen implantologisch tätigen Zahnarzt auf, der die Oberkieferbrücke abnahm und zwei Halteschrauben wegen eines Bruchs erneuerte. Ferner empfahl er, die Oberkieferbrücke erneuern zu lassen, da die Befestigungen an den Implantaten unstabil seien.

Vier Monate später hatte sich die Oberkieferbrücke erneut gelockert und musste wieder befestigt werden. Nach einem weiteren Monat ging eine Halteschraube verloren und musste ersetzt werden. Bei dieser Gelegenheit zeigte sich eine Lockerung des Implantates 15, das entfernt wurde. Damit verlor die Brücke noch mehr an Stabilität und zeigte bei jeder Belastung eine deutliche Beweglichkeit.

Zum wiederholten Mal wurde von dem nachbehandelnden Zahnarzt empfohlen, den gesamten Zahnersatz neu herzustellen zu lassen, da die Kaufunktion nicht ausgeglichen sei und sich die Oberkieferbrücke nicht stabil befestigen lasse. Die

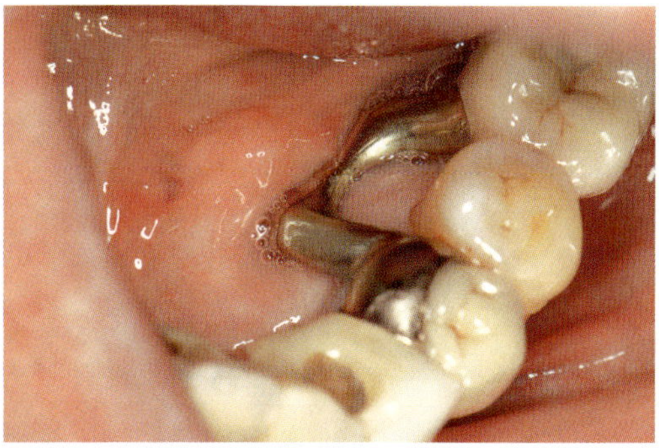

Abb. 4-165 *Lingualbogen zur Verbindung des distalen Implantates um den natürlichen Zahn herum mit den übrigen Implantaten.*

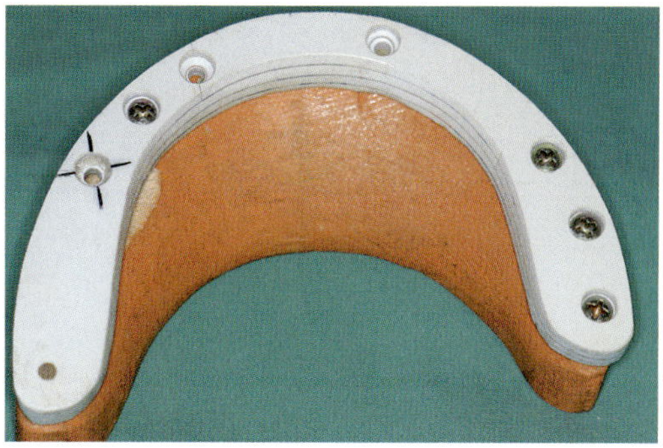

Abb. 4-166 *Vom Patienten hergestelltes Modell des Oberkieferzahnersatzes.*

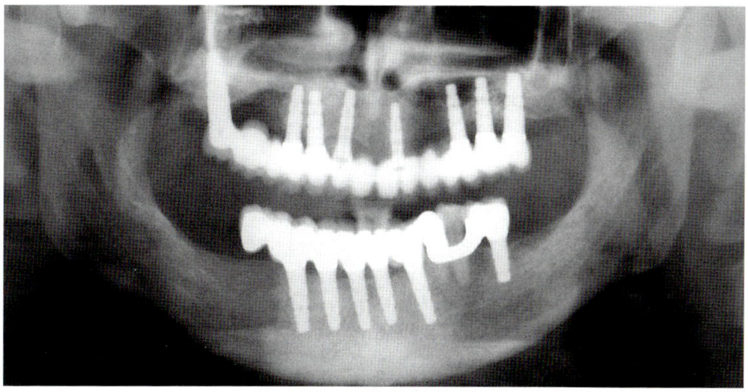

Abb. 4-167 *Zustand des Zahnersatzes im Röntgenbild. Man erkennt an den beiden Frontzahnimplantaten das Fehlen der Befestigungsschrauben.*

Konsultation eines weiteren Zahnarztes bestätigte die Empfehlung zur Erneuerung des Zahnersatzes.

Zum Zustand der Oberkieferbrücke stellte der Patient ein Modell her, an dem die Problematik auch für den Laien erkennbar wurde (Abb. 4-166). Mit diesem Modell konnte der Patient bei dem Gerichtsverfahren die ungünstige Lagerung des Zahnersatzes verdeutlichen. Er konnte mit dem Zahnersatz nur im linken Seitenzahnbereich kauen, wo die Brücke mit Schrauben an den drei Implantaten befestigt war, da sich bei der Kaubewegung außerhalb dieses Bereiches die gesamte Oberkieferbrücke bewegte und teilweise sehr hohe Spannungen auftraten. Die Oberkieferbrücke war zu diesem Zeitpunkt beweglich und konnte mit den Halteschrauben nicht mehr stabil fixiert werden (4-167).

Der Patient sah keine weiteren Möglichkeiten, den Zahnersatz nachzubessern und suchte auf dem Rechtsweg eine Klärung, da er die Kosten für eine neue prothetische Versorgung nicht erneut aufbringen konnte. Im Zuge des Gerichtsverfahrens wurden im Sachverständigengutachten die bereits zuvor bemängelten Defizite festgestellt.

Im Vergleich kam es zu folgendem Lösungsvorschlag: Der Zahnersatz im Oberkiefer sollte zu einer abnehmbaren Brückenkonstruktion umge-

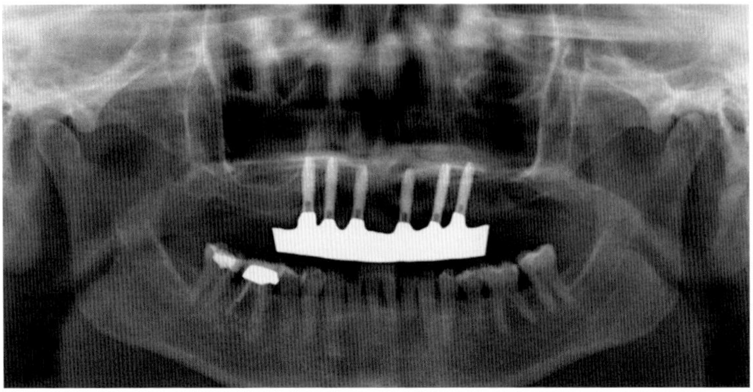

Abb. 4-168 *Panoramaschichtaufnahme nach Eingliederung des gefrästen Steges im Oberkiefer.*

staltet werden. Im Unterkiefer sollte der linguale Verbindungsbogen abgetragen und die festsitzende Brückenkonstruktion belassen werden. Da der Patient den Zahnersatz etwa 5 Jahre benutzt hatte, wurden die Kosten hälftig auf beide Parteien aufgeteilt.

Der Zahnersatz wurde bei diesem Patienten ohne Notwendigkeit als festsitzender Zahnersatz hergestellt, man darf vermuten, dass mit einer abnehmbaren Konstruktion die Schwierigkeiten und Probleme vermieden worden wären.

4.6.2 Kleiner Fehler – große Wirkung

Bei der folgenden Patientin wurde eine Untersuchung im Krankenhaus in Intubationsnarkose durchgeführt. Die totale Oberkieferprothese, die vor der Narkose abgegeben wurde, fiel während der Untersuchung auf den Boden und zerbrach. Vom Krankenhaus wurde der Patientin die Auskunft erteilt, dass die Prothese zu Lasten der Krankenhaushaftpflichtversicherung wiederhergestellt werde.

Nach der Entlassung aus dem Krankenhaus suchte die Patientin ihren Zahnarzt auf, der ihr einen neuen Zahnersatz herstellen sollte. Dieser überredete sie zu einem implantatgetragenen Zahnersatz, obwohl die Patientin nicht sicher war, dass ein implantatgetragener Zahnersatz für sie die beste Lösung sei. Sie willigte schließlich ein und war bereit die zusätzlichen Kosten selbst zu tragen.

Kurze Zeit später wurden sechs einteilige Schraubenimplantate in den Oberkieferknochen eingesetzt, die unter antibiotischer Abschirmung komplikationslos einheilten. Nach 3 Monaten erfolgten die Abdrucknahmen und ein individuell gefräster Goldsteg wurde über den Implantaten eingeschraubt (Abb. 4-168). Über ein individuell gefertigtes Geschiebe wurde ein gaumenfreier Oberkieferzahnersatz eingegliedert (Abb. 4-169).

Die Patientin bezahlte alle Rechnungen des Zahnarztes, war aber mit dem Ergebnis der Behandlung nicht zufrieden, da sie im Bereich der Seitenzähne keine Kontakte hatte und ihre Frontzähne stark belastet wurden (Abb. 4-170).

Infolge eines Vertrauensverlustes verzichtete die Patientin auf eine Nachbesserung des Zahnersatzes durch ihren bisherigen Zahnarzt und suchte stattdessen einen weiteren Kollegen auf, der zu Lasten des Erstbehandlers den Zahnersatz verändern sollte.

Der neu hinzugezogene Zahnarzt schlug vor, einen neuen Zahnersatz herzustellen. Die Krankenversicherung lehnte dies jedoch ab und stellte

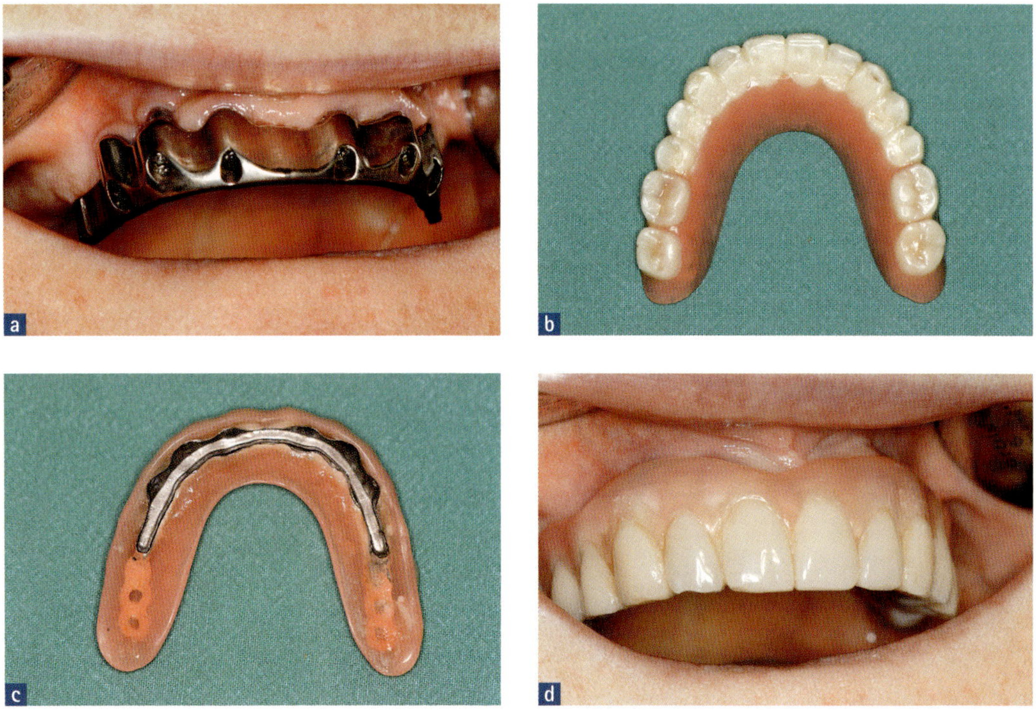

Abb. 4-169a–d *Herausnehmbarer Zahnersatz auf einem gefrästen Steg im Oberkiefer.*

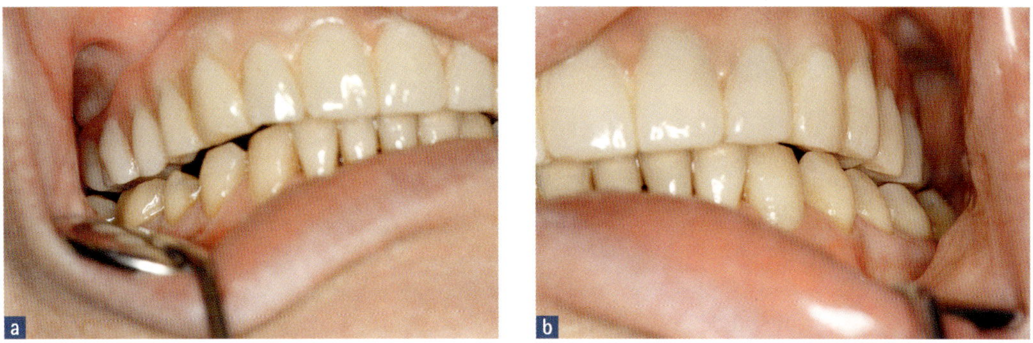

Abb. 4-170a, b *Schlussbisssituation mit dem Zahnersatz.*

keine Bezuschussung in Aussicht. Daraufhin beschritt die Patientin den Rechtsweg, um zu erreichen, dass ein neuer Zahnersatz zu Lasten des Erstbehandlers hergestellt würde.

Das Sachverständigengutachten ergab bis auf die Infraokklusion im Seitenzahnbereich beiderseits keine Anhaltspunkte für gröbere Fehler am Zahnersatz. Daraufhin erreichte ein dritter Behandler durch Ersatz der Seitenzähne und Einstellung einer regelrechten Okklusion schließlich die Funktionstüchtigkeit des Zahnersatzes. Die Kosten dafür betrugen einen Bruchteil der Prozesskosten.

In dem Verfahren wurde deutlich, dass sich ein Konflikt bei fehlender Bereitschaft der streitenden Parteien für Kompromisse bis ins Absurde steigern kann.

4.6.3 Ungünstige prothetische Planung

Neben fundiertem Wissen über die Möglichkeiten prothetischer Rekonstruktionen ist auch eine gewisse klinische Erfahrung Voraussetzung für den langfristigen Erfolg sowohl einer konventionellen als auch einer implantatgestützten prothetischen Therapie. Ebenso wie bei natürlichen Zähnen gewisse klinische Parameter berücksichtigt werden müssen, ist auch bei enossalen Implantaten neben der Dimensionierung den besonderen systemspezifischen Vor- bzw. Nachteile bei der Planung Rechnung zu tragen.

Bei der im Folgenden vorgestellten Patientin wurde ein stark durchmesserreduziertes Schraubenimplantat im rechten Oberkiefer eingesetzt und in einem prothetischen Verbund mit den restlichen natürlichen Zähnen verblockt. Die Patientin erhielt im Oberkieferfrontzahnbereich eine zementierte Primärkonstruktion, über der eine gaumenfreie Konuskronenprothese befestigt wurde, die im distalen Bereich gingivagetragen war.

Die Patientin bekam 4 Monate nach der Eingliederung des Zahnersatzes einen infraorbitalen

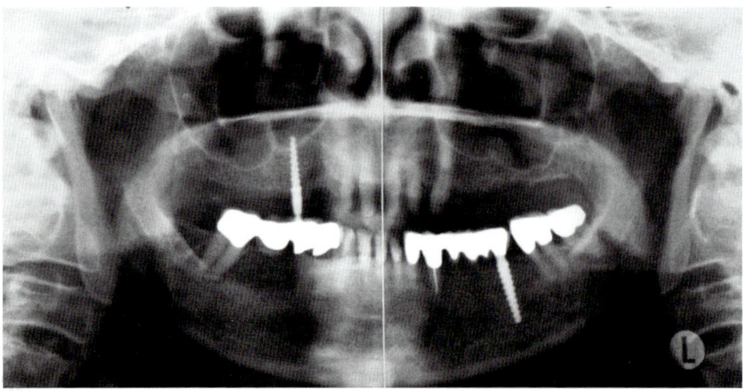

Abb. 4-171 *Röntgenbefund unmittelbar vor der Zementierung des Oberkieferzahnersatzes.*

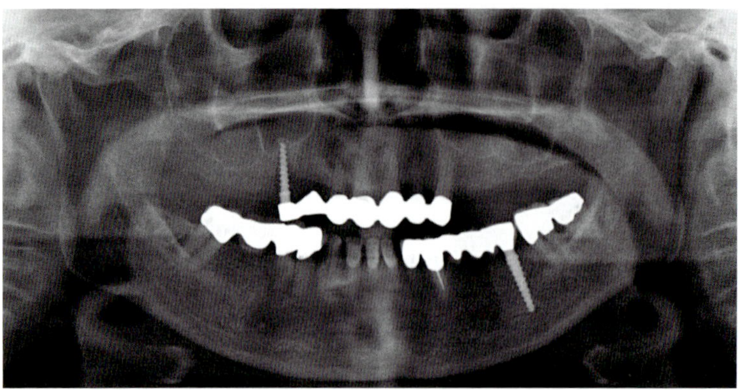

Abb. 4-172 *Röntgenbefund 4 Monate nach Eingliederung des Zahnersatzes*

Abszess rechts. Zuvor hatte sie eine zunehmende Lockerung der Brückenkonstruktion im Oberkiefer bemerkt.

Da der nachbehandelnde Zahnarzt der Patientin die Entfernung des Implantates und dreier natürlicher Restzähne vorschlug, suchte die Patientin Rat bei der zuständigen Zahnärztekammer, von wo aus eine Begutachtung veranlasst wurde.

Auf dem zu Beginn der Behandlung angefertigten Röntgenbild (Abb. 4-171) konnte festgestellt werden, dass die natürlichen Zähne und das Implantat in regio 14 keine pathologischen Befunde aufwiesen. In der wenige Monate später zum Zeitpunkt des Auftretens der entzündlichen Komplikation hergestellten Panoramaschichtaufnahme (Abb. 4-172) zeigten sich jedoch nahezu desolate Verhältnisse, die eine Erhaltung des Oberkieferzahnersatzes unmöglich erschienen ließen.

Die umfangreichen apikalen Ostitiden an den Zähnen 12 und 22 sowie eine starke Lockerung des Zahnes 23 und des Implantates bei 14 mit marginalem Knochenverlust führten schließlich zu einer alleinigen Erhaltung der Zähne 11 und 21 und einer Umgestaltung der Oberkieferprothese zu einem totalen Zahnersatz, der über die Doppelkronen an den beiden Frontzähnen einen gerade noch ausreichenden Halt hatte.

Nach der Ausheilung der Knochenwunden wurden zur zusätzlichen Stabilisierung der Oberkieferprothese zwei Implantate in den Oberkiefereckzahnregionen inseriert. Über ZEST-Lokatoren konnte anschließend ein zufriedenstellender Halt der Prothese erreicht werden.

Im Rahmen der Auseinandersetzung zwischen der Patientin und dem erstbehandelnden Zahnarzt wurde eine Einigung erzielt, indem die Behandlungskosten für die erste Versorgung erstattet wurden.

4.6.4 Dentaltechnische Fehler

Der Erfolg der prothetischen Behandlung hängt zu einem hohen Grad davon ab, welche Qualität das dentaltechnische Werkstück besitzt. Der Techniker trägt bei allen prothetischen und damit selbstverständlich auch bei implantatprothetischen Rehabilitationen einen wichtigen Teil zum Gelingen der Therapie bei. In jedem Fall muss der Zahnarzt gewisse Mindestanforderungen an den Zahnersatz stellen und bei Defiziten hinsichtlich der technischen Anforderungen Nachbesserungen vom Techniker verlangen.

Bei gravierenden Fehlern darf der Zahnarzt, da er für die Gesamtleistung haftet, den Zahnersatz nicht eingliedern, sondern muss das Werkstück – gegebenenfalls von einem anderen Dentaltechniker – neu herstellen lassen.

Eine Patientin, die mit einer rein implantatgetragenen Metallkeramikbrücke im Unterkieferfrontzahnbereich bedingt abnehmbar versorgt worden war, klagte von Anfang an über Reinigungsprobleme und rezidivierende Infektionen an ihren beiden Implantaten. Zusätzliche Probleme hatte die Patientin mit der transversalen Dimension der Brücke, welche wegen der Einengung des Zungenraumes erhebliche phonetische Probleme bereitete. Aufgrund der ungünstigen Position der Implantate konnten die Beschwerden der Patientin durchaus nachvollzogen werden (Abb. 4-173 und 4-174).

Nachdem der behandelnde Zahnarzt mehrfach die entzündete marginale Gingiva um die Implantate behandelt, aber keine Änderung des Zahnersatzes angeboten hatte, wandte sich die Patientin an einen anderen implantologisch tätigen Zahnarzt, der durch eine Neuherstellung der Brücke Abhilfe zu schaffen anbot.

Durch den Austausch des Abutments am Implantat 42 gegen ein abgewinkeltes Sekundärteil

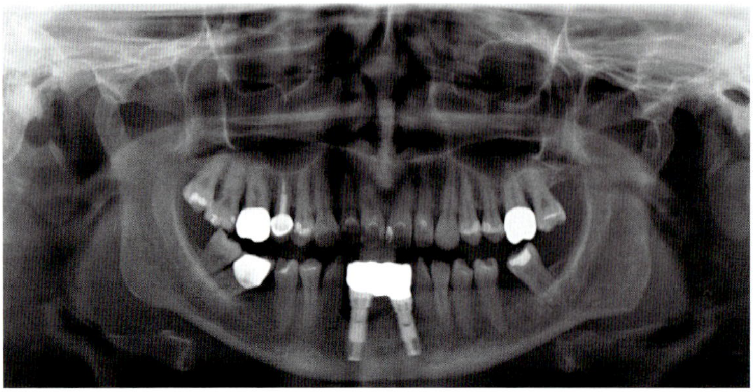

Abb. 4-173 *Panoramaschichtaufnahme ca. 1 Jahr nach Eingliederung der Brücke im Unterkieferfrontzahnbereich.*

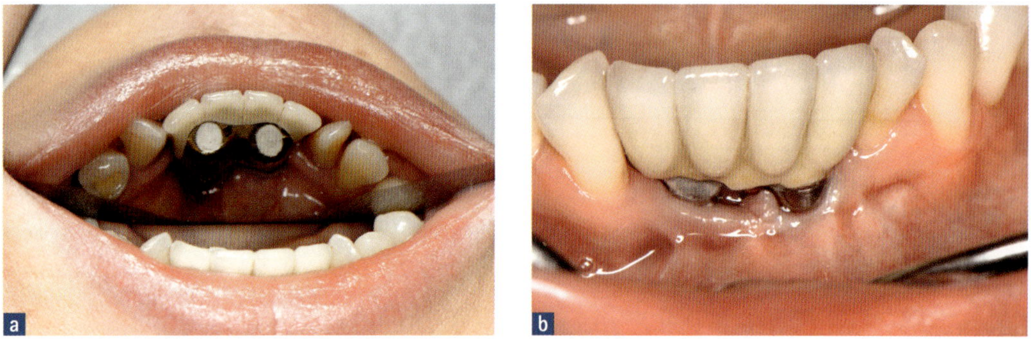

Abb. 4-174a, b *Klinischer Ausgangsbefund.*

und durch eine grazile Herstellung des Metallgerüstes konnte die Brücke wesentlich platzsparender konstruiert werden.

Wie sich in der Abbildung 4-175 unschwer erkennen lässt, wurde der Zahnbogen deutlich besser geschlossen und der Zungenraum praktisch nicht eingeengt. Der Schachtelstellung der benachbarten Zähne entsprechend wurden die Brückenzähne ebenfalls geringfügig unregelmäßig eingestellt, was die Patientin als unauffälliger und besser zu ihr passend empfand.

In diesem Fall gelang es dentaltechnisch gut, die ungünstige Position der Implantate zu kompensieren. Eine noch weitergehende Volumenreduktion des Zahnersatzes wäre mit einer zementierten Befestigung erreichbar gewesen.

Im Zuge der Auseinandersetzung mit dem erstbehandelnden Zahnarzt wurde eine Einigung erzielt, indem der Patientin die Behandlungskosten für die erste Brückenkonstruktion erstattet wurden.

4.6.5 Konflikt nach wiederholten Misserfolgen

Vorhersehbare Komplikationen sollten möglichst rasch und für den Patienten zufriedenstellend behoben werden, da sie andernfalls häufig zu einer gerichtlichen Auseinandersetzung führen können.

Bei dem folgenden Fall wurde eine umfangreiche prothetische Sanierung des Oberkiefers durchgeführt. Eine einteilige Brückenkonstruktion von Zahn 16 bis Zahn 26 wurde eingegliedert (Abb.

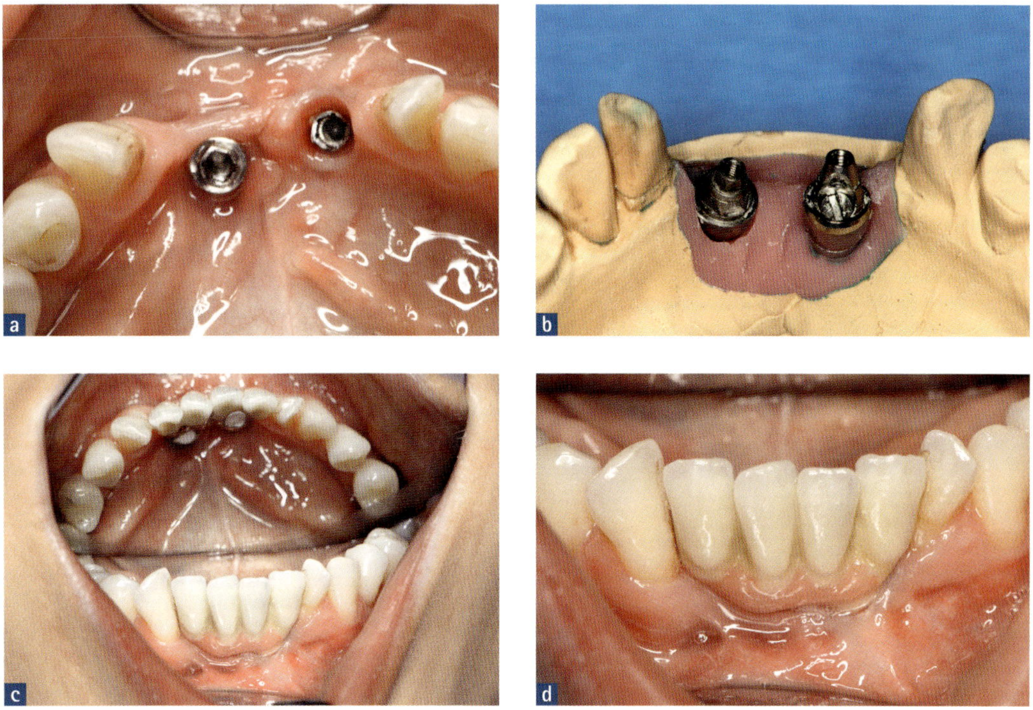

Abb. 4-175a–d *Durch den Zahnersatz kompensierte Implantatfehlposition (Situation teilweise im Spiegel abgebildet).*

4-176). Nach 6 Monaten kam es zu rezidivierenden Infektionen an den überkronten Zähnen 11 und 21 und schließlich zum Verlust beider Zähne.

Rund 6 Monate nach der Entfernung der Zähne 11 und 21 und der Abtrennung des Brückenanteils von Zahn 12 bis Zahn 22 wurden in der Oberkiefer-

f	f	b	k	b	k	b	k	k	b	k	b	k	b	f	f
8	7	6	5	4	3	2	1	1	2	3	4	5	6	7	8
8	7	6	5	4	3	2	1	1	2	3	4	5	6	7	8
f	f	k	k	k	k	b	k	k	b	k	k		k	f	f
							i	i							

Abb. 4-176 *Zahnstatus der prothetischen Erstversorgung (Befundkürzel: f = fehlender Zahn, k = Krone, b = Brücke, i = Implantat).*

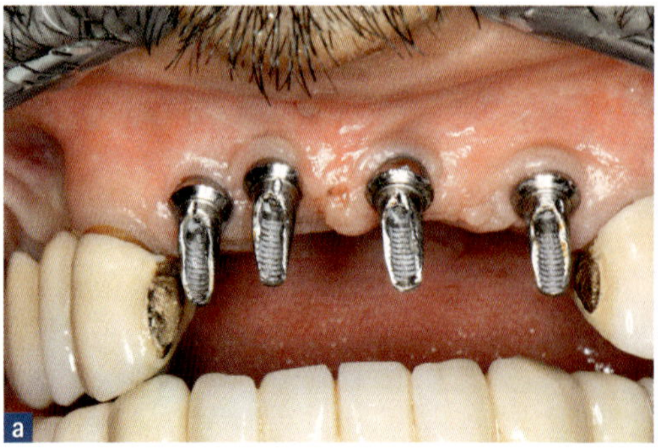

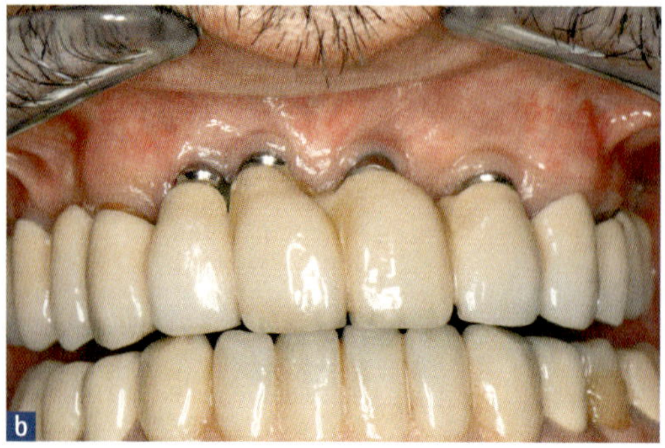

Abb. 4-177a, b *Überbrückung der Frontzahnlücke mit vier Implantaten.*

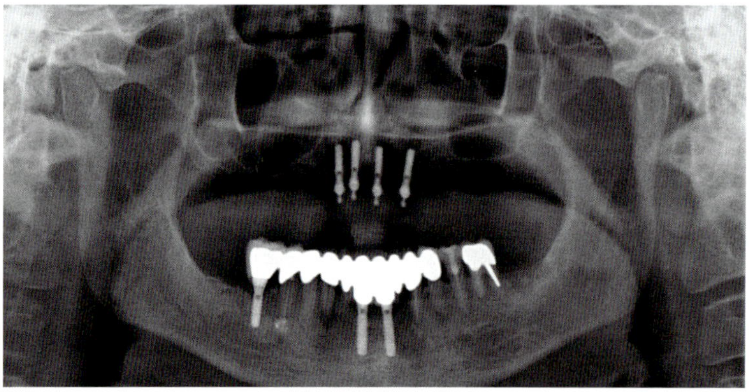

Abb. 4-178 *Interims-Versorgung des Oberkiefers auf 4 Kugelattachments.*

frontzahnregion 4 enossale Schraubenimplantate inseriert und eine festsitzende zementierte Suprakonstruktion eingegliedert. Bis zum Abschluss dieser prothetischen Umstellung war der Patient mit einem herausnehmbaren Interims-Zahnersatz versorgt.

Vereinbarungsgemäß wurden dem Patienten die Kosten für die verloren gegangenen Brückenanteile im Oberkiefer auf die Neuversorgung angerechnet, womit der Patient einverstanden war.

Zunächst war der Zahnersatz funktionstüchtig und der Patient mit dem erreichten Ergebnis der Behandlung zufrieden. Nach einem weiteren Jahr kam es jedoch an den überkronten natürlichen Restzähnen im Oberkiefer, namentlich bei den Zähnen 13, 15, 23 und 25, zu parodontalen Problemen entzündlicher Natur, sodass deren Erhaltung fragwürdig erschien.

Mit dem Einverständnis des Patienten wurden alle natürlichen Zähne entfernt, die Kronenabutments durch Kugelattachments ersetzt (Abb. 4-178) und eine totale Prothese eingegliedert (Abb. 4-179). Die herausnehmbare Lösung erwies sich jedoch als für den Patienten unbefriedigend, sodass eine Erweiterung der prothetischen Pfeiler um weitere vier Implantate beschlossen wurde, damit wieder ein festsitzender Zahnersatz hergestellt werden konnte (Abb. 4-180). Der behandelnde Zahnarzt bestand bei der prothetischen Neuversorgung des Oberkiefers auf der Herstellung eines herausnehmbaren Zahnersatzes, wobei die Implantate über einen individuell gefrä-

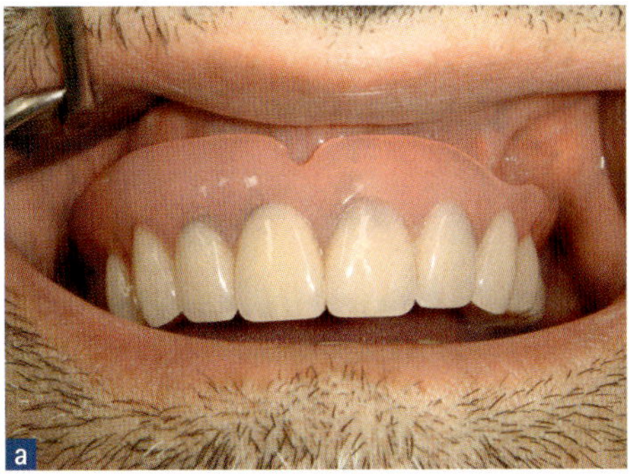

Abb. 4-179 *Interims-Zahnersatz im Mund des Patienten.*

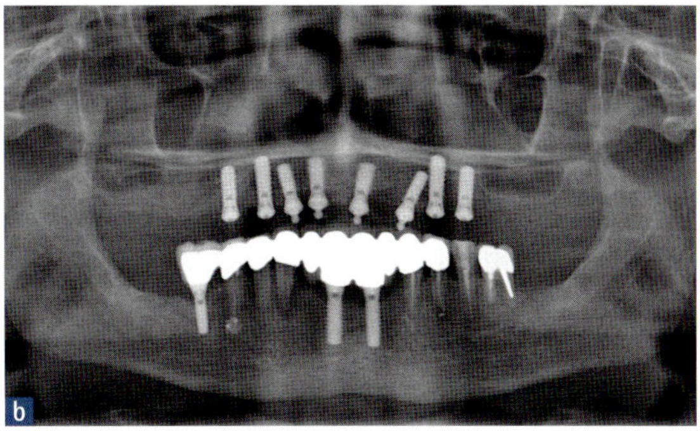

Abb. 4-180 *Postoperatives Röntgenbild nach der Implantatinsertion im Oberkieferseitenzahnbereich.*

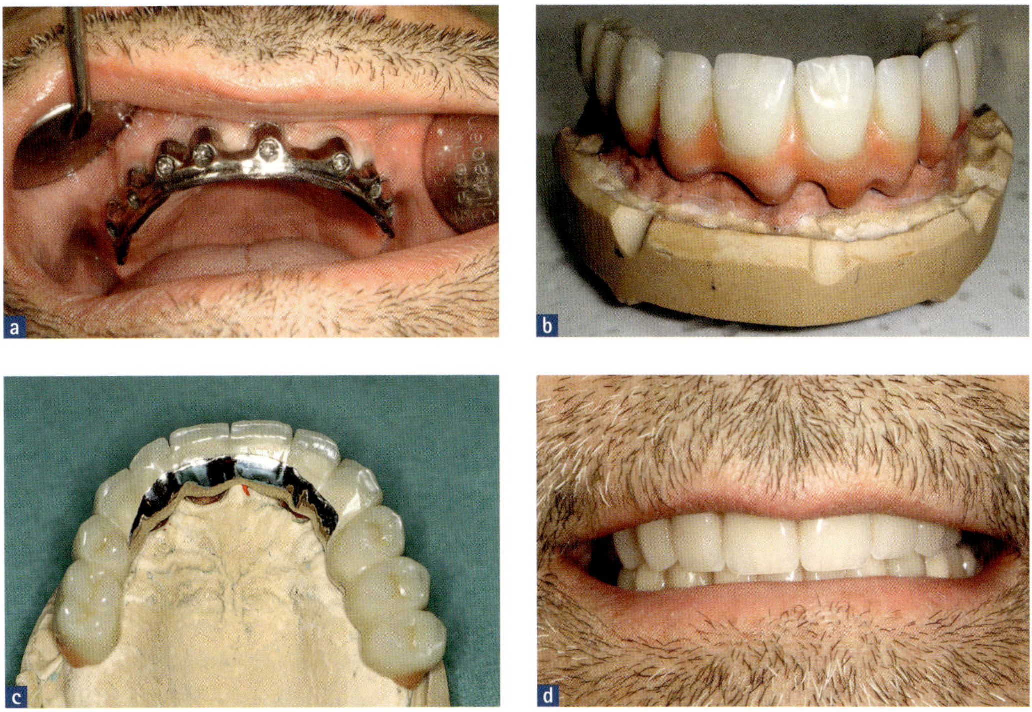

Abb. 4-181a–d *Herausnehmbare Brücke auf Implantaten im Oberkiefer.*

sten Steg starr miteinander verbunden wurden (Abb. 4-181).

Auch bei dieser Umstellung des Oberkieferzahnersatzes musste der Patient lediglich für den zusätzlichen Behandlungsaufwand aufkommen. Die bis hierher angefallenen Kosten für die verlorenen Brücken im Oberkieferseitenzahnbereich wurden auf die Behandlung angerechnet.

Obwohl der neue Zahnersatz nach fachlichen Kriterien nicht zu beanstanden war, war der Patient darüber enttäuscht, keinen festsitzenden Zahnersatz erhalten zu haben, und verweigerte die Zahlung der vereinbarten Behandlungskosten.

In der sich daraus entwickelnden rechtlichen Auseinandersetzung wurde der Zahnersatz im Sachverständigengutachten für regelgerecht befunden und der Patient zum Ausgleich der Forderungen des Zahnarztes verpflichtet. Ein Schadensersatz wurde dem Patienten nicht zugesprochen.

4.6.6 Implantatbruch und prothetische Kompensation

Nicht selten können ungünstige Umstände und ein unvorhergesehener Behandlungsverlauf zu Missverständnissen und zu Konflikten zwischen dem Patienten und seinem Behandler führen.

Bei der hier vorgestellten Patientin war bereits einige Jahre zuvor eine implantatgetragene Brückenkonstruktion im rechten Unterkiefer hergestellt worden. Sie suchte ihren Zahnarzt wegen Schmerzen im linken Oberkiefer und einer Lockerung der Brücke im rechten Unterkiefer auf.

Die Untersuchung ergab einen desolaten Zustand des Zahnes 27 und eine beginnende apikale Ostitis an Zahn 24 (Abb. 4-182) sowie eine geringe Lockerung der Implantatbrücke, als deren Ursache vom Behandler eine Lockerung der Halteschrauben oder der Abutments in den Implantaten vermutet wurde.

Bei dem Versuch die Brücke abzunehmen, wurde festgestellt, dass eine Fraktur der beiden vorderen Implantate (45 und 46) vorlag (Abb.

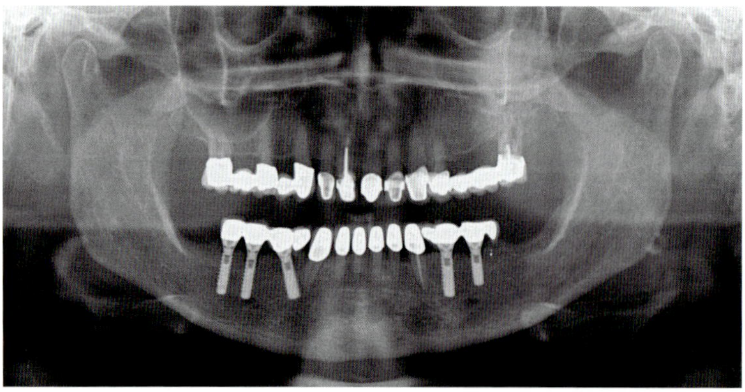

Abb. 4-182 *Ausgangsbefund in der Panoramaschichtaufnahme.*

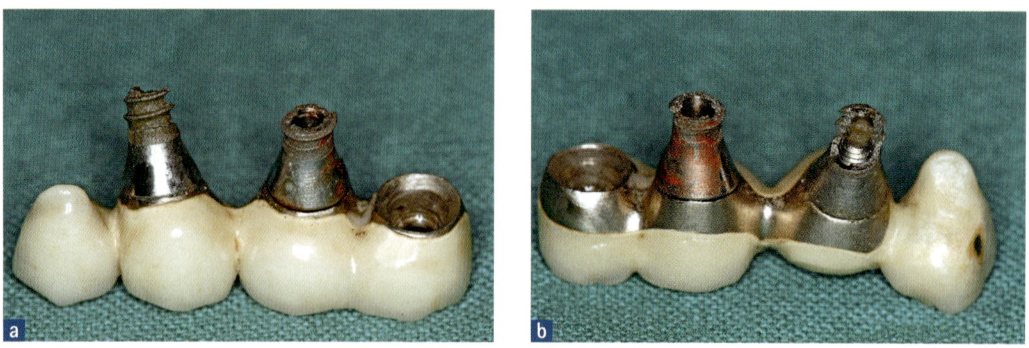

Abb. 4-183a, b *Brücke mit Anteilen der gebrochenen Implantate.*

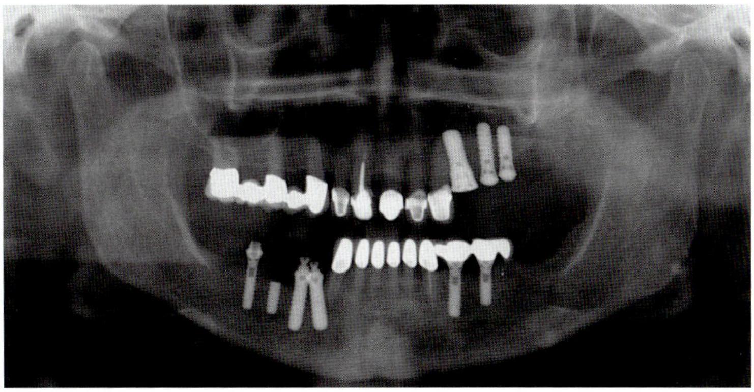

Abb. 4-184 *Postoperatives Röntgenbild.*

4-183). Die Brücke konnte aus diesem Grund nicht mehr verwendet werden.

In einer weiteren Behandlungssitzung konnte das Implantat 45 ohne größeren Knochenverlust entfernt und an seiner Stelle in Sofortimplantation ein Implantat mit größerem Durchmesser eingesetzt werden. Das Implantat 46 wurde koronal so weit gekürzt, dass die Öffnung für die Aufnahme des Sekundärteils vollständig abgetragen wurde. Weil dieses Implantat vollständig osseointegriert war, wurde es belassen. In der Region 44 konnte ein weiteres Implantat eingesetzt werden, womit stabile Pfeiler für eine neue festsitzende prothetische Rehabilitation geschaffen waren.

In derselben Sitzung wurde die Brücke im linken Oberkiefer entfernt. Dabei zeigte sich, dass der Zahn 24 wegen tiefer kariöser Zerstörung der Krone nicht erhalten werden konnte. Intraoperativ wurde mit der Patientin die Insertion eines Sofortimplantates bei 24 und die Entfernung von Zahn 27 vereinbart. In den Regionen 25 und 26 wurde – wie geplant – je ein enossales Schraubenimplantat inseriert (Abb. 4-184).

Die Wundheilung nach den Implantatinsertionen gestaltete sich zunächst völlig unauffällig. Etwa 4 Wochen postoperativ bekam die Patientin jedoch pulpitische Beschwerden an Zahn

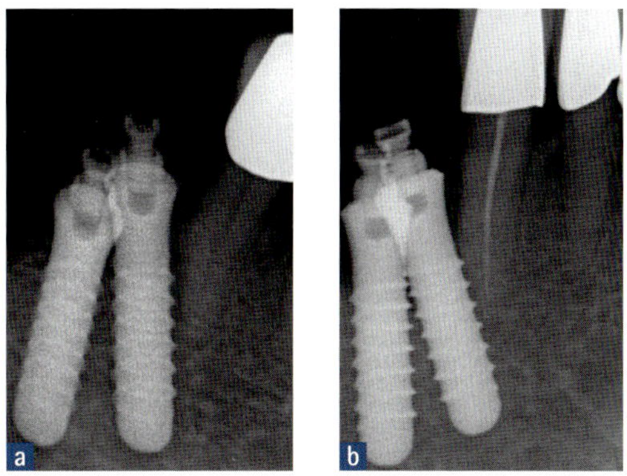

Abb. 4-185a, b *Enge Beziehung des Apex von Zahn 43 zum Implantat:* a *vor und* b *nach der endodontischen Behandlung.*

43, sodass eine Vitalexstirpation an diesem Zahn durchgeführt werden musste. Eine Einzelzahnaufnahme der Region 43 zeigte, dass der Zahnapex in einem Abstand von ca. 1 mm zum Implantat in regio 44 lag und eine Verletzung des Apex eher unwahrscheinlich war (Abb. 4-185). Den Ausschluss einer Verletzung der Zahnwurzel hätte eine radiologische Analyse im DVT (Digitales Volumentomogramm) sichern können. Nach Abschluss der Wurzelbehandlung verschwanden die schmerzhaften Beschwerden erwartungsgemäß vollständig.

Rund 3 Monate nach dem vorangegangenen operativen Eingriff bekam die Patientin Schmerzen

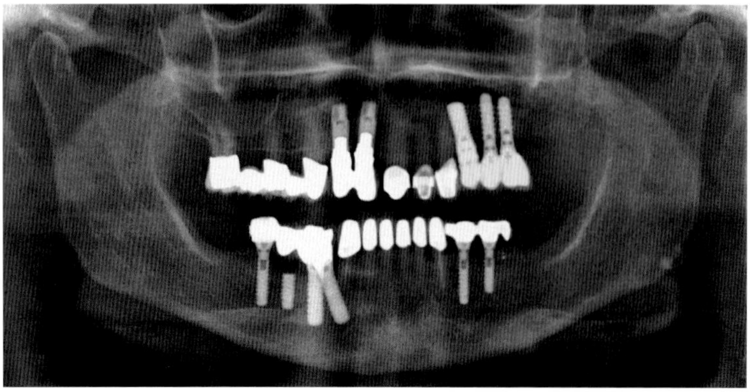

Abb. 4-186 *Röntgenkontrolle ca. 1/2 Jahr nach Abschluss der Behandlung.*

an den Zähnen 12 und 11, die sie auf eine stärkere Belastung infolge des Fehlens der Seitenzähne zurückführte.

Nach dieser unerwarteten Komplikation verlor die Patientin das Vertrauen zu dem bisher behandelnden Zahnarzt und suchte einen anderen implantologisch tätigen Zahnarzt auf.

Wegen der zusätzlich aufgetretenen Lockerung der Zähne 12 und 11 wurden mit dem neuen Behandler die Entfernung dieser Zähne und ein Ersatz auf zwei Einzelzahnimplantaten vereinbart. Drei Monate nach der Zahnentfernung wurden in den Positionen 12 und 11 je ein Implantat inseriert. Nach Abschluss der Einheilungsphase wurden alle Implantate festsitzend prothetisch versorgt und die Kronen bedingt abnehmbar verschraubt.

Gegenüber dem Erstbehandler machte die Patientin Schadensersatzansprüche mit dem Vorwurf geltend, dass es wegen Fehlplanung zu der Fraktur der Implantate gekommen sei und dass die beiden Frontzähne aufgrund der fehlerhaften provisorischen Versorgung verloren gegangen seien.

In einem aufwendigen Sachverständigengutachten konnten Behandlungs- oder Planungsfehler nicht mit Sicherheit belegt werden, weswegen die Patientin die Behandlungskosten tragen musste und auch keinen Schadensersatz zugesprochen bekam. Die lückenlose Dokumentation der Behandlung und der Aufklärung der Patientin war in diesem Fall für die Urteilsfindung sehr hilfreich.

4.6.7 Misserfolg durch Fehlbelastung

Im letzten hier vorgestellten Fall war ein sehr stark atrophierte Oberkiefer beiderseits durch eine Auflagerungsosteoplastik mit autogenen Knochentransplantaten vom Beckenkamm aufgebaut worden. Ca. 3 Monate später waren insgesamt sechs enossale Schraubenimplantate eingesetzt und nach einer Einheilungsphase von weiteren 4 Monaten mit einem individuell gefrästen Steg verblockt worden.

Nach 2 Jahren ging das Implantat in der Region 16 infolge einer Periimplantitis verloren. Der Steg wurde um den distalen Anteil gekürzt (Abb. 4-187). An die Prothese wurde ein tegumentgelagerter distaler Sattel angefügt (Abb. 4-188).

Nach dem Verlust des Implantates entstand im rechten Oberkiefer ein tiefer Knochendefekt, der mehrfache Unterfütterungen des Prothesensattels erforderlich machte. Da die Kaufunktion zufriedenstellend war, wurde die prothetische Suprakonstruktion jedoch so belassen, was auch den Wünschen der Patientin entsprach.

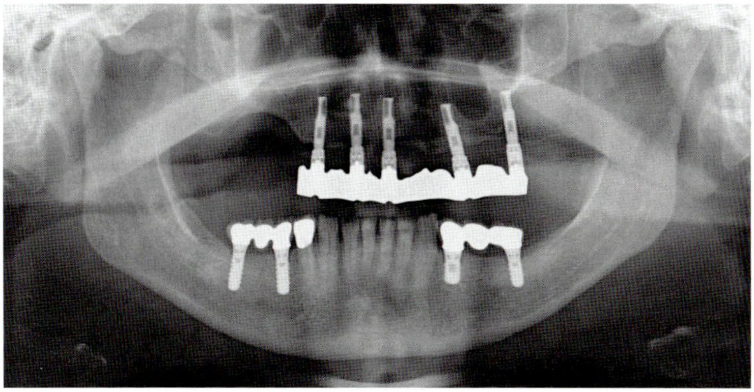

Abb. 4-187 *Zustand nach Verlust des Implantates in regio 16 und Kürzung des Steges in der Panoramaschichtaufnahme.*

Im Rahmen des Recalls suchte die Patientin regelmäßig die Sprechstunde ihres behandelnden Zahnarztes auf, der neben den routinemäßigen Kontrollen kleinere Therapiemaßnahmen durchführte.

Nach etwas mehr als 8 Jahren Tragezeit der Prothese erschien die Patientin in der Praxis und brachte den Oberkiefersteg mit den noch darin befestigten Implantaten mit. Zweifellos handelte es sich bei der Fraktur der Implantate um Ermüdungsbrüche, wobei die Bruchlinie vermuten ließ, dass die größte Belastung und Verformung an den Implantaten in der Eckzahnregion stattgefunden hatte (Abb. 4-189 und 4-190).

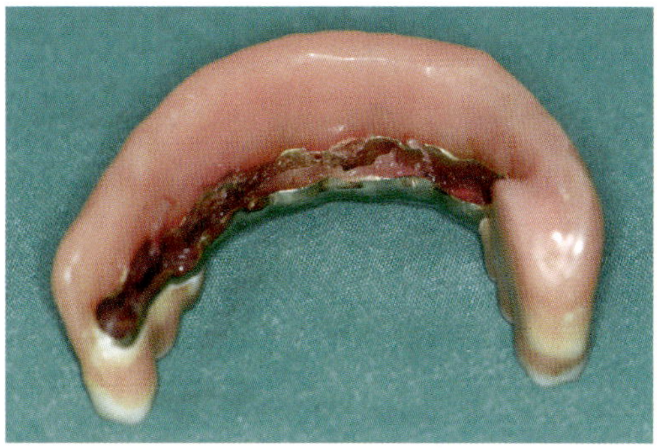

Abb. 4-188 *Stegfixierte Oberkieferprothese mit Freiendsattel rechts.*

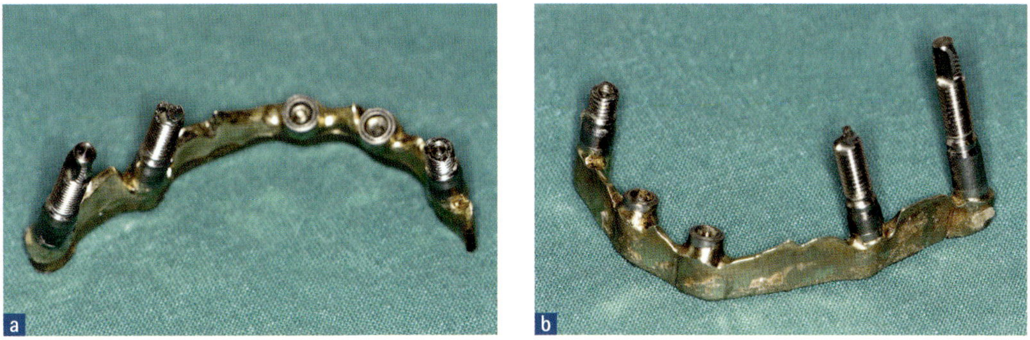

Abb. 4-189a, b *Steg nach Fraktur bzw. Verlust der Implantate.*

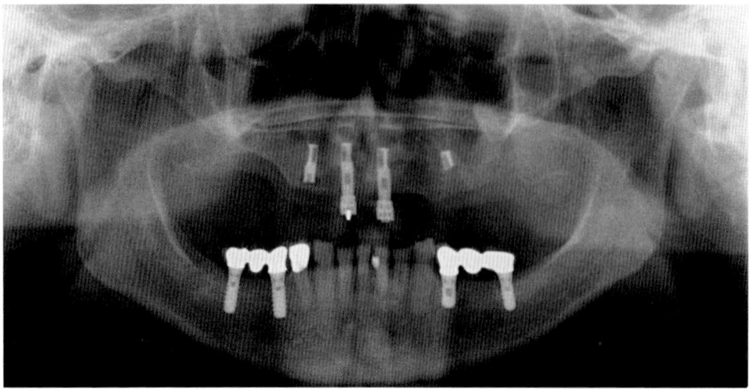

Abb. 4-190a, b *Röntgenbild nach dem Verlust des Steges im Oberkiefer.*

Im Anschluss daran sah sich der bisher behandelnde Zahnarzt dem Vorwurf der Patientin ausgesetzt, er hätte die Gefahr der Fehl- und Überlastung der Implantate vorhersehen müssen. Im folgenden Gerichtsverfahren wurde jedoch im Sachverständigengutachten geklärt, dass die Fehlbelastung und die Frakturen der Implantate nicht vorhersehbar gewesen und damit schicksalhaft waren.

Kapitel 5

Was ist bei Misserfolgen zu tun?

5 Was ist bei Misserfolgen zu tun?

Misserfolge im Rahmen von implantologischen Maßnahmen können in jeder Phase der Therapie auftreten. Aus diesem Grund sollte jeder implantologisch tätige Zahnarzt auf mögliche Probleme vorbereitet sein und bereits in der Planungsphase die bestehenden Risiken erkennen (Tab. 5-1).

Nicht selten haben Komplikationen und Misserfolge auch forensische Folgen. In zahlreichen Fällen kommt es aufgrund von Missverständnissen oder Aufklärungsversäumnissen zu Auseinandersetzungen zwischen dem Patienten und dem Behandler – auch wenn kein direktes Verschulden vorliegt, sondern die Komplikation eine schicksalhafte Ursache hat.

Die Erfahrung zeigt, dass Aufklärungs- und Dokumentationsfehler die häufigste Ursache für Misserfolge darstellen. Vom Patienten induzierte Komplikationen sind eher selten.

Zu den Folgen eines Misserfolges gehören neben den Schmerzen des Patienten die hohen Kosten der Behandlung und der Folgebehandlung.

Wenn die Komplikation oder der Misserfolg vom Behandler verursacht wurde, sind forensisch meist zum einen die Kosten für die Behandlung und zum anderen die Höhe eines eventuellen Schadensersatzes strittig. Dauerschäden oder lang anhaltende, gegebenenfalls schmerzhafte Folgezustände spielen eine wichtige Rolle bei der Bemessung der Entschädigung des Patienten.

Bei der implantatgestützten Therapie ist aus forensischer Sicht zusätzlich der Aspekt der medizinischen Notwendigkeit von Bedeutung, weil eine Implantatinsertion nur in wenigen Ausnahmefällen medizinisch notwendig ist. Es handelt sich vielmehr in der überwiegenden Zahl der Fälle um eine medizinisch vertretbare oder sinnvolle Wunschleistung. Aus diesem Grund sollten gerade im Rahmen der implantologischen Behandlung die Diagnostik, die Aufklärung des Patienten und die Dokumentation besonders sorgfältig durchgeführt werden (Tab. 5-2), damit möglichen forensischen Folgen besser begegnet werden kann.

Medizinische Risiken

- lokale Risiken (Blutgerinnungshemmung, Diabetes mellitus, Zustand nach Radiotherapie, Zustand nach Zytostatikatherapie, Erkrankungen des rheumatischen Formenkreises, Bisphosphonattherapie, alle Störungen der lokalen Wundheilungskapazität)
- generelle Risiken (kardiovaskuläre Erkrankungen, Dialyse, Endokarditis, Zustand nach Organtransplantationen, alle das Operationsrisiko erhöhenden Erkrankungen)

Forensische Risiken

- Aufklärungsdefizite
- Dokumentationsverschulden
- Organisationsverschulden

Tab. 5-1 *Mögliche Risiken bei der implantologischen Behandlung.*

Ein besonderer Stellenwert kommt der Aufklärung und der Vermittlung der vielschichtigen Problematik der implantatchirurgischen und implantatprothetischen Behandlung zu, denn nicht selten hat der Patient überzogene Vorstellungen bezüglich des Ergebnisses und der Möglichkeiten der Therapie mit Implantaten. Im Falle eines Misserfolges kann eine Fehleinschätzung seitens des Patienten zu rechtlichen Auseinandersetzungen führen.

Der behandelnde Zahnarzt haftet gegenüber dem Patienten für alle Behandlungsmaßnahmen (Tab. 5-3) und alle in diesem Zusammenhang involvierten Personen und Materialien.

Aufklärung und Dokumentation über:
- allgemeine medizinische Abklärung
- diagnostische Abklärung der lokalen Verhältnisse
- Behandlungsplanung (konventionelle Alternativen, anatomische Probleme, Misserfolgsmöglichkeiten)
- schriftliche Kostenaufstellung (Chirurgie und Prothetik)
- Behandlungsvereinbarung
- Durchführung der Vorbehandlung
- Behandlungsablauf
- schonende OP-Technik
- verwendete Materialien
- Mundhygienekonzept
- Recall
- Diagnostik von Komplikationen
- Indikationsstellung zur adäquaten Therapie
- Indikation zur Explantation
- schonende Explantation
- Interims-Zahnersatz oder Umstellung des vorhandenen Zahnersatzes
- Rechtsberatung (berufsständische Organisationen, Haftpflichtversicherung, Rechtsanwalt)

Tab. 5-2 *Anforderungen an eine lückenlose Dokumentation.*

Rechtswidrigkeit des Handelns
- fehlende Einwilligung (keine rechtswirksame Aufklärung, Aufklärungsverschulden)

Ursächlichkeit des rechtswidrigen Handelns für Schäden
- Fehler bei der Behandlung
- Sorgfaltspflichtverletzung

Verschulden – Vorsatz – Fahrlässigkeit
- Behandlung ohne Aufklärung
- medizinische Notwendigkeit sorgfaltswidrig unterlassen
- unzulässige Vornahme der Behandlung

Schadensersatz aus Vertrag oder unerlaubter Handlung
- Behandlungskosten
- Kosten für Neuanfertigung oder Umstellung
- Gutachterkosten
- Arzneimittelkosten
- entgangener Gewinn des Patienten, Schadensersatz (Arbeitsunfähigkeit)
- Schmerzensgeld

Tab. 5-3 *Haftungskomplex des Zahnarztes.*

Ist eine Nachbesserung misslungen oder wird sie vom Patienten abgelehnt und zeichnet sich für den behandelnden Zahnarzt eine Auseinandersetzung mit dem Patienten ab, sollte der Behandler seine Berufshaftpflichtversicherung informieren und selbst keine weitere Korrespondenz mit dem gegnerischen Anwalt führen, auch wenn dieser hierzu auffordert. Auch die Herausgabe der Behandlungsunterlagen sollte, wenn möglich, vorher mit der Berufshaftpflichtversicherung abgesprochen werden. Der Patient hat aber grundsätzlich einen Anspruch auf die Herausgabe der Behandlungsunterlagen. Der Haftpflichtversicherer übernimmt nach entsprechender Information zu dem Behandlungsfall durch den Zahnarzt in der Regel zunächst die Beantwortung von anwaltlichen Anfragen und gibt Hinweise zum weiteren Vorgehen.

Der Behandler sollte stets die Stellungnahme der Berufshaftpflichtversicherung abwarten, bevor er einen Anwalt mit der Vertretung seiner rechtlichen Interessen beauftragt. Die Versicherung bestimmt letztendlich auch die anwaltliche Vertretung, sie wird aber im Allgemeinen einem Vorschlag des Zahnarztes folgen, wenn diesem eine geeignete anwaltliche Vertretung zur Verfügung steht.

Es ist ratsam und für beide Seiten - d. h. sowohl für den Patienten als auch für den Zahnarzt - vorteilhaft, wenn vorgerichtlich der Schlichtungsausschuss der zuständigen Zahnärztekammer angerufen wird und dort die erhobenen Vorwürfe abgehandelt werden. Eine Einigung vor dem Schlichtungsausschuss hat nach Ablauf einer mehrwöchigen Widerspruchsfrist einen verbindlichen Charakter, sodass damit ein anschließendes Gerichtsverfahren ausgeschlossen ist.

Wenn unterschiedliche Auffassungen über die Ursachen und die Schuldfrage bei einem Misserfolg zwischen den Parteien bestehen, dann werden in einem Sachverständigengutachten Antworten auf die für die Urteilsfindung entscheidenden Fragen (Beweisbeschluss) gegeben. Der Sachverständige wird - meist nach Benennung durch die zuständige Zahnärztekammer - vom Gericht bestellt und von den streitenden Parteien akzeptiert. Auch eine Ablehnung durch eine der streitenden Parteien ist möglich. In diesem Fall muss ein neuer Sachverständiger gefunden werden.

Nicht selten muss der Sachverständige auf Fachliteratur oder sogenannte Leitlinien zurückgreifen, um für seine Aussage eine sichere Grundlage zu erhalten. Auch wenn die Leitlinien nicht für forensische Zwecke entwickelt wurden, spielen sie doch in der Rechtssprechung eine bedeutende Rolle, wobei natürlich gerade bei Misserfolgen praktisch keine evidenzbasierten Leitlinien vorliegen.

Jeder Kollege ist gut beraten, die Evidenzlevel wissenschaftlicher Publikationen und medizinischer Aussagen zu kennen, um den Aussagewert gutachterlicher Stellungnahmen selbst ermessen und bewerten zu können (Tab. 5-4). Denn nicht selten muss der Behandler selbst gegebenenfalls bestehende fachliche Einwände formulieren. Es kommt häufig vor, dass ein Richter den Sachverständigen nach dem Evidenzlevel einer im Gutachten formulierten Aussage zum Beweisbeschluss befragt.

Auch wenn medizinische Leitlinien heute ausschließlich für den (Zahn-)Arzt und nicht für den Juristen von den Fachgesellschaften formuliert werden, dienen sie bei gerichtlichen Prozessen zur Entscheidung von Behandlungsfehlervorwürfen doch in zunehmendem Maß als Grundlage der Entscheidungsfindung. Im Rahmen forensischer Fragestellungen muss deshalb beachtet werden, dass medizinische Leitlinien nicht der Kern des medizinischen Handelns sind, sondern nur einen breit angelegten Konsens zwischen der Praxis und der Wissenschaft zu einer eng begrenzten Fragestellung darstellen.

Bei einem sich anbahnenden Misserfolg sollten juristische Überlegungen zweitrangig sein und zunächst alle möglichen Behandlungsmaßnahmen hinterfragt, nötigenfalls auch eine Indikation zur Implantatentfernung erwogen werden.

Sobald der Zahnarzt eine Entscheidung zum therapeutischen Vorgehen getroffen hat, sollte er sie seinem Patienten mitteilen, gegebenenfalls gleichwertige Alternativen mit ihm besprechen und erst danach die Behandlung beginnen. Die Frage, welche Folgen und welche prothetischen Versorgungen nach dem Misserfolg möglich sind, sollte vorab beantwortet werden, sofern der Ausgang zuverlässig prognostiziert werden kann.

Die Folgen eines Misserfolges müssen nicht immer mit einem Vertrauensbruch des Patienten enden, sondern können bei einer Arzt-Patienten-Beziehung, die auf Vertrauen basiert und dem Patienten auch eine Einsicht in die Behandlungspro-

Level 1	Statistisch signifikante randomisierte kontrollierte Studien oder Metaanalysen mit statistisch signifikaten Ergebnissen	Metaanalysen von vielen randomisierten kontrollierten Studien mit homogenen und statistisch signifikanten Therapieeffekten oder mit heterogenen Ergebnissen, die aber statistisch noch signifikant sind
Level 2	Statistisch nicht signifikante randomisierte kontrollierte Studien oder Metaanalysen; statistisch nicht signifikante Metaanalysen von inkonsistenten randomisierten kontrollierten Studien	Metaanalysen von vielen randomisierten kontrollierten Studien mit konsistenten Therapieeffekten in den einzelnen Studien, die aber statistisch nicht signifikant sind; Metaanalysen von vielen randomisierten kontrollierten Studien mit heterogenen und statistisch nicht signifikanten Therapieeffekten
Level 3	Prospektive kontrollierte, aber nicht randomisierte Kohortenstudien	Prospektive Studie an einer Kohorte von Patienten, die in Bezug auf die Intervention nicht randomisiert sind (Die Untersucher versuchen gewöhnlich eine gleichzeitig behandelte Kontrollgruppe oder eine Vergleichsgruppe zu etablieren.)
Level 4	Historische, nicht randomisierte Kohorten oder Fall-Kontroll-Studien	Historische, nicht randomisierte Kohortenstudien; retrospektive Studien oder Beobachtungsstudien (Die Untersucher versuchen eine Kontroll- oder Vergleichsgruppe anzubieten.)
Level 5	Verlaufsstudien an Patienten	Prospektive oder retrospektive Studien, in denen der Verlauf der Effekte einer Intervention an einer Patientengruppe beobachtet wird; keine Kontrollgruppe
Level 6	Tierexperimentelle Studien und mechanistische Modellstudien	Tierexperimentelle oder mechanistische Modellstudien
Level 7	Vernünftige Extrapolation von existierenden Daten; quasi-experimentelles Design	Vernünftige Extrapolation bei quasi-experimentellem Design oder von existierenden Daten, die für andere Zwecke gesammelt werden
Level 8	Rationale Vermutung (allgemeiner Glaube); historische Akzeptanz als Standardpraxis	Praxis stimmt mit dem allgemeinen Gefühl überein oder besitzt augenscheinlich Gültigkeit; als Standardpraxis überliefert vor den Erfordernissen für wissenschaftlich gesicherte Empfehlungen (EBM); keine neuen wissenschaftlichen Erkenntnisse, um eine Veränderung zu unterstützen; keine Hinweise für eine negative Wirkung

Tab. 5-4 *Evidenzlevel für medizinische Aussagen (modifiziert nach Dick WF. Evidence based emergency medicine. Anaestesist 1998;47:957 und Circulation 2000;102:1–4).*

blematik vermittelt, die Bindung des Patienten an die Praxis stärken.

Auch nach der Einholung einer Zweitmeinung, einer sogenannten *second opinion*, durch den Patienten bei einem anderen Behandler oder bei einer Gutachtenstelle sollte das therapeutische Konzept bestätigt werden. Leider sind gerade die Äußerungen anderer Kollegen oder der Sachbearbeiter von Krankenkostenstellen oft eher konfliktfördernd als objektiv beratend.

Kommt es zu einem Vertrauensbruch und zum Konflikt mit dem Patienten, dann werden die konkreten Vorwürfe analysiert und die hoffentlich vollständig dokumentierten Krankenverläufe gesichtet (Tab. 5-5).

In einer gerichtlichen Auseinandersetzung wird das Urteil in hohem Maße von der Beurteilung der fachlichen Fragestellungen durch den Sachverständigen abhängen. Aus diesem Grund sollte von dem Sachverständigen eine besondere fachliche Kompetenz erwartet werden dürfen. Er sollte sein Gutachten sachlich und fachlich fundiert abfassen. Keinesfalls darf er präjudizieren, sich herabsetzend äußern oder fachlich nicht belegbare Schlussfolgerungen ziehen. Der Gutachter sollte sich strikt an dem Gutachtenthema (Beweisbeschluss des Gerichtes) orientieren und dieses nur bei unklaren Fragen überschreiten.

In der Regel werden die Sachverständigen von den Zahnärztekammern benannt, wobei die Kammern häufig länderübergreifend die Sachverständigen benennen, um die Gefahr einer möglichen Befangenheit oder eines Befangenheitsvorwurfs zu mindern. Der beklagte Zahnarzt

Verwaltungskaskade bei einem forensischen Konflikt

- Sichtung der Befunde, der Diagnostikunterlagen und der Dokumentation
- Einschaltung der Berufshaftpflichtversicherung
- Sichtung der Behandlungsplanung unter fachlichen Aspekten
- Sicherung der Aufklärung des Patienten (ggf. schriftlich?)
- schriftlicher und gegengezeichneter Behandlungsplan
- Kostenaufklärung sowie unterzeichneter und „genehmigter" Heil- und Kostenplan
- besondere Vereinbarungen und Aufklärungen und deren Dokumentation
- Ursachen für Misserfolg
- Prüfung der Gründe für den Behandlungsfehlervorwurf (Vertragshaftung? Deliktshaftung?) und Prüfung der Forderungen
- Prüfung einer möglichen Verletzung der Sorgfaltspflicht
- Frage einer Möglichkeit der Nachbesserung oder Behandlungsablehnung
- Sachstand einer möglichen Korrespondenz mit dem Patienten oder seinem Anwalt
- Einschaltung des Schlichtungsausschusses
- Gerichtsverhandlung
- Einigung mit dem Patienten oder Gerichtsurteil

Tab. 5-5 *Die einzelnen Schritte der Verwaltungskaskade bei einem forensischen Konflikt.*

sollte seinerseits das Sachverständigengutachten und die darin getroffenen Aussagen überprüfen und bei Unstimmigkeiten eine Klärung herbeiführen.

In extremen Fällen kann eine Verletzung der Sorgfaltspflicht (Kunstfehler) zum Tatbestand der körperlichen Verletzung (Tötung) und zu einer Verurteilung des Behandlers nach dem Strafgesetzbuch führen.

Bei einer rechtskräftigen Verurteilung besteht Schadensersatzpflicht mit allen möglichen Folgen der Haftung.

Kapitel 6

Schlussfolgerungen

6 Schlussfolgerungen

Die Behandlung eines Patienten mit Implantaten ist eine Wahlleistung und nur in Ausnahmefällen medizinisch notwendig.

Der Patient erwartet Erfolg, weil er aus den ihm zur Verfügung stehenden Informationsquellen erfahren hat, dass die Ergebnisse sehr günstig sind. Die Erfolgsraten sind tatsächlich sehr hoch und Misserfolge liegen im einstelligen Prozentbereich, auch wenn mit der Zunahme der Implantationen natürlicherweise auch die absolute Zahl der Implantatverluste deutlich ansteigt – und damit auch die der Konflikte und forensische Folgen für den Behandler.

Aus diesem Grund sind umfangreiche Kenntnisse auf chirurgischem und prothetischem Gebiet unabdingbare Voraussetzung für eine erfolgreiche Behandlung. Gerade der Anfänger in der Implantologie ist gut beraten, wenn er stets nur solche implantologischen Behandlungen durchführt, die er mit seiner fachlichen Kompetenz absichern kann. Eine gewisse Zurückhaltung gegenüber schwierigen Fällen ist jedoch auch für erfahrene Kollegen geboten, wenn ihre chirurgische oder prothetische Kompetenz und Erfahrung der Komplexität der erforderlichen Behandlung nicht entspricht. Dies gilt insbesondere bei chirurgischen Maßnahmen zur Verbesserung des Knochenangebotes im Bereich der Implantatinsertionsstelle. Hierbei ist nicht nur die Kompetenz des Behandlers gefordert, sondern auch eine adäquate Ausstattung der Behandlungsräume.

Bei der Behandlungsplanung müssen zahlreiche zur Verfügung stehende Behandlungsoptionen gegeneinander abgewogen und dabei viele wichtige Teilaspekte, wie die Hygienefähigkeit der prothetischen Versorgung oder die Umbaumöglichkeiten des Zahnersatzes im Falle des Verlustes von prothetischen Pfeilern berücksichtigt werden.

Sachregister

A

Abklärung, medizinische 7
Abutment
abgewinkeltes 56
individuell hergestelltes 64
akute myeloische Leukämie 22
allergische Reaktion 24, 26
Anwalt, gegnerischer 144
Ästhetik 40, 47
individuelle 56
Aufklärung, unzureichende 7
Aufklärungsfehler 143
Aufklärungsverschulden 54, 71, 105
Augmentationsmaßnahmen 41, 47, 51, 54, 111 f., 124

B

Befangenheit 147
Begutachtung durch die Zahnärztekammer 113, 131
Behandlerwechsel 49
Behandlungsfehler 19, 78, 101, 113
Behandlungskosten erstattet 131 f.
Behandlungsunterlagen, Herausgabe 144
Berufshaftpflichtversicherung 144
Stellungnahme 144
Brückenkonstruktion
einteilige 68, 132
starre 59

C

Canalis mandibulae 83
in der Panoramaschichtaufnahme 83 f.
Compliance 8, 117

D

Depuration des Implantats
mechanische 26, 34
mit Ultraschallküretten und Salzstrahlgerät 34
Desinfektionsmittel, orale 26
Digitale Volumentomografie (DVT) 107, 137
zur Nervkanaldarstellung 84
Diskimplantat 63
Dokumentation, lückenlose 138, 144
Dokumentationsfehler 143

E

Entfernung der Implantate 38, 93 ff., 107
Entzündung am Implantat 90
Evidenzlevel 145 f.
Explantation 7, 114
zu spät 95

F

Fistelbildung 97
forensische Kategorien 8
Friktionselemente 119
Funktion 40, 47

G

Garantieleistung 34, 60
Gehunfähigkeit 69
Gerichtsverfahren 9, 60, 67, 97, 113, 121, 127, 140
ausgeschlossen 145

H

Haftung des Zahnarztes 9, 143 f.
Hitzenekrose des Knochens 9
Hohlzylinderimplantate 19
Hygienefähigkeit des Zahnersatzes 30 f., 40
Kompromisse bei der 40
ungünstige 101
Hygieneunfreundlichkeit 90, 95

I

Implantat(e)
durchmesserreduzierte (Fraktur) 58
durchmesserreduzierte 58, 60, 86, 130
in der Kieferhöhle 70, 102
luxiertes (Einheilung) 109
Schienung 108
Wahl 16, 72
zu breites 80
zu langes 81
Implantatachse, ungünstige 56, 76
Implantatdimensionen 72
zu geringe 78
Implantateigenschaften 72 f.
Implantatfraktur 136, 139
Implantatinsertion
geschlossene 72
offene 72
ohne Vorbehandlung 105
Implantation, computergesteuerte 61
Implantatplanung, digitale 61
Implantatverlust 3, 7 ff.
bei Periimplantitis 24, 31, 90, 138
Industrie als Partner des Zahnarztes 11
Infektion des Augmentationsmaterials 104
Infraokklusion im Seitenzahnbereich 128 f.

K

Knochenangebot 58
transversales 68
ungünstiges 65, 105
vertikales 64
Knochenaufbaumaßnahmen 65, 69 f.
Knochentransplantat vom Beckenkamm 69
Knochenverlust, marginaler 15, 45, 113, 131
Knochenvolumen, Verbesserung 80
Kompensationsmöglichkeiten, dentaltechnische 64
Kompromisse, ästhetische
bei günstigem Lippenverlauf 46, 53
zugunsten der Hygiene 32, 34
Konflikt (Patient-Behandler) 7, 66, 130, 132, 147
körperliche Verletzung 148
Kunstfehler 8, 54, 148

L

Langzeitbetreuung 7
Leitlinien, medizinische 145
Linea mylohyoidea, Perforation 68
Lochfraßkorrosion 21

M

Misserfolg(e) 3, 8, 143
  Beurteilung nach dem Ergebnis 29
  prothetische 116
Mitarbeit des Patienten 9
  fehlende 65
Mundhygiene 15, 30
  bei älteren Patienten 30, 92
Mundhygieneinstruktion, unterlassene 32

N

N. alveolaris inferior
  Irritation 19
  Schädigung durch Periimplantitis 96 f.
  Verletzung 81 f.
Nachbesserung 60, 80, 121, 126, 144
  durch den Techniker 131
Nikotinkonsum *siehe* Rauchen
Notwendigkeit, medizinische 7, 143

O

Orientierungsverlust am liegenden Patienten 62
Osteoporose 83 f.
Ostitiden, apikale 131

P

Parodontalbefund, ungünstiger 62
Penetration des Sinus maxillaris 99, 106
  Zulässigkeit 101
Periimplantitis 15 ff., 32, 90
  aggressive 21
  allgemeine Komplikationen bei 17
Periimplantitis
  Beschwerden bei 22
  fortgeschrittene 18 f.
  Häufigkeit 26
  Heilung selten vollständig 22
  Keimspektrum bei 19
  rezidivierende 34
  Therapiekonzept nach Lang und Mombelli 17
  toxische Ursachen 20
Periimplantitisprophylaxe 15
Pfeilerverluste, unvorhergesehene 122
Phonetik 40, 47, 116
photodynamische Therapie, antimikrobielle (aPDT) 18
Plaquenischen 16, 40, 90, 99
Platform switching 16
Prämolarisierung 60, 80
Prozesskosten 129

R

Rauchen 38, 99 f.
Rechtsweg 66, 82, 106, 127, 129
Risiken
  forensische 7, 143
  medizinische 143
Röntgendiagnostik, dreidimensionale 84, 89
Rosa-Keramik 45, 49, 57

S

Sachverständigengutachten 54, 67, 81, 101, 114, 125 f., 127, 129, 136, 140, 145
Sachverständiger 145, 147
Schadensersatz 67, 71, 78, 84, 95, 97, 136, 138
Schadensersatzansprüche 66
Schadensersatzpflicht 148
schicksalhafte Probleme/Misserfolge 8, 140
Schlichtungsausschuss der Zahnärztekammer 145
Schmerzensgeld 105, 107, 114
Schnittstellen 10
Schnittstellenproblematik 9
Schönheitsempfinden, individuelles 41
second opinion *siehe* Zweitmeinung
Sinusbodenelevation 62
Sofortimplantation 103
Spaltkorrosion 20 ff.
Spätmisserfolge 9
Steg, extendierter 76
Strafgesetzbuch 148
Suprastrukturen, gemischtgetragene 73

V

Verbindungssystem, konfektioniertes 66 f.
Verblockung von Implantaten, starre 73
Vergleich 101, 127
Verletzungen der Zahnwurzeln durch Implantate 84 ff.
Verlust oberer Schneidezähne 40, 47, 51
Vertrauensbruch/-verlust 128, 145, 147
Verwaltungskaskade, forensische 147
Vollkeramikimplantate 16

W

Wahl des Implantats 16, 72
Wahl-/Wunschleistung 7, 143
Weichteilregression 52

Z

Zahnersatz
  Abneigung gegen herausnehmbaren 49, 116, 119
  auf Implantaten 116
Zirkonabutment 51
Zweitmeinung 147